# SQL 职场必备

[美] 金伯利·A. 韦斯(Kimberly A. Weiss)
　　　 海瑟姆·巴尔蒂(Haythem Balti)　　　著

　　　 殷海英　　　　　　　　　　　　　　译

U0214866

清华大学出版社

北　京

北京市版权局著作权合同登记号　图字：01-2023-5935

All Rights Reserved. This translation published under license. Authorized translation from the English language edition, entitled Job Ready SQL, 9781394181032, by Kimberly A. Weiss and Haythem Balti, Published by John Wiley & Sons, Inc., Hoboken, New Jersey. Copyright © 2023 by John Wiley & Sons, Inc. No part of this book may be reproduced in any form without the written permission of the original copyrights holder.

Copies of this book sold without a Wiley sticker on the cover are unauthorized and illegal.

本书中文简体字版由 Wiley Publishing, Inc.授权清华大学出版社出版。未经出版者书面许可，不得以任何方式复制或传播本书内容。

本书封面贴有 Wiley 公司防伪标签，无标签者不得销售。
版权所有，侵权必究。举报：010-62782989，beiqinquan@tup.tsinghua.edu.cn。

图书在版编目(CIP)数据

SQL 职场必备 / (美) 金伯利•A. 韦斯 (Kimberly A. Weiss)，(美) 海瑟姆•巴尔蒂 (Haythem Balti) 著；殷海英译. —北京：清华大学出版社，2024.3
书名原文：Job Ready SQL
ISBN 978-7-302-65630-2

Ⅰ. ①S… Ⅱ. ①金… ②海… ③殷… Ⅲ. ①关系数据库系统 Ⅳ. ①TP311.132.3

中国国家版本馆 CIP 数据核字(2024)第 044920 号

责任编辑：王　军
装帧设计：孔祥峰
责任校对：成凤进
责任印制：丛怀宇

出版发行：清华大学出版社
　　　　网　　　址：https://www.tup.com.cn, https://www.wqxuetang.com
　　　　地　　　址：北京清华大学学研大厦 A 座　　　邮　　编：100084
　　　　社 总 机：010-83470000　　　　　　　　　邮　　购：010-62786544
　　　　投稿与读者服务：010-62776969，c-service@tup.tsinghua.edu.cn
　　　　质 量 反 馈：010-62772015，zhiliang@tup.tsinghua.edu.cn
印 装 者：三河市少明印务有限公司
经　　销：全国新华书店
开　　本：148mm×210mm　　　印　　张：11.375　　　字　　数：372 千字
版　　次：2024 年 3 月第 1 版　　　印　　次：2024 年 3 月第 1 次印刷
定　　价：79.80 元

产品编号：103294-01

# 关 于 作 者

    Kimberly A. Weiss 是 mthree 全球学院的资深教学设计师和经验丰富的课程开发者，自 2002 年以来专门从事计算机科学课程的开发与教学工作。在此之前，她担任了 10 多年的计算机科学助理教授。她曾与多家大学和企业培训机构合作，开发适合课程对象和课程目标的交互式教学内容。

    Haythem Balti 是 Wiley Edge 学院的教育解决方案院长和 *Job Ready* 系列产品的负责人。Haythem 创建的课程被成千上万的 Wiley Edge 学院和软件协会的毕业生使用。他在路易斯维尔大学获得了计算机工程和计算机科学博士学位。

# 关于技术作者

　　Bradley Jones 是 Lots of Software 有限责任公司的所有者。他擅长在许多平台上使用多种编程语言和工具，包括 C 和 Unity。具体来说，这些平台包括 Windows 平台、移动设备平台，还包括 Web，他甚至还进行过虚拟现实技术开发。除了编程，他还著有关于 C、C++、C#、Windows、Web 以及其他许多技术主题和少数非技术主题的书籍。Bradley 在行业中被公认为是社区影响者，也被认为是微软 MVP、CODiE 评审员、国际技术演讲者、畅销技术书作家等。

# 关于技术编辑

　　作为一名解决方案架构师，Valerie Parham-Thompson 专注于分布式 SQL 数据库设计、部署架构和生态系统集成。在担任当前职位之前，她是一家跨国数据库咨询公司的首席顾问，为各种开源数据库系统中的大型高可用数据存储的弹性伸缩和优化提供帮助。她凭借在以往工作中积累的丰富经验，能够回答来自整个组织用户的各种问题。

# 致　　谢

尽管 Kim 和 Haythem 是本书的主要作者，但如果没有 Wiley Edge 的内容开发团队和教学团队的辛勤工作，本书就不可能出版。

# 关于本书

现代计算机应用程序严重依赖数据库，即使该程序不是专门用于帮助用户管理数据。电脑游戏也依赖数据库来跟踪角色、角色属性、角色在游戏过程中可以使用的物品，以及游戏中的位置。学习管理系统(learning management system，LMS)使用数据库来跟踪学员、教师、内容、成绩、出勤率及用户间的通信。

数据库可以包括结构化数据和非结构化数据。托管数据库的现代数据库软件程序通常可以同时处理结构化数据和非结构化数据，但理解它们之间的区别仍然是有益的。

带有结构化数据的数据库，称为结构化数据库，数据以特定的模式组织。通过它可以方便地管理数据，并轻松地查找所需数据。在结构化数据库中，开发人员可以限制存储在数据库中的数据类型，以提高数据的完整性并减少数据冗余。这是一种权衡，因为与在非结构化数据库中创建和访问数据相比，在结构化数据库中创建新数据和访问存储的数据相对较慢。结构化数据库最适合用于存储可预测数据类型的数据集合，如银行账户、人事记录和库存。

关系数据库中存储的是结构化数据，它们将数据组织成一个或多个表或关系，其中，每个表表示一组逻辑数据。在日常的专业工作中，我们通常使用"表"一词来描述。"关系"是正式的学术术语，如果在其他环境中阅读有关数据库的内容，则可能会遇到它。"关系"也是关系数据库的基础。在更抽象的层面上，术语"实体"也用于指代"表"，特别是在数据库设计阶段和在服务器上构建数据库之前。

本书旨在使读者了解关系数据库和结构化查询语言(SQL)。SQL 是一门特定领域的语言，专门用于处理关系数据库管理系统中存储的数据。

## 本书中的 SQL 课程

本书包括了一门完整的 SQL 课程，该课程由 Wiley Edge Global Academy 和 Software Guild 用来培训我们的校友学习 SQL 和其他主题，如数据分析和数据科学。

## 如何充分利用本书

当你阅读本书时，请查看代码清单并尝试运行代码清单。如果你也采取动手实践的方式来做练习，则将能够更好地把所学知识提升到下一个水平。

最重要的是，本书(以及 *Job Ready* 系列)超越了许多书籍所提供的内容，它包括一些课程，帮助你将所学的一切知识有机地整合起来，更贴近工作中的实践方式。如果你通过"整合一切"的课程进行学习，那么你将能更好地为那些需要 SQL 技能的工作做好准备。

## 本书主要内容

如前所述，本书是一门完整的 SQL 编程课程。它被分为三个部分，每个部分都包括多节课。

**第 I 部分：数据库概念介绍**  本书的第 I 部分的重点是介绍数据库概念，包括结构化数据和非结构化数据，以及关系数据库概念。

**第 II 部分：应用 SQL**  本书的第 II 部分的重点是帮助你安装和设置 MySQL，以便能够使用它。这包括安装 MySQL 和设置在本书中需要使用的工具。此外，本部分还介绍了 MySQL 的基础知识，包括查询设计和开发，以及数据库管理的基础知识。

**第 III 部分：数据管理与操作**  本书的第 III 部分的重点是超越 MySQL 的基础知识，关注学习设计和开发复杂数据库，以及对存储在 MySQL 上的数据进行高级查询所需的概念。这包括 CRUD(创建、检索、更新、删除)操作、连接操作、选择查询、排序和聚合。此外，本部分还包括如何利用 Python 来查询 SQL 数据的内容。

## 配套文件下载

在学习本书的示例时，应该手动输入所有代码，这有助于学习并更好地理解代码的功能。

在某些课程中，需要下载一些文件，下载地址为 www.wiley.com/go/jobreadysql，也可通过扫描本书封底的二维码下载。

# 目　录

# 第 I 部分

# 数据库概念介绍

# 第 1 课

# 探索关系数据库和 SQL

SQL 用于访问数据。在深入学习 SQL 及其用法之前，首先要重点考虑将要访问的信息是如何存储的。在本课中，将深入探讨数据和数据库的主题，为随后的数据访问奠定基础。你将从高层视角对数据库有一个大概的了解，并且对关系数据库有更具体的了解。

**本课目标**

完成本课后，你将掌握如下内容：

- 描述什么是关系数据库，它是如何工作的，以及它与数据库管理系统 (DBMS)的区别。
- 定义数据库表、关系、列、属性、行、记录、元组和数据类型。
- 了解什么是 ACID。
- 通过"键"了解实体完整性和唯一性。
- 了解数据库备份策略。

## 1.1 保存数据

软件系统必须具有"记忆"功能才能发挥作用。如果每次启动视频游戏时，你的角色都从头(第 0 级)开始；或者你在注销时，在线银行应用将你的余额重置为 0 美元；或者你的手机在重新启动时丢失了所有的联系人，那么你将不会使用它们。为了"记住"这些信息，应用程序必须以一种允许在需要时可以方便访问数据的方式保存数据。

保存数据有几种选择。

● 将文本或字节直接写入文件。

● 将数据存储在关系数据库中。

● 将数据存储在非关系数据库中。

第一种选择，直接将数据写入文件可能会很麻烦。在这种情况下，该文件通常是本地文件(与访问该文件的程序在同一台计算机上)。这意味着如果该计算机发生故障，数据丢失的风险较高。

在软件环境中，数据库(无论是关系型还是非关系型)比文件更可靠，因为通常情况下，它们可以将数据与应用程序本身分开存储在完全独立的服务器上。虽然这可能会稍微降低对数据的访问速度，但是它们的独立性意味着多个应用程序可以访问同一个数据库，并且对数据库中数据的更改会立即对使用该数据的所有应用程序可见。

如今，非关系数据库变得越来越普遍，但是关系数据库是许多行业的标准存储方式，它以一种可预测和可靠的方式存储数据，允许应用程序根据需要轻松地检索数据。

## 1.2    什么是数据库

在现实生活中，大多数人每天都在使用数据库，但往往没有意识到。大多数计算机应用程序都依赖某种形式的数据访问来正常运行。任何旨在识别对象(如员工名单、库存)并对这些对象执行特定操作的高级系统都依赖数据库。数据库是数据的结构化表示，可以进行读取和写入，并且通常与使用数据的任何应用程序分开存储。

### 1.2.1    使用数据库

现代计算机应用程序在很大程度上依赖数据库，即使该程序并非旨在帮助用户管理数据。计算机游戏依赖数据库来跟踪角色、角色属性、角色在游戏过程中可以使用的道具，甚至游戏内的位置。学习管理系统(LMS)使用数据库来跟踪学员、教师、内容、成绩、出勤情况，以及用户之间的交流。

下面以一台现代智能手机为例，对数据库的使用进行说明。手机本身具有一个数据库，用于存储连接信息、操作系统版本、型号、序列号以及关于设备本身的相关数据。

智能手机运行各种应用程序，其中许多应用程序都有自己的数据库。常见的例子包括联系人列表、日历、电子邮件应用程序、照片库、社交网络应用程序和购物应用程序。尽管这些应用程序存储数据供内部使用，但用户可以授权某些应用程序访问其他应用程序中存储的数据。例如，日历应用程序可以连接到联系人应用程序的数据库，以便用户可以轻松地将与特定人的约会添加到他们的日历中，而 Facebook 可以访问存储在手机上的照片，以便用户可以与朋友分享照片。

然而，在这些情况下，用户并没有直接访问数据库本身的权限。相反，应用程序的前端(用户与之交互的部分)包含允许用户创建和检索数据、更新现有数据，甚至删除用户不再需要的数据的工具。软件开发人员必须将数据库整合到应用程序中，以使应用程序能够访问和管理数据。

## 1.2.2　数据与信息

谈论数据库时，不可避免地会提到数据和信息。在非正式的语言中，数据和信息这两个术语经常可以互换使用，但从软件的角度看，两者之间有非常明显的区别。具体来说：

- 术语"**数据**"指的是单独的、原始的事实。在许多情况下，单独的数据片段本身是没有意义的。
- 对数据的处理结果就是"**信息**"。与原始数据不同，信息是有用的，通常符合最终用户的特定需求。

用一个例子来说明，考虑一个数据片段，如"Smith"。单独看这个数据片段是没有意义的。虽然最初你可能认为它是某个人的姓氏，但这里没有足够的信息确切地告诉你是谁的姓氏。它也可能是一个职业，而不是一个名字。

然而，在特定的上下文中，这个数据片段可以与其他数据结合起来提供有用的信息。例如，在一个课程名单中，它可以与名字结合起来表示特定的学生。在求职申请或在线个人资料中，它可以表示个人工作经历，但名字可能完全不同。

## 1.2.3 结构化和非结构化

数据库可以包含结构化数据或非结构化的数据。现代数据库软件通常可以处理结构化数据和非结构化数据，但了解两者之间的区别仍然很重要。

我们将包含结构化数据的数据库称为结构化数据库，结构化数据库中的数据以特定的模式进行组织。这使得控制可用的数据和查找特定数据片段变得非常容易。在结构化数据库中，开发人员可以限制存储在数据库中的数据类型，以提高数据完整性并减少数据冗余。这是一种权衡，因为与在非结构化数据库中创建和访问数据相比，在结构化数据库中创建新数据和访问存储的数据相对较慢。结构化数据库最适用于包含可预测数据类型数据的数据集，如银行账户、人事记录和库存数据。

> **注意：** 数据完整性指的是数据的可靠性和准确性。数据集是一组相关信息的集合，由单独的元素组成，但可以作为一个整体进行操作。

一个包含非结构化数据的数据库通常具有一定程度的结构，但没有结构化数据库那么严格。非结构化数据库通常比结构化数据库稍快，但它们也容易出现重复或冗余数据的问题。非结构化数据库通常用于具有不可预测或不规则数据类型数据的应用程序，如社交媒体的帖子、在线产品评论和类似的用户生成内容。

> **注意：** 本课中仅关注结构化数据库，特别是关系数据库。

## 1.2.4 数据库和数据库管理系统

如前所述，数据库是一种可以进行读取和写入的数据表示，并且通常与使用数据的任何应用程序分开存储。数据库与应用程序分开的事实意味着它可以供多个应用程序使用。例如，允许从日历应用程序访问联系人数据库，或使用社交媒体应用程序从图像数据库发布照片。尽管使用特定数据库的任何应用程序都必须知道如何访问数据，但数据本身只是一个池，任何授权的应用程序都可以从中提取数据。

数据库管理系统(database management system，DBMS)是一种管理数据库的软件系统。DBMS 执行命令，提供安全性，支持网络访问，并为数据库管理员(DBA)提供处理数据库文件的管理工具。

DBMS 的子集包括专门用于处理关系数据库的关系数据库管理系统(RDBMS)。RDBMS 有许多选择，包括 MySQL、PostgreSQL、Microsoft SQL Server、Oracle Database 和 DB2。DBMS 的选择决定了数据本身的组织方式，但在很大程度上，所有的 RDBMS 都做同样的事情。

虽然本书中将使用特定的 RDBMS，但请记住，所有 RDBMS 基本上以相同的方式执行相同的操作。如果你了解一个 RDBMS 的工作原理，可以很容易地将这些知识应用到其他 RDBMS 中。

## 1.3　关系数据库概念

关系数据库是高度结构化的，因为它们将数据组织到一个或多个表或关系中，其中每个表代表一组逻辑数据。在日常的专业工作中，我们通常说"表"(table)。"关系"(relation)是一个正式的学术术语，你在其他上下文中阅读有关数据库的内容时，可能会遇到这个术语。"关系"也是关系数据库这个术语的基础。在更抽象的层次上，"实体"(entity)这个术语也用来指表，特别是在数据库的设计阶段和在服务器上构建数据库之前。

> **注意：** 关系数据库模型最早是由 Edgar F. Codd 在 1970 年提出的，其主要目标是减少数据库中的重复数据，从而使检索和管理特定数据变得更容易。

可以将"表"想象成一个二维的单元格网格。

- 表中的**行**是一组水平的单元格，高度为一个单元格。它包含由表表示的一个离散事物的事实。这个事物可以是任何内容，比如一个人，一次信用卡交易，或者一个职业体育吉祥物。
- 表中的**列**(又称字段)是一组垂直条形单元格，宽度为一个单元格。列中的每个单元格都保存着相同类型的数据，但每个单元格代表不同的事实。例如，如果表包含关于人的数据，那么可以包含姓名、电话号码和地址的单独列。

● **单元格**表示行和列的交集。每个单元格包含一条数据。

表 1-1 是一个具体的例子。

表 1-1　单元格示例

| Name | Abbr | Capital | Established | Population |
|------|------|---------|-------------|-----------|
| Alabama | AL | Montgomery | Dec 14,1819 | 4,874,747 |
| Alaska | AK | Juneau | Jan 3,1959 | 739,795 |
| Arizona | AZ | Phoenix | Feb 14,1912 | 7,016,270 |
| Arkansas | AR | Little Rock | Jun 15,1836 | 3,004,279 |
| California | CA | Sacramento | Sep 9,1850 | 39,536,653 |

列
⇩

| Name | Abbr | Capital | Established | Population |
|------|------|---------|-------------|-----------|
| Alabama | AL | Montgomery | Dec 14, 1819 | 4,874,747 |
| Alaska | AK | Juneau | Jan 3, 1959 | 739,795 |
| Arizona | AZ | Phoenix | Feb 14, 1912 | 7,016,270 |
| Arkansas | AR | Little Rock | Jun 15, 1836 | 3,004,279 |
| California | CA | Sacramento | Sep 9, 1850 | 39,536,653 |

⇐ 行

在该表中的数据中，每一行表示一个状态。行又称记录或元组。术语"记录"是常用的说法，而"元组"是一个学术术语。数据库记录是数据库表中的一行，表中的每一行都被认为是与同一表中的其他行不同的对象。

每个列都代表一个国家的事实：名称(Name)、缩写(Abbr)、首都(Capital)、建立日期(Established)和当前人口(Population)。这里有一个微妙的差别。术语"列"指的是一竖行的单元格，但它也指代定义：总体名称(缩写、首都、人口)以及该列允许作为值的数据的大小、形状和类型的限制。实际上，当开发人员说"列"时，他们通常在谈论定义，而不是单元格本身。为了减少混淆，我们可以称记录的列的值为字段。学术上，"列"的定义又称"属性"。

> **注意**：在第 II 部分"应用 SQL"中，将更详细地讨论列中允许的数据的大小、形状和类型。例如，Population 字段可以被定义为能够存储介于 10 亿到 40 亿之间的整数(类型)。

# 1.4　ACID 规则

关系数据库为我们的数据提供了丰富而强大的建模方式，而且还不止于此。关系数据库的数据结构和算法也为数据操作的行为提供了保证。它们不能保证一个操作总是有效，但可以保证在操作成功或失败后数据库的状态是一致的。当多个用户与数据库进行交互时，它们还可以确保可预测的行为。关系数据库通过多种方式实现这种"保证"。

在多个用户与数据库进行交互的情况下，有许多不同类型的保证。ACID 属性是最重要的 4 种保证。ACID 是以下单词首字母缩写：

- atomicity(原子性)。
- consistency(一致性)。
- isolation(隔离性)。
- durability(持久性)。

在深入了解 ACID 前，你需要理解数据库事务。关系数据库允许执行以下操作：

- 读取现有数据。
- 插入新数据。
- 更新现有数据。
- 删除现有数据。
- 添加或更改模式(表和关系)。

**事务**是代表单个逻辑工作单元的操作集合。例如，你想在酒店预订三个房间，并且这些房间预订被存储在数据库的三条记录中，在大多数情况下，如果一个或多个房间预订失败，你不希望预订任何房间。换句话说，要么全部成功，要么全部失败。这使你的三个房间预订成为一个事务。它是应该作为一个单元来成功或失败的单一工作单元。

如果你购买一场热门演唱会的门票，软件系统必须首先找到一张可购买的门票，然后将其保留，直到你付款完毕。这就是一个事务。如果没有事务，系统可能会找到一张可购买的门票，但在你付款之前，将这张门票卖给了其他人。没有事务的情况下，门票可能会被购买两次，或者系统可能会浪费时间展示不再可以出售的门票。想象一下，如果没有处理事务的软件，如何在 10 分钟内售罄一场演出的门票。

## 1.4.1 ACID 属性

如前所述，ACID 是原子性(atomicity)、一致性(consistency)、隔离性(isolation)和持久性(durability)的首字母缩写。ACID 属性不是必需的，没有它们也可以运行数据库。但在某些情况下，不使用 ACID 运行数据库存在一定的风险。在涉及事务的情况中，如银行业务、医疗记录和实时决策，如果忽略 ACID 属性，你的应用程序可能会发生错误，并且这种错误将一直存在。

此外，你永远不知道在使用软件时会发生什么。网络可能会出现故障，操作系统可能会崩溃，或其他用户可能会更改你正在使用的数据。如果时间足够长，这些故障迟早会出现。

符合 ACID 标准的数据库设计旨在承受意外故障而不损坏数据。下面讲解 ACID 的每个要素。

### 1. 原子性

如果事务遵循"全有或全无"规则，这就是事务的原子性。如果事务中的一个操作失败，则整个事务失败。原子事务永远不会让事务中的操作部分成功。

想象一下，你将一行新数据写入一个有 10 列的表中。在第 8 列写入时，发生了电源故障，你的服务器将立即关闭。如果数据库支持原子性，它将在恢复正常运行时注意到未完成的事务，并将数据恢复到事务开始之前的状态。

### 2. 一致性

如果一个事务能够将数据库从一个有效状态移到另一个有效状态，那么这个事务就是一致的。这意味着在操作期间处理的数据处于一致性状态，无论是事务开始时还是结束时。例如，当我们将钱从一个账户转到另一个账户时，一致性意味着转移前后两个账户的总和不会发生改变。如果账户 A 有 200 美元，账户 B 有 100 美元，则两个账户的总和为 300 美元。如果从账户 A 向账户 B 转移了 100 美元，则账户 A 余额为 100 美元，账户 B 余额为 200 美元。两个账户的总和仍然是 300 美元，这就是事务的一致性。

一致的数据库还会对允许的数据类型和数据宽度施加限制。例如，账户余额应该是一个数值，出生日期应该是一个日期值。数据库将通过确保数据类型和数据大小得到维护来保持一致性。

一致性还强制执行主键和外键关系。主键是分配给表中每一行的唯一值。例如，在一个包含银行账户信息的表中，账号很可能是唯一的，因此可以成为主键。在一致性方面，系统永远不会允许表中出现重复的主键，并且它要求每个记录都有一个主键值(该列不能为空值)。

外键是表的每一行中的一个值，用于与另一个表相关联。例如，一家商店可以有一个客户(Customers)表，每个客户可以有多个订单。在客户表中的 Order 列中只保存来自订单(Orders)表的 ID，而不用保存具体的订单信息，如图 1-1 所示。

图1-1　客户订单

对于外键，大多数 DBMS 系统默认情况下要求外键的值一定与对应的主键值相互匹配，不允许出现一个外键值没有对应的主键。使用我们的客户和订单示例时，在客户和订单的关系中，可能一个客户有一个或多个订单。如果你尝试仅删除客户行而不先删除其订单，则与该客户关联的订单将出现"有外键值，但没有对应主键值"的情况。

> **注意**：一个正确配置的关系型模式将通过两种方式防止这种情况发生：直接拒绝删除事务或自动删除与要删除的客户相关联的所有订单。这种自动化称为级联删除，因为它可以在不发出警告的情况下导致数百万记录被删除，因此通常不是解决"孤立外键(只有外键值，没有对应的主键值)"的最佳解决方案。

### 3. 隔离性

如果一个事务的影响在它完成之前对其他事务不可见，那么该事务就是隔离的。这通常被称为并发控制。大型数据库应用程序可能同时有数百或数千个用户对其进行更改，因此如果事务不隔离，可能会导致数据不一致。

想象一下 John 和 Sally 两个用户同时访问数据库。John 正在更新订单表中的数据。与此同时，Sally 正在读取订单表中的数据，包括被 John 编辑的记录。DBMS 可以应用各种不同的隔离级别。作为初学者，你需要了解以下两个隔离级别。

- **串行执行**：直到 John 提交了他的更改，Sally 才会收到 John 修改后的数据。当 John 开始一个事务来更改数据时，该数据将被锁定，直到他的事务完成。
- **读取未提交的数据**：Sally 将会立即获得她想要的数据，包括 John 还没有提交的所有更改。因为有可能 John 的事务会失败并被回滚，所以这种读取方式被称为脏读。

在大多数 DBMS 系统中，默认的隔离是通过串行执行来完成的，因为这样可以更好地避免错误或减少对数据的破坏。

#### 4. 持久性

事务一旦被提交(保存到数据库中)，即使在灾难性故障的情况下，它也会保持不变。即使你在事务执行后将服务器的电源插头从墙上拔出，数据也会保持提交后的状态。

这意味着在事务被写入持久性存储设备(如存储驱动器)之前，它不会完全提交。

## 1.4.2　数据库和日志文件

在大多数 ACID 数据库中，事务日志(有时又称日志或审计追踪)是已执行操作的历史记录。这样一来，即使发生数据库崩溃或硬件故障，日志文件也有对数据库的每次更改的持久记录。

日志文件与实际数据库数据在物理上是分离的。这对于确保数据库的一致性非常重要。例如，当你向表中插入新行时，会发生以下几件事情：

(1) DBMS 验证传入的命令。

(2) 日志文件中会添加一条记录，指定将要进行的更改。

(3) DBMS 试图对表中的实际数据进行更改。

(4) 如果成功，日志记录将被标记为已提交。

如果在步骤(2)和步骤(4)之间发生故障，如服务器重新启动，当 DBMS 重新启动时，它将扫描日志文件以查找未提交的事务。如果找到它们，它将检查执行的操作并撤销它们，从而有效地将数据库恢复到与先前一致的状态。

## 1.5　实体完整性

关系数据库设计的关键之一是实体完整性，它保证表中的每条记录在该表内都是唯一的。所有 RDBMS 都会自动强制执行实体完整性，但数据库创建者必须适当地为每个表定义主键才能使此功能正常工作。当数据添加到表中时，RDBMS 将检查以下两个属性以确保新记录是唯一的：

- 该表中现有记录的主键值与新记录的主键值都不相同。
- 主键值不为空。

如果新记录不能同时满足这两个条件，那么 RDBMS 将拒绝将记录添加到表中。

请记住，根据我们对关系数据库的定义，"记录"是表中单个条目值的集合，每条记录都与表中的其他记录相互独立。在这种情况下，"唯一的"一词的原始定义是"独一无二的"，因此在参照完整性(referential integrity)准则下，每行中的值集必须与表中所有其他行的值集不同。这种唯一性具有以下两个特定的目的：

- 减少(但不一定消除)重复数据。
- 允许数据库轻松查找表中的特定记录。

### 1.5.1　确保唯一性

满足实体完整性要求的关系设计方法是，在每个表中包含一个或多个字段，其唯一目的是识别每个单独的记录。在某些情况下，我们可以将现有字段用作主键。例如，我们可以将发行日期用作跟踪报纸发行的表的主键，因为数据库中的每家报纸每天只发行一份报纸。这被称为**自然键(natural key)**，由于它恰好是我们想要跟踪的数据的一部分，因此不需要单独创建一个字段来确保唯一性。其他潜在的自然键包括电话号码或电子邮件地址，它们都可用于识别联系人表中的人员。在这样的数据集中我们通常希望这两个值都存在，如果每个人有自己独特的电话号码或电子邮件地址，那么两者都可以用作自然键。

一种更常见的方法是使用**代理键(surrogate key)**，即一个专门用于识别数据库中每条记录的字段(或字段集合)，但该字段没有实际意义。对于我们工作中接触到的数据库来说，我们习惯使用代理键来确保数据的唯一性。例如，在银行系统中，银行人员很可能会希望使用你的账号来识别你的账户，而不是仅仅使用你的名字；因为你的账号是唯一的，但你的名字可能不是。实际上，我们经常使用代理键来标识事物，如社会保障号码、银行账号、车辆识别号码和产品条形码。即使这些键值可能包含某种意义(例如，当人们申请社会保障号码时，他们的住址和社会保障号码可能存在某种关系)，这些值与它们所标识的对象之间只是松散地连接在一起，值的分配也基本上是随机的。

代理键本身没有任何意义，但它们可以起到非常重要的作用，即唯一标识表中的每个对象。在联系人表中，可以定义一个名为 ContactID 的字段。每个人被添加到表中时，都可以分配一个不同的 ContactID 值。虽然这并不能阻止我们在联系人表中多次添加同一个人(并为每条记录分配不同的 ContactID 值)，但它确实能使数据库轻松地区分"John·Johnson"和他的儿子"John·Johnson, Jr"。

候选键(candidate key)一词用于指代一个字段，该字段本质上是每条记录的唯一标识符，但它可能不会成为表的主键。例如，在员工表中，很可能包括每个员工的社会保障号码，并且每个员工的这个字段都有唯一的值。但是出于安全考虑，它不会被选为主键，数据库设计师会选择另一个候选键或代理键来充当该表的主键。

## 1.5.2　查找记录

主键最重要的作用是能够让数据库快速、准确地查找特定记录。在关系数据库中，为了减少冗余并提高效率，数据通常存储在许多不同的表中，每个表关注一组数据。例如，在产品库存数据库中，可能会有单独的表用于存储产品、供应商、仓库位置甚至类别。因此，当必须检索特定条目的全部细节时，数据库将不得不跨表搜索以找到有关该条目所需的信息。

对于许多数据库来说，主键所在的字段将自动创建**索引**。索引通常应用于一列(或一组列)，并将其存储为与表相互独立的对象。每个索引都作为指向数据库表中存储的记录的指针，而在关系数据库中，默认情况下将对索引进行排序，无论记录添加到相关表中的顺序如何。索引中都会保存该字段完整的排序后的值。索引既是唯一的又是已排序的，这意味着数据库在查询数据时，如果根据主键进行查询将很快找到所需的记录。一旦在索引中找到所需的值，数据库就会停止查找。由于主键连接到相关记录中的其余数据(该行记录其余列的值)，因此数据库只需根据索引值即可找到该记录其他所有字段的值，从而加速数据检索的过程。

这在概念上实际类似于书中的索引。一本书的索引通常出现在书的结尾，很容易找到。此外，索引中的词条是按字母顺序排序的，因此读者可以很容易地找到他们要查找的词条。索引还告诉读者在哪里可以找到书中的术语，以便读者可以直接翻到书中正确的位置。

然而，这种使用主键的方法确实存在一些缺点。最大的缺点是每次添加新记录或删除现有记录时，主键索引结构必须重新排序，这可能会减慢数据库内部的更新过程。本质上，这类似于当书中删除或添加章节时需要重新编写索引的情况。此外，不能更改主键的值，这意味着如果分配了错误的值，你后面将无法更改该值以进行更正。但是，即使主键存在这种缺点，它们也是关系数据库中不可或缺的组成部分。虽然它们只能在记录级别保证唯一性，但它们确实允许数据库区分和找到表中特定的记录。

在本书后面设计数据库时，还会考虑主键的其他选项。现在，需要理解的是，主键的作用是确保表中的每条记录在该表中都是唯一的。

## 1.6　备份策略

数据库系统的备份和恢复花费了大量的时间和精力。在一些企业中，失去对数据库的访问可能会导致每分钟数千美元的损失，因为无法再接受订单，或者客户数据可能会丢失或泄露。

因此，数据库管理员为数据和日志文件提供备份和恢复机制是很重要的。因为日志包含所有事务信息，所以它们使基于时间点的恢复成为可能。完整的数据备份往往占用较大的存储空间，因此只需定期备份即可。而日志备份相对于整个数据库的备份来说，往往要小得多(译者注：对于更新频繁，但插入和删除较少的数据库来说，日志可能要比数据库本身大得多)。

举例来说，每晚的数据备份可能每天晚上执行一次，而日志备份可能每 5 分钟执行一次。如果数据备份在午夜时分进行，而服务器在下午 2 点 55 分发生故障，那么会首先恢复最近的数据备份，然后还原自午后 2 点 50 分之前的所有日志记录事务。我们只会丢失下午 2 点 50 分至 2 点 55 分之间的更改信息。虽然我们也损失了 5 分钟的数据，但它比完全没有日志备份要好得多。

为了进一步减少损失，我们可以使用多个数据库服务器，并在每个服务器上执行事务。如果一台服务器出现故障，可以用另一台服务器代替它。要想获得真正的零数据丢失解决方案，服务器和软件的成本将呈指数级增长。经验丰富的数据库管理员将根据企业预算和数据丢失容忍度来制订数据库的备份策略。

# 1.7　本课小结

这一课介绍了数据库和关系数据库的概念，以及 ACID 和键的使用。这些信息是学习和使用结构化查询语言的基础。本课介绍的许多术语在讨论数据和数据库时都会经常常用到，因此在学习的初期了解它们的含义是非常有帮助的。在后续课程中，当直接应用于 SQL 时，还会重新讨论这些方法，其中包括以下内容。

- **表/关系(学术)/实体(抽象)**：关系数据库中逻辑上分组的数据。表定义了有效的事实，并包含关于一种类型事物的事实。
- **行/记录/元组(学术)**：表中的一个逻辑项，由一个或多个值或字段组成。
- **列/字段/属性(学术)**：指定需要在表中跟踪的事实，并限制事实数据的大小和类型。

本课程还涵盖了 ACID。如果需要可靠的数据，就必须使用符合 ACID 标准的数据库。只有满足原子性、一致性、隔离性和持久性的数据库才能处理可能发生的所有错误和故障，同时保障数据的质量。

本课程还提到了键，因为它们是组织数据的核心部分，可以帮助你满足记录的唯一性，并帮助你快速访问记录。下一课开始将数据组织成可通过 SQL 访问的数据库，你将了解主键和外键的用法。

最后，任何企业都应该制订适合其预算和风险承受能力的备份和恢复计划。

# 1.8　本课练习

以下练习旨在让你试验本课中介绍的概念。

练习 1-1：顾客和订单

练习 1-2：图书馆和书籍

练习 1-3：你自己的场景

> 注意：这些练习旨在让你更好地了解本课的内容，并帮助你应用在本课中学到的知识。注意，这些练习都需要你自己完成，因此我们没有提供答案。

### 练习 1-1：顾客和订单

图 1-1 给出了 Customers 表和 Orders 表。请创建至少三个额外字段的列表，这些字段可以添加到每个表中。

### 练习 1-2：图书馆和书籍

假设你要创建一个程序来访问包含图书馆信息及每个图书馆所包含的书籍信息的数据库。请执行以下操作：

(1) 列出你要使用的表。

(2) 列出这些表包含的字段信息。

(3) 为每个表创建三行示例数据。

(4) 找出表中用作主键的字段(如果有的话)。

(5) 找出表中用作外键的字段(如果有的话)。

### 练习 1-3：你自己的场景

设计一个你自己使用数据库的场景。可以是跟踪账户的银行示例，也可以是媒体数据库、餐厅菜单或商店库存系统。请为你的场景完成以下事情：

(1) 列出你要使用的表。

(2) 列出这些表包含的字段信息。

(3) 为每个表创建三行示例数据。

(4) 找出表中用作主键的字段(如果有的话)。

(5) 找出表中用作外键的字段(如果有的话)。

# 第 2 课

# 应用范式

第 1 课提到，为了在关系数据库中减少冗余并提高效率，数据通常存储在许多不同的表中，其中每个表专注于一类数据。在本课中，你将学习组织数据的标准过程。

**本课目标**

完成本课后，你将掌握如下内容：

- 理解数据库范式的用途。
- 描述并应用第一到第三范式。
- 知道何时对表应用反范式。

## 2.1 什么是范式

关系数据库设计的目标是组织数据，以减少冗余(或重复)数据，同时简化这些数据的访问方式。

关系数据库模型是由 Edgar F.Codd 在 1970 年 6 月的 ACM(Association for Computing Machinery)通信杂志上发表的"大型共享数据仓库的关系模型"一文中提出的。作为学术提案，它有点枯燥，但本文的目的是提出一种基于关系的数据库模型，该数据库模型可通过通用语言访问，并具有将数据集拆分为关系的已定义规则集合。在讨论范式时，他指出，具有简单域的关系适合存储在一个简单的二维数组中，而其他关系则更复杂，需要相应的更复杂的结构来表示它们。

> **注意:** 可通过 www.seas.upenn.edu/~zives/03f/cis550/codd.pdf 找到 Codd 的文章。

范式是将这些复杂的关系分解为简单结构的过程。合理使用范式进行设计,可以提高性能,并通过最小化数据重复(冗余)来降低关系的复杂性。Codd 证明了所有数据域都可以被简化为简单的表关系。按照范式过程,所有关系都以这种方式简化的数据库被称为满足范式要求的数据库。

## 2.1.1 数据冗余是个问题

数据冗余是指在数据库中多次存储相同的数据。表 2-1 展示了一个客户账户信息的例子。

表 2-1 客户账户信息表

| FirstName | Last Name | Account Num | Account Type | Street | City | State | ZIP |
|---|---|---|---|---|---|---|---|
| Eduino | Bayly | 512663484 | Checking | 07755 Marquette Park | Spring | Texas | 77386 |
| Missie | Cavee | 374078993 | Savings | 557 Roxbury Street | Peoria | Illinois | 61656 |
| Missie | Cavee | 647794666 | Checking | 557 Roxbury Street | Peoria | Illinois | 61656 |
| Geordie | Eirwin | 450433555 | Savings | 8 Cottonwood Terrace | Zephyrhills | Florida | 33543 |
| Davy | Louis | 317202667 | Credit Card | 38 Commercial Hill | Columbus | Ohio | 43204 |
| Dorri | McNair | 192333561 | Checking | 8208 Stuart Center | Fort Lauderdale | Florida | 33355 |
| Dorri | McNair | 166808336 | Savings | 8208 Stuart Center | Fort Lauderdale | Florida | 33355 |
| Dorri | McNair | 666343073 | Investment | 8208 Stuart Center | Fort Lauderdale | Florida | 33355 |
| Michael | McNair | 439224678 | Credit Card | 8208 Stuart Center | Fort Lauderdale | Florida | 33355 |
| Annmarie | Rubenov | 396112179 | Credit Card | 4 Loftsgordon Place | Jackson | Mississippi | 39210 |

通过查看表 2-1,可以看到在多行中出现了相同的地址信息。除了存储许多相同数据的副本(磁盘空间)会使效率低下,像这样的重复数据可能会导致数据异常(不正确的数据)。假设 Dorri McNair 搬到了另一个州。由于该客户出现在三个不同的行中,你必须确保在所有三行中的地址都被更新。按照上面的方

式存储数据，可能产生以下异常：

- 只更新一行或两行，其他行保持不变。
- 在某行中输入了错误的地址(如把 Stuart 写成 Stewart)。
- 如果 Dorri McNair 选择开立另一个账户，新账户的地址必须与现有地址匹配。

由于存在这些情况，Dorri McNair 可能会在系统中至少有两个不同的地址，这意味着他可能无法正确收到邮寄的文件或邮政编码(ZIP 码)与验证账户不匹配。这种错误被称为更新异常。

另一个潜在的问题是删除仍在使用的地址。例如，如果 Michael McNair 选择关闭他们的信用卡账户并从系统中删除相关地址，这可能会导致与 Dorri McNair 关联的地址被删除，从而产生删除异常。

理想情况下，你应该通过编辑单个行来更改与该客户相关的所有客户地址。如果客户选择关闭某个类型的账户，也不会影响该客户在银行的其他类型账户。

## 2.1.2　减少存储空间

除了可能因冗余数据而产生的数据异常，遵循将所有给定的数据(如地址)存储在数据库中单个位置的原则，可以显著降低大型数据库的存储要求。虽然这只是一个指导方针而不是规则，但减小数据库的大小不仅影响数据库所需的物理存储空间，还加快了数据库中数据的检索速度。

## 2.1.3　功能依赖

顾名思义，功能依赖是一种依赖关系。也就是说，"列 A 依赖于列 B"或"列 A、B 和 E 依赖于列 C 和 D"。在一个设计良好的表中，所有列都将至少依赖于表中的一个列。如果有些列是独立于其他列的，就需要考虑将它们移到单独的表中。

理解一些数据如何依赖于另一些数据是设计良好数据库结构的关键。例如，在一个表中列出了员工的名字和社会保障号码，可以说名字在功能上依赖于社会保障号码。这意味着如果知道了社会保障号码，就可以找到员工的名字。

　　然而，相反的情况并非如此。多个雇员可以有相同的名字，因此社会保障号码在功能上并不依赖于名字。需要谨慎处理，以确保表的设计没有根据名字来确定社会保障号码。

　　这种情况的另一个例子是美国的邮政编码。乍一看，州似乎依赖于邮政编码，因为在几乎所有情况下，都可以根据邮政编码预测所在的州。然而，有一些邮政编码是跨州的。这意味着州并不依赖邮政编码。因此，在数据库设计中，完全理解数据以及它如何与数据集中的其他数据相关(或不相关)至关重要。

## 2.2　规范数据

　　一般来说，规范化的目的是识别数据库所需的实体(或表)，从而最小化冗余信息，同时仍然保留关于存储在不同表中的数据如何跨表关联的信息。以表 2-1 中的银行客户名单为例，客户相关信息(姓名、地址)可能应该与账户信息分开存储，以便在更新客户信息时不影响账户信息。这意味着前面显示的数据应该(至少)分为两个独立的实体：客户表和账户表。

　　规范数据的过程包括一系列步骤，这些步骤有助于识别可用于组织数据的实体。数据规范化有几种级别，但每种范式确切的编号和名称取决于参考源。大多数情况下，只需要以下三种范式。

- 第一范式(1NF)
- 第二范式(2NF)
- 第三范式(3NF)

　　如果数据是 3NF，通常会满足除最严格规范之外的所有规范化要求。这通常是你应该追求的目标。

　　接下来将介绍数据规范化的过程。这个过程通常意味着先查看数据结构，然后在移到下一级别之前应用每一级别的规范化。因此，你将从 1NF 开始，然后到 2NF，最后应用 3NF。

　　在这个练习中，我们将使用表 2-2 中列出的简单联系人列表。这个表在技术上称为堆(heap)，是一种非结构化的数据集合。

表 2-2    简单的联系人列表

| FirstName | LastName | PhoneNumber | PhoneType |
|-----------|----------|-------------|-----------|
| Bob | Smith | 555-241-9371 | Home |
| Jane | Doe | 555-241-7235 | Mobile |
| Barbara | Jamison | 555-403-1639 | Mobile |
| Joel | Anthony | 555-403-8820 | Home |

## 2.3    第一范式

规范化的第一步是实现第一范式，又称 1NF。为此，该表必须满足以下条件：

- 行之间没有从上到下的排序关系。
- 列之间没有从左到右的排序关系。
- 每行都能被唯一标识。
- 每行与每列的交点(单元格)只包含一个值。

这些条件值得我们进一步探讨。

### 2.3.1    没有从上到下或从左到右的排序关系

没有从上到下或从左到右的排序关系这两个条件指定了可以以任何顺序访问表中的数据。换句话说，用户不需要通过查看第一行来了解第二行。列也必须如此。表 2-2 中的数据没有违反这个条件。

### 2.3.2    每行都能被唯一标识

你应该能通过唯一值来识别每一行。联系人列表(堆表)缺少一个唯一的键。可能会有两个联系人都叫作 Bob Smith，这样就无法区分他们。这将违反上面列出的第三个条件。

若违反了第三个条件(行的唯一标识)，可通过为该表分配主键轻松解决。没有可以用作自然键的字段(有的话就不会违反第三个条件)，因此可以使用代理键 ContactID，以便为每个联系人分配不同的编号。表 2-3 是修改后带有键 (ContactID)的联系人表。

表2-3　带有键的联系人表

| ContactID | FirstName | LastName | PhoneNumber | PhoneType |
|---|---|---|---|---|
| 001 | Bob | Smith | 555-241-9371 | Home |
| 002 | Jane | Doe | 555-241-7235 | Mobile |
| 003 | Barbara | Jamison | 555-403-1639 | Mobile |
| 004 | Joel | Anthony | 555-403-8820 | Home |
| 005 | Bob | Smith | 555-243-9372 | Home |

添加键之后，可根据它们的 ID 区分两个 Bob Smith 的记录。一条记录的 ID 为 001，另一条记录的 ID 为 005。

## 2.3.3　每个单元格只包含一个值

第四个条件是每个单元格只能包含一个值。这个条件的目的是防止在一个单元格中存储多个值，比如逗号分隔的数据。例如，假设你想为每个联系人存储多个电话号码，如他们的移动电话和家庭电话。你可以像表 2-4 一样用逗号分隔这些值。

表2-4　用逗号分隔数据

| FirstName | LastName | PhoneNumber | PhoneType |
|---|---|---|---|
| Bob | Smith | 555-241-9371,555-241-2035 | Home, Mobile |

这种结构违反了第四个条件，即每个单元格只包含一个值。这个规则的存在是因为向单个单元格添加多个值会导致多个问题，其中最重要的问题是你无法确定哪个电话号码对应家庭电话，哪个电话号码对应移动电话。虽然你可以根据它们出现的顺序进行猜测，但这并不能保证你的猜测是正确的。如果 PhoneNumber 和 PhoneType 之间存在一对一的关系，就像 FirstName 和 LastName 之间一样，那才是更好的选择。

这可以通过限制单元格的长度或在应用程序代码中强制执行此规则(使用

C#或 Java 等语言)来避免，但这两种方法都无法满足将多个电话号码与同一人关联的需求。

解决一个单元格具有多个值的问题的最佳办法是创建一个新表来存储这些数据。在本例中，可以从联系人(Contact)表中完全删除 PhoneNumber，并创建一个新表，其中包括每个联系人的 ContactID 和 PhoneNumber。通过 ContactID你可以确定哪个电话号码属于哪个联系人，还可以为每个联系人存储尽可能多的电话号码。

这样做，我们将得到两个单独的表。第一个表，如表 2-5 所示，用于存储联系人信息，ContactID 作为主键。第二个表，如表 2-6 所示，用于存储电话号码，TelephoneID 作为主键，ContactID 作为外键。

表 2-5　联系人(Contact)表

| ContactID | FirstName | LastName |
| --- | --- | --- |
| 001 | Bob | Smith |
| 002 | Jane | Doe |
| 003 | Barbara | Jamison |
| 004 | Joel | Anthony |
| 005 | Bob | Smith |

表 2-6　电话(Telephone)表

| TelephoneID | TelephoneNumber | PhoneType | ContactID |
| --- | --- | --- | --- |
| 101 | 555-241-9371 | Home | 001 |
| 102 | 555-241-7235 | Mobile | 002 |
| 103 | 555-403-1639 | Mobile | 003 |
| 104 | 555-403-8820 | Home | 004 |
| 105 | 555-243-9372 | Home | 001 |

## 2.3.4　第一范式总结

为了使表满足 1NF 的要求，每条记录必须是唯一的，并且单元格中不会包含多个值。在大多数(但不是所有)情况下，你可以简单地向表中添加一个代理键来满足唯一性标准。然而，对于具有多个值的单元格，通常最好为这些值创建一个单独的表，并使用外键将这些表连接起来。

## 2.4　第二范式

从学术角度来说，如果表符合 2NF，那么它必须符合 1NF，而且每个非主键列都依赖于整个主键，但不依赖于主键的任何真子集。换句话说，你必须已经符合 1NF，然后除了主键的所有列都必须严格依赖于主键中包含的所有值。

如果一个表最多只能有一个主键，那么它的主键怎么能有多个列呢？

从技术上讲，主键的定义是"唯一标识表中每条记录的一个列或一组列"。虽然总是可以创建代理键作为任何表的单列主键，但有时使用现有键更有意义。

以零售订单数据库为例。表 2-7 包含一个堆表，用于存储客户订单，其中包括客户数据和他们订购的产品的相关信息。

表 2-7　含有订购产品信息的客户订单表

| FirstName | LastName | PhoneNumber | PhoneType | OrderDate | ProductsOrdered | Prices |
|---|---|---|---|---|---|---|
| Bob | Smith | 555-241-9371 | Home | Jan 5,2021 | Tablet, 32"TV | $300,$200 |
| Jane | Doe | 555-241-7235 | Mobile | Jan 6,2021 | 32"TV, Laptop | $180,$720 |
| Barbara | Jamison | 555-403-1639 | Mobile | Jan 7,2021 | Laptop | $800 |
| Joel | Anthony | 555-403-8820 | Home | Jan 7,2021 | Blu-Ray Player, Speakers | $200, $300 |
| Jane | Doe | 555-241-7235 | Mobile | Jan 8,2021 | Speakers | $270 |

我们可以看出表 2-7 还不满足 1NF，也就意味着它不能符合 2NF。具体来说：
- 没有主键列，所以每条记录不能保证唯一性。
- 有些客户有多个订单，这在多行中为姓名和电话生成了冗余值。
- 有些订单在订购的产品和价格上有多行。
- 表需要重新调整以符合 1NF 和 2NF 的要求。如前所述，首先要满足 1NF。

## 2.4.1　规范化到 1NF

针对表 2-7 这样的情况，最好先将数据放入满足 1NF 的表中。

虽然可以简单地为该列创建一个新主键，但我们知道至少有两行记录具有相同的客户信息，因此代理键将"包含"重复人员的冗余信息。更好的方法是首先确定如何将原始表拆分为单独的表以减少冗余，然后识别每个表的主键。

下面从标识销售产品的产品(Product)表开始。表 2-8 基于表 2-7 中的数据展现了一个基本的产品表。

表 2-8　基本的产品表

| ProductName | ProductPrice |
| --- | --- |
| Tablet | $300 |
| 32"TV | $200 |
| Laptop | $800 |
| Blu-Ray Player | $200 |
| Speakers | $300 |

虽然在原始表中同一个产品可能出现多次，但在这个表中每个产品只出现了一次。为了满足 1NF 的要求，可以为表 2-8 设定一个主键，如表 2-9 所示。

表 2-9　带有主键的基本产品表

| ProductID | ProductName | ProductPrice |
| --- | --- | --- |
| 501 | Tablet | $300 |
| 502 | 32"TV | $200 |
| 503 | Laptop | $850 |
| 504 | Blu-Ray Player | $200 |
| 505 | Speakers | $300 |

也可以创建一个带有主键的客户表。假设业务规则规定，每个人只能有一个电话号码，因此所有信息都可以放在同一个客户表中，如表 2-10 所示。

表 2-10  客户(Customer)表

| CustomerID | FirstName | LastName | PhoneNumber | PhoneType |
|---|---|---|---|---|
| 001 | Bob | Smith | 555-241-9371 | Home |
| 002 | Jane | Doe | 555-241-7235 | Mobile |
| 003 | Barbara | Jamison | 555-403-1639 | Mobile |
| 004 | Joel | Anthony | 555-403-8820 | Home |

这些表现在都符合 1NF，因为每个表都有一个主键来确保记录的唯一性，而且没有字段包含多个值。

## 2.4.2  复合键

剩下的是订单相关的信息，包括订单的日期和每个订单中包含的具体产品。在这一点上事情变得有点复杂。

我们不能使用产品表或客户表来存储订单信息，因为同一产品可以包含在多个订单中，而一个客户可以下多个订单。如果我们尝试使用任何一个表来存储所有这些信息，要么就会向同一单元格添加多个值，要么就会在行之间出现重复的值。需要为订单创建一个新的表。该表包括 CustomerID 以识别谁下了订单，以及他们订购的产品的 ProductID 和 OrderDate。还将包括一个 OrderID 字段，因为表需要主键。表 2-11 展示了新的订单表。

表 2-11  订单(Order)表

| OrderID | CustomerID | OrderDate | ProductID |
|---|---|---|---|
| 401 | 001 | Jan 5,2021 | 501 |
| 401 | 001 | Jan 5,2021 | 502 |
| 402 | 002 | Jan 6,2021 | 502 |
| 402 | 002 | Jan 6,2021 | 503 |
| 403 | 003 | Jan 7,2021 | 503 |
| 404 | 004 | Jan 7,2021 | 504 |
| 404 | 004 | Jan 7,2021 | 505 |
| 405 | 002 | Jan 8,2021 | 505 |

订单表更加简洁，但它存在明显的问题。请注意，每个订单中的每个产品都有相同的 OrderID。这违反了主键值必须在同一表中跨行唯一的原则。解决这个问题的一种方法是将每次购买的每个商品视为单独的订单，但想象一下如果每个商品都需要单独购买，你将收到多少张收据！

对于这种情况，前面提到的"功能依赖"就能真正发挥作用了。首先，请注意对于每个 OrderID、CustomerID 和 OrderDate 是相同的，但是 ProductID 是不同的。这意味着在这个表中，CustomerID 和 OrderDate 在功能上依赖于 OrderID，因此我们应该把它们放在同一表中，如表 2-12 所示。

表 2-12  OrderID 的功能性依赖

| OrderID | CustomerID | OrderDate |
| --- | --- | --- |
| 401 | 001 | Jan 5, 2021 |
| 402 | 002 | Jan 6,2021 |
| 403 | 003 | Jan 7,2021 |
| 404 | 004 | Jan 7,2021 |
| 405 | 002 | Jan 8,2021 |

通过创建表 2-12，可以消除冗余数据。但是我们如何知道哪个订单上有哪些产品呢？

可以创建一个名为 OrderProduct 的新表，其中包含 OrderID 和 ProductID。表 2-13 展示了这个 OrderProduct 表。

表 2-13  OrderProduct 表

| OrderID | ProductID |
| --- | --- |
| 401 | 501 |
| 401 | 502 |
| 402 | 502 |
| 402 | 503 |
| 403 | 503 |
| 404 | 504 |
| 404 | 505 |
| 405 | 505 |

此表中的 OrderID 列有效地表明了谁在什么时候订购了什么，但需要确定一个主键。OrderID 不能作为主键，因为它对同一订单中的每个产品都重复使用。类似地，任何给定的产品都可能有多个订单，所以它也不可能是主键。然而，OrderID 和 ProductID 的组合在每条记录中都是唯一的：没有订单会包含同一产品两次以上，实际上，你不希望这种情况发生。

在这种情况下，将 OrderID 和 ProductID 组合成一个单一的主键是有意义的。当一个主键包含多个列时，它被称为复合键。实际上，复合键在数据库设计中比你想象的可能要常见得多。在这个例子中，复合键具有以下优点：

- 它允许我们为订单中的每个产品重复使用 OrderID。
- 它允许我们为每次订购该产品重复使用 ProductID。
- 它可以防止我们不小心将同一产品多次添加到同一订单中。

现在让我们稍微扩展一下功能依赖的概念，以了解它如何适用于 2NF。在带有订单产品的客户订单表中(表 2-14)，产品价格取决于订购产品的人，而不是产品本身。

表 2-14　带有订单产品的客户订单表

| First Name | Last Name | Phone Number | Phone Type | OrderDate | ProductsOrdered | Prices |
|---|---|---|---|---|---|---|
| Bob | Smith | 555-241-9371 | Home | Jan 5,2021 | Tablet, 32"TV | $300, $200 |
| Jane | Doe | 555-241-7235 | Mobile | Jan 6,2021 | 32"TV, Laptop | $180, $720 |
| Barbara | Jamison | 555-403-1639 | Mobile | Jan 7,2021 | Laptop | $800 |
| Joel | Anthony | 555-403-8820 | Home | Jan 7,2021 | Blu-Ray Player, Speakers | $200, $300 |
| Jane | Doe | 555-241-7235 | Mobile | Jan 8,2021 | Speakers | $270 |

如果仔细查看表 2-14 中的信息，就会发现 Jane Doe 似乎比其他客户支付的价格低 10%。虽然每个产品的基准价格应该取决于产品本身(因此该信息保存在产品表中)，但还需要一种方法将客户在下单时实际支付的价格加入其中。在这种情况下，价格取决于产品和订单。

碰巧，有一个表使用了产品和订单作为主键：OrderProduct 表。由于支付的价格取决于主键中的两个值，将其作为一个非键列添加到表中是合理的，如表 2-15 所示。

表 2-15    添加了表示支付价格的非键列的 OrderProduct 表

| OrderID | ProductID | PricePaid |
|---|---|---|
| 401 | 501 | $300 |
| 401 | 502 | $200 |
| 402 | 502 | $180 |
| 402 | 503 | $720 |
| 403 | 503 | $800 |
| 404 | 504 | $200 |
| 404 | 505 | $300 |
| 405 | 505 | $720 |

在实际的数据库中，还会包括一个 Quantity 列以表示客户订购的每个产品的数量，这将在功能上依赖于订单和产品，因此它也会被加入 OrderProduct 表中。

## 2.4.3    第二范式总结

在应用第二范式之后，原始的堆表被拆分成 4 个独立的表，如表 2-16 至表 2-19 所示。

表 2-16    客户(Customer)表

| CustomerID | FirstName | LastName | PhoneNumber | PhoneType |
|---|---|---|---|---|
| 001 | Bob | Smith | 555-241-9371 | Home |
| 002 | Jane | Doe | 555-241-7235 | Mobile |
| 003 | Barbara | Jamison | 555-403-1639 | Mobile |
| 004 | Joel | Anthony | 555-403-8820 | Home |

表 2-17　产品(Product)表

| ProductName | ProductPrice |
|---|---|
| Tablet | $300 |
| 32"TV | $200 |
| Laptop | $800 |
| Blu-Ray Player | $200 |
| Speakers | $300 |

表 2-18　订单(Order)表

| OrderID | CustomerID | OrderDate |
|---|---|---|
| 401 | 001 | Jan 5, 2021 |
| 402 | 002 | Jan 6,2021 |
| 403 | 003 | Jan 7,2021 |
| 404 | 004 | Jan 7,2021 |
| 405 | 002 | Jan 8,2021 |

表 2-19　OrderProduct 表

| OrderID | ProductID | PricePaid |
|---|---|---|
| 401 | 501 | $300 |
| 401 | 502 | $200 |
| 402 | 502 | $180 |
| 402 | 503 | $720 |
| 403 | 503 | $800 |
| 404 | 504 | $200 |
| 404 | 505 | $300 |
| 405 | 505 | $720 |

　　由于每个表都有主键且每个单元格中只有一个值，因此这些表都符合 1NF 的要求。因为 2NF 仅适用于具有复合键的表，所以前三个表(Customer、Product 和 Order)也自动符合 2NF 的要求。

第三个表使用 OrderID + ProductID 作为复合键。它符合 2NF 的标准，因为 PricePaid 列在功能上依赖于订单和产品两个因素。

## 2.5　第三范式

一个表要满足第三范式(3NF)，必须满足以下条件：

- 它满足第二范式(并且自然也满足第一范式)。
- 没有非键列依赖于另一个非键列。

从本质上讲，第三范式的目标是确保给定表中的所有数据与表所描述的对象(或实体)相关。简单来说，这意味着只有与客户直接相关的数据才应该存在于客户(Customer)表中，而只有与产品直接相关的数据才应该存在于产品(Product)表中。

虽然这听起来很合理，但很多初级数据库架构师担心在数据库中有太多的表。因此，他们试图通过将列合并到可能不属于它们的表中，从而减少所需的表数量。之前提到的联系人(Contact)表就是一个例子，如表 2-20 所示。

表 2-20　联系人(Contact)表

| FirstName | LastName | PhoneNumber | PhoneType |
|---|---|---|---|
| Bob | Smith | 555-241-9371 | Home |
| Jane | Doe | 555-241-7235 | Mobile |
| Barbara | Jamison | 555-403-1639 | Mobile |
| Joel | Anthony | 555-403-8820 | Home |

在本节的前面，这个堆表被分成了两个规范化表，以允许数据库包括同一人的多个电话号码，同时仍然满足 1NF 的要求。表 2-21 和表 2-22 再次显示了联系人(Contact)表和电话(Telephone)表。

表 2-21　联系人(Contact)表

| ContactID | FirstName | LastName |
|---|---|---|
| 001 | Bob | Smith |
| 002 | Jane | Doe |
| 003 | Barbara | Jamison |
| 004 | Joel | Anthony |
| 005 | Bob | Smith |

表 2-22　电话(Telephone)表

| TelephoneID | TelephoneNumber | PhoneType | ContactID |
|---|---|---|---|
| 101 | 555-241-9371 | Home | 001 |
| 102 | 555-241-7235 | Mobile | 002 |
| 103 | 555-403-1639 | Mobile | 003 |
| 104 | 555-403-8820 | Home | 004 |
| 105 | 555-243-9372 | Home | 001 |

两个表都符合 2NF，但对于 3NF 来说，每个列都必须描述该表所描述的实体。联系人(Contact)表格满足该要求，因为联系人有姓和名，所以这两个列都存储关于人的信息。

然而，电话(Telephone)表存在一个问题。PhoneType 依赖于电话号码，而电话号码并不是一个键列。这里也存在一定的冗余，因为 Home 和 Mobile 在表中被重复使用。如果我们想在某个时候将现有的表达方式更改为 Landline 和 Cell，就必须在这个表中搜索每条记录，并替换当前值。

就像 1NF 和 2NF 一样，解决 3NF 问题的最好方法是将问题列(或多个列)移到另一个表中。因此，为了在电话(Telephone)表中解决违规行为，可以创建一个电话类型(PhoneType)表，如表 2-23 所示。

表 2-23　电话类型(PhoneType)表

| PhoneTypeID | PhoneType |
|---|---|
| 301 | Home |
| 302 | Mobile |

可以使用 PhoneTypeID 代替 PhoneType 来更新，电话(Telephone)表，如表 2-24 所示。

表 2-24　更新后的电话(Telephone)表

| TelephoneID | TelephoneNumber | PhoneTypeID | ContactID |
| --- | --- | --- | --- |
| 101 | 555-241-9371 | 301 | 001 |
| 102 | 555-241-7235 | 302 | 002 |
| 103 | 555-403-1639 | 302 | 003 |
| 104 | 555-403-8820 | 301 | 004 |
| 105 | 555-243-9372 | 301 | 001 |

虽然添加表似乎会使数据库变得更复杂，但对于我们的电话场景来说有以下优点。

- PhoneType 值只能在一个地方进行更改。
- 可以轻松创建其他电话类型，这些类型在数据库中会自动标准化。例如，你可以选择添加 Fax 或 Work 作为新的电话类型。只需将这些新类型添加到 PhoneType 表中，并为其分配自己的 PhoneTypeID 值，然后在向电话(Telephone)表添加新电话号码时使用它们。

## 2.6　去规范化

规范化数据库是一门需要大量实践的艺术，即使有固定的规则，不同的数据库架构师也可以针对相同的数据集提出不同的设计方案。数据库设计的目标是创建尽可能高效的数据库，高效意味着有时你并不需要在将范式应用到数据库时确定的所有表。实际上，还有第四范式(4NF)和第五范式(5NF)，许多高级数据库架构师会在最初的范式转换阶段使用它们。然而，一般来说，如果一个数据库中的所有表都符合 3NF 的要求，那么 4NF 和 5NF 对该数据库不会有太大的改变。

一旦达到 3NF，你应该关注数据库的实际效率，而不是 3NF 理论上带给我们的效率。从理论上讲，3NF 具有以下优点：

- 每条数据都只存在于数据库中的一个位置。这样，在长时间内更新现有值时会更容易，并且更少发生更新异常(例如，对于同一个客户，不同地方会具有两个不同的地址)。
- 保护用户不希望更改的数据更容易。一个人更有可能更改他们的电话号码而不是姓名，你可以给予更多的访问权限给电话(Telephone)表，同时减少对联系人(Contact)表的访问权限。
- 减少了重复数据量，节省了存储空间。

但也引入了以下额外的复杂性：

- 更多的表意味着更多的键列。键列将被创建索引，因此在数据库打开时可能会将索引加载到内存中。尽管内存比硬盘更快，但它的容量也更小。一旦内存存满，关系数据库管理系统(RDBMS)将不得不使用硬盘来存储任何溢出的数据，从而抵消索引带来的优势。
- 检索存储在多个表中的数据需要更长的时间。
- 当需要将新逻辑记录(如新联系人)添加到多个表中时，添加数据需要更长的时间。

在优化性能时，有时你不太关心数据保护，并选择退回到 1NF。这称为去规范化。

例如，在这节课中所示的简单联系人列表中，电话类型很可能总是作为电话号码的一部分进行标识，即使联系人只有一个可用的电话号码。这是因为座机电话和移动电话具有不同的功能和限制。例如，你可以向移动电话发送短信，但不能向座机发送，而座机更有可能被其他人共享，而移动电话号码通常分配给特定的人。如果在访问电话号码时总是需要电话类型(PhoneType)信息，那么从单独的表中提取它将需要额外的时间，而如果电话号码和电话类型在同一个表中，就不需要额外的时间。因此，你可能会选择通过将电话类型重新放入电话表中来使结构稍微去规范化。

由于规范化程度高的数据库往往较慢，因此在商业智能和数据仓库系统中常常同时存在一个规范化版本的数据库(尤其是针对活动数据)和一个去规范化的版本。这些系统用于处理海量数据，需要进行大量的表连接和计算，而这些计算通常需要在巨大的结果集上进行，这可能是一个非常缓慢的过程。针对这个问题，常用的解决方案是定期轮询数据库的变化，将已更改的数据移入去规范化的数据表中，并提前进行所有已知的计算(如按日、月、季度、年等进行的销售统计)。然后，当用户请求报告时，他们可以使用这些预先优化的数据来提供快速响应。

大型企业通常会使用规范化的数据库，用于事务处理和为应用程序提供服务，并对数据进行良好的保护。然后，他们还会使用另一组去规范化的数据库(称为数据仓库)，这些数据库经过优化，用于聚合和生成数据报表。

以保险公司为例，他们很可能会使用规范化的数据库来跟踪客户和索赔信息。因为客户希望了解所有索赔的当前状态，实时数据库与客户用来提交和监控索赔的应用程序相连接。然而，公司本身可能希望查看数据的特定方面，以了解在特定时间段内提出了哪些类型的索赔，或者尝试将索赔类型与特定地理区域进行关联。为了进行这种类型的数据分析，数据库管理员将维护一个包含数据分析师可能需要的所有列的单一、非规范化的数据集，该数据集每月或每季度更新一次。数据分析师可以从非规范化的数据集中更快地提取数据，而不是直接从规范化的表中提取数据。

> **注意：** 在这节课中提到了表连接。表连接用于连接两个表，你将通过第 11 课进一步学习有关表连接的内容。

## 2.7　本课小结

设计数据库是一项既有艺术性又有科学性的创造性工作。即使有规范化的设定准则，对于同一个数据库而言，也可能会有不同的设计方案，一方面是因为数据的使用方式不同，另一方面是因为设计师在设计过程中对系统的思考方式不同。将设计从第一范式(1NF)转移到第三范式(3NF)对系统的数据完整性有很大的影响，但代价是增加了复杂性和潜在的性能问题。

针对几十个用户设计数据库的方式通常比针对百万用户设计数据库的方式要随意得多。无论你面临何种情况，了解良好的规范化技术，理解应用程序的数据和需求对于构建正确的数据库设计至关重要。从长远来看，最重要的是从一开始就应有一个设计良好的数据库。花点时间规范化到 3NF 对实现这一目标是有好处的。在确定数据库的 3NF 结构后，可能需要对其进行一些去规范化，但你应该只在有充分理由的情况下这样做。

掌握这项技能需要大量的练习。当你在做数据库设计时，请花一点时间考虑你将如何组织数据。你将如何为杂货店设计一个系统？一个加油站呢？一个做报价和计费的小型园林公司呢？一个城市的公交调度系统呢？花时间思考这些场景将有助于你成为更好的数据库架构师。

## 2.8  本课练习

以下练习旨在让你试验本课中介绍的概念。

练习 2-1：员工信息表

练习 2-2：图书馆和书籍

练习 2-3：酒店

练习 2-4：学生和课程

练习 2-5：菜单数据库

> **注意**：这些练习旨在让你更好地了解本课的内容，并帮助你应用在课中所学到的知识。请注意，这些练习都需要你自己完成，因此我们没有提供答案。

**练习 2-1：员工信息表**

表 2-25 包含了一个 Employee 数据库的字段列表和两个 Employee 的示例数据。使用规范化将这些字段放入数据库。

表 2-25  Employee 数据库

| Fields | Sample Employee　1 | Sample Employee 2 |
| --- | --- | --- |
| Name | John Doe | Julie Parks |
| Hire Date | September 1,2023 | August 12,2020 |
| Start Date | September 14,2023 | September 1,2020 |
| End Date | n/a | December 31,2022 |
| Employee ID | 111333 | 012348 |
| Hours | 40 | 40 |
| Hourly Wage | 23.95 | 17.95 |

(续表)

| Fields | Sample Employee 1 | Sample Employee 2 |
|---|---|---|
| Phone number | 415-555-1234(mobile),<br>415-555-2345(desk) | 415-555-4567(mobile),<br>415-555-5678(desk),<br>415-555-6789(home) |
| Department | Accounting | Maintenance |
| Supervisor | Sarah Johnson | Fred Moore |
| Office Number | A301 | G302 |
| Location | San Francisco, CA | Seattle, WA |
| Subordinates | Betsy Williams, Charlie Conrad,<br>Doug Demiter, Elinore Engoles,<br>Fred Filmore | n/a |

### 练习 2-2：图书馆和书籍

在第 1 课的练习 1-1 中，你为图书馆系统创建了表和字段。检查创建的表，确保它们是完整的。考虑以下情况：

- 可以有多个图书馆。
- 每个图书馆可以容纳任何一本书的一个或多个副本。
- 任何一本书都可以存放在一个或多个图书馆，但也可能不存放。
- 书籍可以有作者，作者也应该被追踪，但只有对图书馆数据库中的书的作者进行追踪才有意义。
- 作者可以关联到一本书或多本书。
- 一本书可以有一个或多个作者。
- 跟踪的图书信息应该包括作者、书名和 13 位的 ISBN。
- 一个 ISBN 只能与一本书相关联，一本书只能有一个 ISBN。

在确认你正在追踪所有需要的字段后，请对表中的字段进行规范化。是否有必要进行去规范化？

**练习 2-3：酒店**

设计一个酒店数据库，该数据库必须包含以下内容：

- 客房信息，包括有多少张床和床的尺寸，以及可用的便利设施，如微波炉、冰箱或咖啡壶。
- 客人信息，包括姓名、地址、电话号码和电子邮件地址。
- 预订信息，包括入住日期、退房日期、预订人及客人数量。

在确定用于表的数据库列后，请应用范式创建最终的数据库设计。

**练习 2-4：学生和课程**

表 2-26 包含了一个列出学生及其所修课程和费用的数据库信息。请对该表进行规范化处理。

表 2-26　课程和学生表

| FirstName | LastName | Major | Semester | Class | Fees | Professor |
|---|---|---|---|---|---|---|
| Susie | Summers Pre-med, Nursing | Pre-med, Nursing | Fall, 2022 | Biology 101 | $150 | Johnson |
| Susie | Summers Pre-med, Nursing | Pre-med, Nursing | Fall, 2022 | Calculus 103 | $120 | Samuels |
| Peter | Parker | Physics, Anthropology | Fall, 2022 | Biology 101 | $150 | Johnson |
| Peter | Parker | Physics, Anthropology | Fall, 2022 | Physics 101 | $220 | Fredrick |
| Susie | Summers Pre-med, Nursing | Pre-med, Nursing | Spring,2023 | Biology 201 | $120 | Johnson |

**练习 2-5：菜单数据库**

设计一个餐厅菜单的数据库，它必须支持以下功能：

- 生成一份包括菜单上所有条目的列表，包括菜名、菜肴描述和价格。
- 按类别对菜单上的条项进行分组，包括开胃菜、主菜、沙拉、甜点和饮料。
- 创建一个客户订单，包括订购的每个条目的数量和价格，以及输入订单的日期和时间。

- 可以识别下单的员工。

作为列出的基本内容的延伸，包括配送订单所需的客户数据，如送货地址和联系信息。

一旦确定并创建了基础数据库信息，请按照本课的步骤应用范式。

# 第 3 课

# 创建实体–关系图

一旦通过规范化数据库的步骤，确定了数据库应该包含的表、列和关系，就可以创建一个对数据库结构有帮助的可视化表示。可以使用实体-关系图(entity-relationship diagram，ERD)来实现这一点。

**本课目标**

完成本课后，你将掌握如下内容：

- 创建一个 ERD，其中包括在数据库规范化过程结束时确定的表、列和关系。
- 在 ERD 中包含有关数据库组件的适当元数据，包括主键、外键、数据类型和各个字段的可空性。

## 3.1　使用 ERD

在讨论数据库的抽象形式时，通常使用术语**实体(entity)**来引用将在数据库中管理的每个对象(如人、物、地点和事件)。可以使用实体-关系图(ERD)来表示实体和实体之间的关系。由于每个实体的最终版本都将是数据库中的表，因此实体和表这两个术语通常意味着几乎相同的概念，其中实体是对一个表在数据库中描述的同一事物的抽象表示。

在第 2 课描述的规范化步骤可以帮助你确定数据库将包含哪些表和列，以及表和表之间是如何关联的。然而，在该过程结束时，你应该创建一个 ERD，

即数据库结构的可视化表示,它将给你带来以下优点:

- 有助于确定建议的结构可能不适用的地方。虽然规范化应该帮助你准确确定表之间是如何关联的,但在创建 ERD 时,你可能会发现一个或多个表与其他表没有任何关系,或者在尝试将它们映射到规范化表时,一些关系没有意义。在设计阶段识别这些问题将有助于避免在定义数据库时可能出现的问题。
- 允许团队查看数据库的结构,这有助于每个团队成员快速确定哪些列在哪个表中以及表之间的关系。
- 提供了数据结构的单一、精简表示,这有助于你更快地编写 SQL 语句,尤其是当 SQL 语句引用两个或多个表时。

本质上,在规范化过程结束时,你将拥有一个数据库中所需表和列的描述,类似于房屋中介网页上关于房屋的描述。该描述会告诉你房子里有哪些房间,并给你一个关于房屋布局的大致介绍(有多少层楼、是否有地下室或车库等),但是拥有房屋平面图可以让你确切地看到每个房间是如何相互连接的,以及每个房间有多大的面积。ERD 相当于数据库的平面图或蓝图。

例如,在本课中将使用一个 ContactList 数据库,其中包括以下表:

- Contact 表:存储联系人列表中人员的名字。
- Phone 表:存储与联系人相关联的电话号码,允许我们将多个电话号码与每个联系人关联。
- PhoneType 表:存储有关数据库中电话号码类型信息,以便区分家庭电话、工作电话、移动电话等。

对于 ContactList 数据库,可以应用许多业务规则。在本课的示例中,预计联系人将拥有一个电话号码。此外,可能存在未使用的电话类型,如传真号码。

> **注意**:本课中将使用 ContactList 数据库中的表。你将首先关注 Contact 表,但随后也会构建其他表。

## 常用工具

由于 ERD 的主要目的之一是确保数据库结构正确,因此你应该确保所使用的任何工具都允许你在任何时候对结构进行更改。对于前几版的草稿来说，最简单的工具之一就是铅笔和纸。使用铅笔和纸开始可以轻松地绘制出设计图，同时也可以更新草图，以便在发现结构问题或提高效率方面做出相应的调整。

一旦有了 ERD 的草图，就可以使用软件工具创建它的数字版本，并将其与数据库文档一起保存并与团队成员共享。大多数用于创建流程图和线框图的工具也可用于创建 ERD，因此很有可能你已经拥有并使用了相关的软件。你也可以使用如下软件来实现 ERD 的绘制：

- Draw.io：一款基于 Chrome 的免费工具，允许将文件保存到云端(主要是 Google Drive 或 OneDrive)或本地计算机。如图 3-1 所示，Draw.io 具有一组针对数据库的特定形状，可以简化设计过程，并且如果你喜欢安装本地版本，则还有桌面应用程序可供选择。你可以通过 app.diagrams.net 找到 Draw.io 的下载信息。
- ERDPlus：一个基于 Web 的免费工具，专门用于绘制 ERD 和类似的数据库结构。如图 3-2 所示，ERDPlus 的官方网站为 erdplus.com。

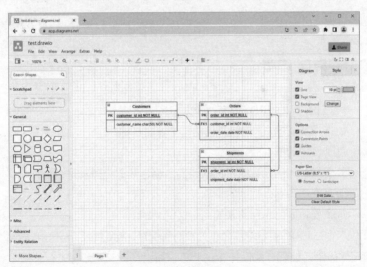

图 3-1　Draw.io

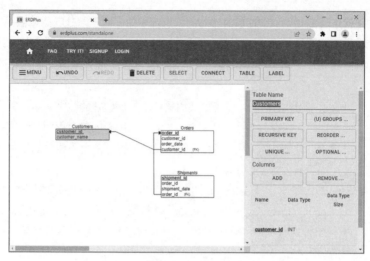

图 3-2 ERDPlus

你可能已拥有用于制作线框图和网站地图的设计程序，如果该工具还支持 ERD，请继续使用它。这里重点应该是构建准确的 ERD，而不是用于构建它们的工具。

## 3.2 ERD 组件

一个设计良好的 ERD 应该包括以下所有内容：
- 数据库所需的表(实体)，包括每个表的名称。
- 每个表中的所有列。
- 关于每个列的元数据，包括列的名称、数据类型及是否为空。
- 所有主键列和外键列的标识。
- 每个表是如何相互关联的。

更详细的 ERD 还可能包含有关索引的信息、键的命名方式，以及每个关系的具体信息，但现在我们将专注于基础知识。

> **注意：** ERD 从不包含数据，只是对表中数据类型的描述。也就是说，可以访问样本数据集来帮助你确定 ERD 应该包括哪些列，以及每个列的合适数据类型，这通常是很有帮助的。

在构建 ERD 时，你还需要定义用于对象的命名约定。你需要确保所有对象都使用这些命名约定。在数据库中为对象命名有很大的灵活性，建立命名约定将有助于避免以后的编码问题。

注意，SQL 本身通常不区分大小写；但是，你将在 SQL 中使用的编程语言(如 C#或 Java)可能区分大小写。因此，在使用命名时应保持大小写一致。本节中使用的示例采用驼峰式命名法，其中每个单词的首字母大写，但没有空格。在实际应用中，驼峰式命名法只是一种命名选项。

命名规则的另一部分是使用单数名词和复数名词，特别是表名。在这个例子中，我们在表名中使用单数名词。

## 3.2.1　创建表

表通常用矩形表示，一般分为三个部分。ERD 的第一部分是表的名称(标题部分)，第二部分是表的主键列，第三部分是剩下的其他列。

例如，当联系人列表是一个规范化的数据集时，需要标识表示联系人的表。这个表可以命名为 Contact。需要一个代理键(一个专门用于标识表中各条记录的值)来标识每条记录，因此需要将 ContactID 作为表的主键。此外，还需要包含与每个联系人相关的其他信息，如姓名和地址等列。该表的基本 ERD 表示形式如图 3-3 所示。

图 3-3　Contact 表的 ERD

### 3.2.2 添加列

图 3-3 显示了 Contact 表中所包含的基本列, 但是一个经过良好设计的 ERD 应该包含除了每个列的名称的更多信息。例如, 你需要知道哪些列可以为空, 以及每个列将使用的数据类型。

空值(null)的概念在本书中的其他部分有更详细的说明, 但基本概念是列可以设定为空值或者不允许存在空值。这是一条业务规则, 它决定了列是否必须具有值, 或者是否可以留空。

为了包含这些信息, 每个非空列将用粗体格式显示, 数据类型将添加到列名称的右侧。请查看图 3-3 中的联系人表, 并考虑 ERD 中列的选择。

**ContactID**: ContactID 是一个必需的代理键。对于此示例, 可以将该列的数据类型设置为整数(INT)。

**FirstName** 和 **LastName**: 这两个与人名相关的列都是必需的, 且它们都是字符串类型。由于这些列的长度不固定, 因此可以将它们的数据类型设定为 VARCHAR。对于此示例, 可以将 FirstName 的长度限制为 25 个字符, 将 LastName 的长度限制为 50 个字符。

**Address**: 电话号码信息将添加到数据库中, 因此地址信息不一定是联系信息的一部分。这意味着它是一个可选列。与 FirstName 和 LastName 一样, Address 列将包含不同长度的字符串, 因此可以将数据类型设定为 VARCHAR。对于此示例, 可以使用的最大长度为 100 个字符。

在添加已识别的列信息后, Contact 表的 ERD 现在如图 3-4 所示。

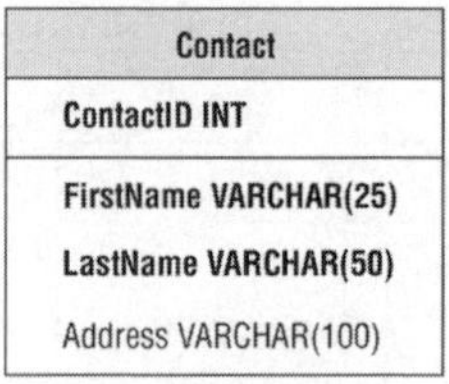

| Contact |
| --- |
| **ContactID INT** |
| **FirstName VARCHAR(25)** |
| **LastName VARCHAR(50)** |
| Address VARCHAR(100) |

图 3-4  包含列的详细信息的 Contact 表

在这个阶段, 应确保不要将值与列混淆。每个列名称应该是对该列将存储的数据的描述, 而不是该列将具体包含的值。例如, 如果我们想创建一个列用来保存称呼(如先生、女士、博士等), 会使用一个名为 Salutation 的列来保存这些称呼中的一个值，而不是为每个可能的称呼都创建一个单独的列。

另外需要注意的是，不同的 RDBMS 使用的数据类型略有不同，因此你为每个列分配的具体数据类型将取决于你使用的是 MySQL、SQL Server 还是其他数据库。在这里我们将使用相对通用的数据类型，但特定 RDBMS 的 ERD 可能需要更多的细节。

### 3.2.3　添加键标识符

表级别的最后一项设定是指示主键和外键。通常通过在表中适当列名称的左侧分别添加 PK 或 FK 来完成此操作。为了使主键或者其他必须保持唯一的列更加突出，通常还对这些列的名称使用下画线。

你正在构建的 Contact 表只有一个主键列，没有外键，为此需要添加额外的标识符，即将 PK 添加到 ContactID 左侧，并突出显示列名称。在添加了键标识符后，Contact 表如图 3-5 所示。

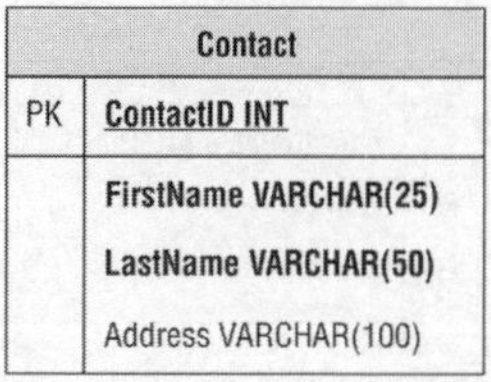

| Contact | |
| --- | --- |
| PK | **ContactID INT** |
| | **FirstName VARCHAR(25)** |
| | **LastName VARCHAR(50)** |
| | Address VARCHAR(100) |

图 3-5　带有主键的 Contact 表

### 3.2.4　加入其他表

正如本课开头所述，ContactList 数据库包含三个表：Contact 表、PhoneType 表和 Phone 表。Contact 表已经定义好，但现在你需要查看数据库中其他两个表的 ERD 表示形式。你是否知道每个表中每个列的含义？

PhoneType 表允许存储有关联系人可能使用的不同类型的电话的信息，这样每个联系人的不同工作电话、移动电话号码、家庭电话和传真号码都可以进行区分。该表使用 PhoneTypeID 作为主键，数据类型为 INT。PhoneType 表用于存储电话类型的名称，因此它的数据类型是字符类型，在此将使用 VARCHAR(10) 来容纳多达 10 个字符。这两个列都是必需的。

从图 3-6 中可以看到, PhoneType 表的 ERD 中已经添加了列的特征。这包括添加主键标签、数据类型和大小, 以及对必需列的加粗显示。

| PhoneType | |
|---|---|
| PK | **PhoneTypeID INT** |
| | **PhoneTypeName VARCHAR(10)** |

图 3-6　PhoneType 表

电话号码本身记录在单独的 Phone 表中。Phone 表包含 PhoneID, 该列将保存整数(INT)并用作主键。除了键, 该表还包含三个列, 其中的 PhoneNumber 列将保存一个包含 10 个字符的字符串, 使用 CHAR(10)表示; 其他两个列为必需列, 分别为 PhoneTypeID 和 ContactID, 它们将包含整数数据并用作外键。

图 3-7 将这些信息整合到 Phone 表的 ERD 中。同样, 你可以看到已添加了 PK 和 FK 标签来表示键, 以及其他信息和格式。

| Phone | |
|---|---|
| PK | **PhoneID INT** |
| | **PhoneNumber CHAR(10)** |
| FK | **PhoneTypeID INT** |
| FK | **ContactID INT** |

图 3-7　Phone 表

特别需要注意的是, 电话号码被视为字符串而不是数字。这样做的原因有很多。

- 不会对电话号码进行数学运算, 因此不需要将它们存储为数字。
- 电话号码可以包含非数字字符, 如字母或破折号, 特别是如果有来自美国以外的联系人时。

你还将注意到, Phone 表包括两个指定为外键(FK)的列: PhoneTypeID 和 ContactID。使用外键是 ERD 显示表之间关系的一种方式。在创建更正式的标识之后, 这一点将更加清晰。

## 3.2.5　显示关系

到目前为止,你已经看到了各个表的表示,但这有点像只查看一个家庭中单独房间的蓝图。同样重要的是,要了解这些部分是如何组合在一起的。这需要对 ERD 进行更新,以显示表之间的关系。需要检查的第一个关系是 Contact 表和 Phone 表之间的关系。

虽然用于表示两个表之间关系的方法有很多,但最简单的方法是使用一个带有方向的箭头,从关系的一侧指向关系的多侧。在本例中,每个联系人可以有多个电话号码,但每个电话号码只能属于一个联系人,因此箭头从 Contact 表指向 Phone 表,如图 3-8 所示。

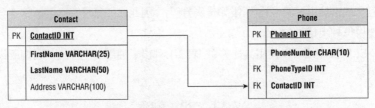

图 3-8　显示联系人与电话之间的关系

然而,可以添加一些符号以提供更多关于关系的详细信息。在图 3-9 中,我们将箭头替换为其他表示方式。在本例中,我们在关系的"多"端添加了一个鱼尾纹标记(用三个小线段替换箭头),以表示 Contact 表中的任何记录都可以与 Phone 表中的"多"个记录相关联(一个联系人可以有多个电话类型)。此外,在 Contact 侧有一个小垂直线,表示 Phone 表中的每条记录必须有一个且仅有一个相关的记录在 Contact 表中。这支持数据库的业务规则,即每个联系人必须至少有一个电话号码。

图 3-9　更新关系符号

Phone 表和 PhoneType 表之间也存在关系。图 3-10 给出了这种关系的 ERD 表示。在本例中，每个电话类型可以与任意数量的电话号码相关联，但每个电话号码必须只有一种类型，因此电话表上出现了鱼尾纹(关系中表示"多"的一端)。

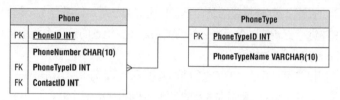

图 3-10　Phone 表和 PhoneType 表之间的关系

不过，这里排除了 PhoneType 一侧的垂直线。很有可能在设置数据库时，会包含从未使用过的电话类型(如传真号码)。因此，如果没有必要，你不会强制使用每种电话类型。

ERD 图中还可以使用其他关系。表 3-1 列出了使用的主样式及它们所代表的关系。

表 3-1　ERD 关系符号

| 样式 | 代表的关系 |
|---|---|
| | 一对一 |
| | 强制单一 |
| | 强制一对一 |
| | 一 |
| | 零对一 |
| | 零对多(可选) |
| | 一对多 |
| | 多 |

注意：表 3-1 中显示的样式被视为信息工程样式。还可以使用其他样式来表示相同的关系，如 Bachman 样式，它使用开放和封闭的圆圈表示零或一，并使用传统的箭头表示"多"。以下符号表示"零或多到一或多"的关系：

## 3.3　数据库的 ERD

图 3-11 将数据库的 ERD 的所有部分整合成一个单一的数据库模型。

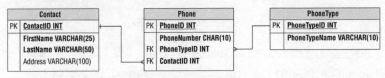

图 3-11　数据库的完整 ERD

注意这个视图如何允许在单个视图中同时查看所有表的所有列，并标识表之间的连接方式。当编写从数据库检索数据的 SQL 语句时，知道哪个列在哪个表中至关重要，理解表之间的关系(或连接)也是如此。许多数据库开发人员发现在编写 SQL 查询时拥有 ERD 很有用，尤其是对那些更复杂的数据库而言。

## 3.4　多对多关系

在开始使用未规范化的一组数据时，通常会在将数据规范化为所需表的过程中识别出许多表之间的多对多关系。在规范化数据库(至少规范化为 2NF)中，所有关系都将是一对一的关系(其中每个表中的一条记录最多对应另一个表中的一条记录)，或者更常见的是一对多的关系。

任何多对多关系都会被规范化为三个表之间定义的两个一对多关系，使用桥表来连接原始表。因此，一个多对多的关系必须包括三个单独的表：两个原始表和一个桥表。在许多情况下(但不是所有情况)，原始表的主键列用于创建桥表的主键，此时有多个列既是外键又是主键的一部分。

例如，在一个典型的学校数据库中，存在着学生和班级之间的多对多关系，因为每个学生可能要上多个班级(如果不是同时的话)，而每个班级应该包含多个学生。图 3-12 显示了 ERD 中这种关系的简单例子。

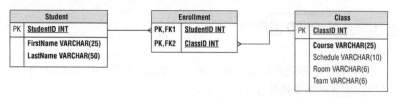

图 3-12　展示学生和班级之间的多对多关系

在此处，Enrollment 表作为 Student 和 Class 之间的桥表，其主键是一个包含 StudentID 和 ClassID 的复合键。这些列都是外键列，定义与原始表的关系。

在使用时，每个学生可以在 Enrollment 表中出现多次，以表示他们所选的每门课程。同样，每个班级可以在 Enrollment 表中出现多次，以代表每个注册该班级的学生。然而，包括 StudentID 和 ClassID 的复合键意味着学生不能在同一班级中注册多次。

## 3.5　本课小结

实体-关系图是关系数据库设计中的重要工具，因为它们提供了对数据库结构的可视化。它们在所有级别的数据库管理过程中都非常有用，从创建数据库到检索数据库中的数据。任何 ERD 都应该为你提供识别关系数据库结构所需的基本信息，包括以下内容：

- 表的名称。
- 列的名称。
- 作为键的列。
- 表之间的关系。

本课展示了 ERD 最基本的内容，但根据包含信息的详细程度，ERD 可以更加复杂。例如，你可以在表中包含元数据，如索引，以及关系中的"多"侧可以包含多少条记录。这对于定义业务规则非常有用，例如，一个学生一次可以选多少门课，或者我们想为每个客户最多存储多少个电话号码。

ERD 使用了几组不同的符号，而本课所示的符号只是其中之一。当你接触到不同的 ERD 时，如果有不熟悉的符号，请查阅参考资料或寻求帮助。

> 注意：有关 ERD 的更多信息及其他符号和布局选项的示例，可以参考 LucidChart 的文章：www.lucidchart.com/pages/er-diagrams。LucidChart 是另一个用于创建 ERD 的工具。通常，需要进行付费订阅才能使用，但也有一个功能受限的免费版本可供使用。

## 3.6  本课练习

以下练习旨在让你试验本课中介绍的概念。

练习 3-1：顾客和订单

练习 3-2：图书馆和书籍的关系

练习 3-3：不再需要多对多

练习 3-4：绘制菜单 ERD

练习 3-5：数据库设计评估

> 注意：这些练习旨在让你更好地了解本课的内容，并帮助你应用在课中所学到的知识。注意，这些练习都需要你自己完成，因此我们没有提供答案。

### 练习 3-1：顾客和订单

在第 2 课中，为客户和订单创建了表。请检查这些表，并进行必要的修改，以便可以更好地追踪客户的订单。完成所有调整后，请为这些表创建 ERD。确保包括所有主键或外键、列是否可以为空的指示，以及你确定的列的数据类型和大小。

### 练习 3-2：图书馆和书籍的关系

在第 2 课的练习 2-2 中，你创建并规范化了图书馆和其中书籍的表。请为该练习中创建的解决方案创建 ERD。确保包括所有主键或外键、列是否可以为空的指示，以及你确定的列的数据类型和大小。

### 练习 3-3：不再需要多对多

在联系人列表示例中，假设每个电话号码都与一个人相关联。实际上，许多人共享电话号码是很常见的。例如，一个家庭的所有成员或一组室友都可以共享同一个家庭电话号码，而在同一家企业工作的多个员工可能共享同一个工作电话号码。

请查看图 3-13 中的 ERD。该 ERD 显示了联系人和电话号码之间的多对多关系。重新设计此 ERD，以删除多对多关系。

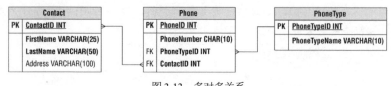

图 3-13　多对多关系

### 练习 3-4：绘制菜单 ERD

为第 2 课的练习 2-5 创建的菜单(menu)数据库创建一个 ERD。

### 练习 3-5：数据库设计评估

这个练习使用了本书前三次课中学到的所有知识。从选择一个主题开始，并基于该主题设计一个第三范式(3NF)的数据库。创建一个包含以下内容的报告。

- 对数据库的描述，包括如何使用数据库的说明，以及对存储在数据库中的数据的一般性描述。
- 所有实体及其属性的列表，包括以下内容：
    - 实体的主键。
    - 每个属性的数据类型，可以是泛型或特定于 RDBMS 的类型。
    - 外键。
    - 必要的属性。
- 一个对应于实体列表的 ERD。

使用任何你熟悉的工具来创建 ERD，但要确保你的图是完整的且易于阅读。可以选择使用纸和铅笔，但要确保绘图清晰且大小适中。

使用以下清单评估结果：

- 所有的实体和属性都遵循相同的命名约定。
- 每个实体都有一个合适的主键。
- 所有表之间的关系都是一对多关系，在需要多对多关系时使用桥接实体。
- 每个实体都与至少一个其他实体相关，外键位于关系的适当一侧。
- 每个属性都被赋予了适当的数据类型。
- 在列表和 ERD 中都很容易确定所需的属性。

- 该设计采用 3NF。
- 对于设计的数据库,表的数量适中,没有不合理的表。

完成项目后,与程序员或其他人分享该项目并征求反馈。询问他们是否注意到有缺失的列或表。如果他们不熟悉 ERD,可以向他们解释表之间的关系,以便他们理解所显示的内容。

# 第 4 课

# 动手练习：规范化黑胶唱片
# 商店数据库

　　作为一名初级开发人员，你很可能不需要立即规范化大型数据库。大多数企业都拥有为自己的数据库，并且有一支由数据库专家组成的团队来处理此类事务。然而，你很可能需要访问存储在数据库中的数据，这意味着你需要了解数据库的结构。

　　在这一课中，你将使用到目前为止学到的所有知识来组合数据库，并对其进行规范化，以及创建实体-关系图(ERD)来为数据库建模。

### 本课目标

完成本课后，你将掌握如下内容：

- 确定数据库的列。
- 确定每个列的适当数据类型。
- 将数据标准化为第三范式。
- 创建数据库的 ERD。

---

　　**注意：** 本书中有几节课可以帮助你整合前几次课学到的知识。这些课程采用不同的形式，比其他课程更注重实践操作。当你学习这些课程时，你应该解决其中提出的问题。因为将所有内容结合在一起的课程更注重的是实践，所以它们不会包括额外的练习。

# 4.1　黑胶唱片商店数据概览

在本课中，你将整理和运用所学的知识，为一家销售单曲和整张专辑的黑胶音乐商店创建并操作一个相对较小的库存数据库。该数据库将支持以下内容。

(1) 对于数据库中的每张专辑，包含以下内容：

- 专辑中的歌曲列表。
- 乐队名称或在专辑中演出的艺术家的名字。
- 专辑标签的名称。
- 专辑的价格。
- 专辑最初的发行日期。

(2) 对于数据库中的每首歌曲，包含以下内容：

- 歌曲标题。
- 歌曲的演唱者或乐队。
- 这首歌视频的 URL。
- 这首歌首次出现的专辑。

(3) 对于每个乐队，包括以下内容：

- 乐队的名称。
- 乐队中艺术家的名字。

(4) 对于每位艺术家，包括以下内容：

- 艺术家的名字。

规范化是一个理论上的过程，通常用纸和铅笔或某种数字绘图工具完成，因此不需要计算机或特定的软件。在学习这一课的过程中，我们鼓励你简单地使用铅笔和纸来设计数据库的 ERD。

为了简单起见，你可以进行如下假设：

- 乐队的成员不会随着时间的推移而改变。
- 不会有多个乐队共同完成同一个专辑或同一首歌。

这两种假设都不能代表现实情况。艺术家确实会从一个乐队转到另一个乐队，专辑里也可能有很多艺术家和乐队。但是，对于这一课来说，为了使规范化过程更明显，这里进行了简化。

> **注意**: 你应该将每一步提供的基本信息纳入设计中。在继续下一节之前，请尝试自己进行设计，以查看是否符合预期。

## 4.2 第 1 步: 识别实体和属性

第 1 步是通过对数据库的描述来识别数据库中包含的实体, 以及这些实体的属性。这里所说的**实体**是指数据库将包含的人、地点、物品或事件的抽象概念, 因此实体是一种原型表, 其形式可能在设计过程中发生变化。每个实体都包括最终将成为数据库中 "列" 的**属性**。

请查看前一节概述中的项目描述, 以项目符号列表的形式列出你能够识别的所有实体, 以及这些实体的属性。目前不需要担心使用的形式是否正规。在你得出结果后, 请继续学习本课程。

### 第一步的结果

你可能已经注意到, 概述中的项目符号列表已经基本上描述了你可以开始使用的实体及其属性。以下是 "黑胶唱片商店" 数据库的实体及其属性的可能解决方案:

**album**
- title
- song
- band/artist
- label
- price
- release date

**song**

- title
- videoUrl
- album
- band/artist

**band**

- name
- artists

**artist**

- name

通过将此方案与早期的目标进行比较，你可以看到清晰理解数据库需求能为我们设计数据库打下坚实的基础。

你的列表可能与此处显示的列表不完全相同。例如，你可能已经包含了可用作每个实体的主键的 ID 值，或者你可能已经将艺术家的姓名分解为名和姓。我们知道这两个属性最终需要添加，所以现在将它们包括在内是行的。但这一步的重点是创建数据库最终包含内容的大致概述。

虽然允许一定的灵活性，但将像 videoUrl 这样与歌曲相关的值放在专辑或乐队实体中是错误的。在继续之前，请确保每个属性都分配到正确的实体中。如果你不确定某个特定属性属于哪个实体，将其放在你认为合适的任何实体中(就像前面示例中的艺术家(artists))。你将使用规范化规则将其放入正确的位置。

注意，每个实体的名称使用的是单数名词。这是我们将用于数据库的命名约定的一部分，因此在这里也使用了这种全名方式。所有列名称和数据类型将在流程结束时最终确定。

## 4.3　第 2 步：1NF

接下来，需要保证每个实体都符合第一范式(1NF)，包括以下要求：

- 每一行都可以唯一标识。
- 每行与每列的交集(单元格)只包含一个值。

查看你的列表，把每个实体都放在 1NF 中。这意味着要完成以下步骤：

(1) 确保每个实体都包含一个或一组可以充当主键的列。

(2) 根据本课"黑胶唱片商店数据概览"部分给出的描述，识别现有实体中可能包含多个值的任何列，并为每个列创建一个单独的实体。(请确保在新实体中包含第一个实体的主键对应的外键，以便查看它们之间的关系。)

(3) 重复步骤(1)和步骤(2)，直到每个实体都满足 1NF。

你可能希望以新的实体-关系图或一组列表的形式执行此操作。你应该保留原来的版本以供参考。在继续之前，请尝试对实体进行修改，使其满足 1NF。

> **注意**：在第 2 课"应用范式"中，1NF 要满足以下 4 个条件。

- 在"行"中，无需满足从上到下的顺序。
- 在"列"中，无需满足从左到右的顺序。
- 每行都可以被唯一标识。
- 每行与每列的交集(单元格)只包含一个值。

你可能想知道为什么在步骤(2)中只列出了其中的两个条。这个项目没有列出前两个条件的原因是，实体和字段已经满足了没有从上到下或从左到右排序的要求。换句话说，这种设计已将每张专辑、歌曲、艺术家和乐队描述为不同的值，因此可以在每个实体中描述条目，而不必引用同一实体中的其他条目。类似地，分配给每个实体的属性不依赖于同一实体中的其他属性。

## 4.3.1 确定主键

在现有实体中没有特别合适的候选键。videoUrl 可以作为 song(歌曲)的主键，但每首歌曲只能有一个 URL，而实际上大多数歌曲都有多个 URL，并且一个给定的 URL 可能会打开包含多首歌曲的播放列表。

为了简单起见，你可以为每个实体创建代理键。更新后的列表如下：

**album**

- albumId (PK)
- title
- song
- band/artist
- label
- price
- releasedate

**song**

- songId (PK)
- title
- videoUrl
- album
- band/artist

**band**

- bandId (PK)
- name
- artists

**artist**

- artistId (PK)
- name

## 4.3.2 解析带有多个值的列

现在需要处理可能有多个值的列。艺术家实体有可能就是需要被处理的对象。name 列可以被拆分为独立的姓氏列和名字列。因为 name 一词被用于多个实体中，所以最好使用更具有描述性的名称。在本例中，我们将对它们进行重命名，将原来的 name 修改为 artistFirstName 和 artistLastName。

**artist**

- artistId (PK)
- artistFirstName

- artistLastName

一个特定的乐队可能包含多个艺术家，这意味着艺术家数据需要放在一个单独的实体中。还需要为乐队名称属性指定一个更具描述性的名称。对乐队信息的更新如下。

**band**

- bandId (PK)
- bandName
- artistId (FK)

现在看看艺术家和乐队之间的关系。记住，我们这一课的假设如下：

- 乐队的成员不会改变。
- 任何乐队都至少有一个成员，但大多数乐队都有多个成员。
- 任何艺术家都可以加入多个乐队。例如，保罗·麦卡特尼是披头士乐队的成员，但后来他领导了另一支名为 Wings 的乐队。

这意味着艺术家和乐队之间存在多对多的关系，如果任何一个实体的主键被放入另一个实体中，就会违反 1NF。唯一的解决方案是创建一个新的桥接实体，将来自两个实体的主键作为自己的主键。这将产生以下实体：

**band**

- bandId (PK)
- bandName

**bandArtist**

- bandId (PK, FK)
- artistId (PK, FK)

**artist**

- artistId (PK)
- artistFirstName
- artistLastName

ERD 可以更清楚地显示这些表之间的关系。此时，ERD 看起来如图 4-1 所示。

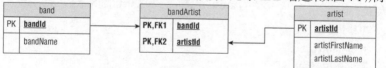

图 4-1　乐队、艺术家及桥接实体的 ERD

### 4.3.3　规范化歌曲(song)实体

现在有了乐队实体，下面介绍歌曲实体。当前歌曲实体如下：

**song**

- songId (PK)
- title
- videoUrl
- album
- band/artist

title 列应该重命名，从而与专辑名称相区别。此外，我们假设每首歌都只有一位艺术家。如果认为单独的艺术家是一个乐队，那么事情还可以进一步简化。这意味着 bandId 将被添加为歌曲实体的外键。根据这些假设和修改，歌曲实体现在如下：

**song**

- songId (PK)
- songTitle
- videoUrl
- album
- bandId (FK)

某首歌有可能出现在多张专辑中吗？答案是肯定的。乐队和艺术家经常发行"最佳"专辑，其中包括早期专辑中的畅销歌曲(此外，还有"合辑")。

让我们暂时搁置这个想法，看看专辑实体。当前专辑(album)实体如下：

**album**

- albumId (PK)
- title
- song
- band/artist
- label
- price
- releaseDate

绝大多数专辑都包含多首歌曲，所以需要将其放在其他地方。考虑到前面提到的每张专辑只有一个乐队/艺术家的假设，你可以简单地用 bandId 替换这个列作为外键。还应该更新 title 属性以专门引用专辑。更新后的专辑实体现在如下：

**album**

- albumId (PK)
- albumTitle
- label
- price
- releaseDate
- bandId (FK)

观察歌曲和专辑之间的关系。任何歌曲都可以出现在多张专辑中，而大多数专辑都包含多首歌曲。这意味着存在多对多的关系，因此需要一个桥接实体。可以将专辑从歌曲中提取出来，也可以将歌曲从专辑中提取出来以创建桥接表。最终结果是，现在的实体看起来如下：

**song**

- songId (PK)
- songTitle
- videoUrl
- bandId (FK)

**songAlbum**

- songId (PK, FK)
- albumId (PK, FK)

**album**

- albumId (PK)
- albumTitle
- label
- price
- releaseDate
- bandId (FK)

这些实体可以用图 4-2 的 ERD 来表示。

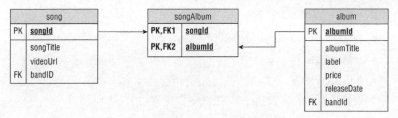

图 4-2 song、album 及桥接表 songAlbum 的 ERD

## 4.3.4 第 2 步的结果

此时,实体似乎被规范化为 1NF。这些实体如下:

**band**

- bandId (PK)
- bandName

**bandArtist**

- bandId (PK, FK)
- artistId (PK, FK)

**artist**

- artistId (PK)
- artistFirstName
- artistLastName

**song**

- songId (PK)
- songTitle
- videoUrl
- bandId (FK)

**songAlbum**

- songId (PK, FK)
- albumId (PK, FK)

**album**

- albumId (PK)
- albumTitle

- label
- price
- releaseDate
- bandId (FK)

如果把所有的实体放到一个 ERD 中，应该如图 4-3 所示。

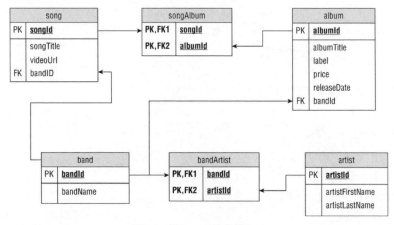

图 4-3  满足 1NF 的完整 ERD

如果此时将所有实体与满足 1NF 的 4 个条件清单进行对照，一切都符合要求：

- 每个实体都有一个主键。
- 每个实体中的每个属性都有一个值。

你可能会发现一个问题，bandId 在 song 和 album 中都是外键，但这就是为什么在规范化过程中不能止步于 1NF。这个问题将作为附加规范化表单的一部分得到解决。

# 4.4  第 3 步：2NF

现在一切看起来都满足 1NF，因此可以将重点放在如何转换到第二范式 (2NF)。如下是 2NF 的主要要求：

- 所有实体都满足 1NF。

● 没有列，部分依赖于主键。

在继续之前，请检查一下现有的结构，并确定应该进行哪些更改(如果有的话)以满足 2NF 要求。还应该根据需要更新 ERD 以满足 2NF。

## 第 3 步的结果

你刚刚完成了上一节中 1NF 的过程，所以现在可以放心地假设所有实体都满足 1NF。因此，2NF 只适用于具有复合键的实体。在本例中，有两个这样的实体。

**bandArtist**

● bandId (PK, FK)

● artistId (PK, FK)

**songAlbum**

● songId (PK, FK)

● albumId (PK, FK)

这两个实体都不包含非键列，因此不需要做其他事情。此时，你可以继续下一步。

## 4.5　第 4 步：3NF

第三范式(3NF)是指所有实体都满足 2NF(以及扩展的 1NF)，并且没有非键列依赖于其他非键列。查看已经定义的实体。查看每个不属于该实体主键的列，并确定它是否依赖于主键以外的列。

根据这些信息，你可以确定应该进行哪些更改(如果有的话)以满足 3NF 要求。在继续之前，请尝试进行这种审查并根据需要更新 3NF 的 ERD。

## 4.5.1 第 4 步的结果

当开始查看实体时，应该会注意到两个桥接实体(songAlbum 和 bandArtist)都只包含键列，因此可以在此步骤中关注其他实体。

观察乐队(band)和艺术家(artist)实体：

**band**

- bandId (PK)
- bandName

**artist**

- artistId (PK)
- artistFirstName
- artistLastName

目前，这些实体没有问题，因为名称取决于实体描述的乐队或艺术家。不需要做任何更改就可以满足 3NF。

歌曲(song)和专辑(album)实体需要仔细观察：

**song**

- songId (PK)
- songTitle
- videoUrl
- bandId (FK)

**album**

- albumId (PK)
- albumTitle
- label
- price
- releaseDate
- bandId (FK)

对于歌曲(song)实体，songTitle 和 videoUrl 取决于歌曲。对于专辑实体，albumTitle、label、price 和 releaseDate 取决于专辑。这样就只剩下 bandId 了。

bandId 应该放在哪里，这是一个棘手的问题。

从技术上讲，只要两个实体间存在关系，在多个实体中使用相同的主键作为外键并没有什么问题。在本例中，bandId 必须是桥接实体 bandArtist 的外键，但它需要描述乐队、歌曲和专辑之间的关系。这就是 3NF 可以帮助我们的地方。

虽然一张专辑可以被视为只包含一个艺术家或乐队，但实际上一张专辑是许多歌曲的集合，每首歌都有自己的艺术家或乐队(在我们的假设下，每首歌和每张专辑只会属于一个艺术家或乐队)。这意味着专辑中的乐队取决于专辑中的歌曲，而不是专辑本身。如果你有每首歌的乐队信息和每张专辑的歌曲列表，就可以确定每张专辑中的艺术家，因为你知道专辑中有哪些歌曲。

## 4.5.2　3NF 的 ERD

专辑实体不需要 bandId。这为我们提供了以下最终的规范化实体集：

**band**

- bandId (PK)
- bandName

**artist**

- artistId (PK)
- artistFirstName
- artistLastName

**song**

- songId (PK)
- songTitle
- videoUrl
- bandId (FK)

**album**

- albumId (PK)
- albumTitle

- label
- releaseDate
- price

**bandArtist**

- bandId (PK, FK)
- artistId (PK, FK)

**songAlbum**

- songId (PK, FK)
- albumId (PK, FK)

这组实体的 ERD 现在如图 4-4 所示。

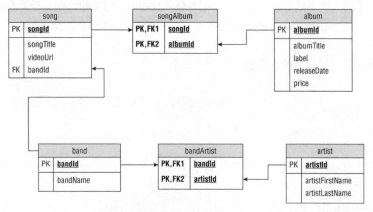

图 4-4　黑胶唱片商店数据的 3NF ERD

# 4.6　第 5 步: 确定最终结构

每次更改设计后,特别是当你接近初始设计步骤的尾声时,你希望回到现有实体中,并使用 1NF 重新开始,以确保最终设计满足数据库的需求。

再次查看最终的设计,如图 4-4 和 4.5 中的列表所示。此时,数据库处于 1NF 状态:每个实体都有一个主键,每个属性只存储一个值。

数据库也满足 2NF。唯一具有复合键的实体是 songAlbum 和 bandArtist,它们都不包含非键属性。

对于 3NF，每个属性只描述其所在的实体，并依赖于该实体的主键。因此，当前的设计满足 3NF。

这是否是唯一的潜在设计？并非如此，因为数据库设计既像科学又像艺术，两个不同的设计师可能会提出略有不同的设计，并且都满足 3NF。例如，这种设计将独唱歌手视为一个人组成的乐队，以便你可以识别哪个艺术家演唱了哪首歌曲。另一种替代方法是创建一个 songArtist 桥接实体并将乐队视为艺术家，或者根据歌曲是由单个艺术家还是由多个艺术家组成的乐队而创建两个单独的桥接实体，即 songArtist 和 songBand。

另一个考虑因素是标签(label)属性。任何给定的标签都会对应多张专辑，因此如果需要包含标签的其他属性，就有可能在事件中使用单独的标签实体。然而，考虑到每张专辑只由一个确切的标签制作，且这个数据库只需要标签的名称，所以我们可以保留现有结构，并将其视为一种非规范化步骤，以使数据库更加高效。

然而，这种结构确实相对容易地解释了"合集"和"最佳专辑"的概念，因为艺术家与专辑之间的关联取决于歌曲，而不是艺术家本身。另一个优点是，可以跟踪特定专辑中每首歌曲的曲目号。由于曲目号取决于歌曲和所属专辑，因此可以在 songAlbum 中添加一个非键字段，如图 4-5 所示。

| songAlbum | |
| --- | --- |
| PK,FK1 | songId |
| PK,FK2 | albumId |
| | trackNumber |

图 4-5　将 trackNumber 添加到 songAlbum 实体

## 4.7　最后一步

最后一步是确定每个实体中每个属性的数据类型。虽然具体使用的数据类型取决于处理数据库的 RDBMS，但此时可以使用泛型数据类型。当你准备构建表时，泛型数据类型可以转换为特定的数据类型。还可以确定定义每个表所需的属性。例如，每首歌都必须包含一个标题，但它可能没有用于视频的 URL。

对于本示例，我们将考虑以下内容：

- 我们已经确定了表的命名约定(使用驼峰式的单数命名)。我们将对列名使用相同的约定。
- 所有主键都是整数。
- 必填字段以粗体显示。
- 非键的数据类型可以是字符串、日期或数字，这取决于列要保存的数据。
- 我们为字符串列设置了最大字段大小，例如，文本列的 string(25)最多可存储 25 个字符。
- 我们将艺术家的名字分成名和姓。

数据库的最终版本如下所示(以列表的方式表示):

**band**

- bandId (PK) int
- bandName string (50)

**artist**

- artistId (PK)
- artistFirstName string (25)
- artistLastName string (50)

**song**

- songId (PK) int
- songTitle string (100)
- videoUrl string (100)
- bandId (FK) int

**album**

- albumId (PK) int
- albumTitle string (100)
- label string (50)
- releaseDate datetime
- price float (5,2)

**bandArtist**

- bandId (PK, FK) int
- artistId (PK, FK) int

**songAlbum**

- songId (PK, FK) int
- albumId (PK, FK) int

图 4-6 展示了最终数据库的 ERD。

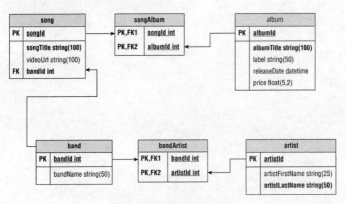

图 4-6　最终的规范化 ERD

当你开始使用 SQL 创建数据库时，会发现在编写构建表的代码时，有这样一个模式可供参考是很有用的。

## 4.8　本课小结

在本课中，你已经了解了如何构建数据库设计的过程。首先，你使用了一个包含 4 个独立实体(专辑、歌曲、乐队和艺术家)的数据库，并对这些属性进行规范化处理，为创建一个包含 6 个表的关系数据库奠定了基础。

本节课介绍的结构是一个良好的起点，但由于规范化既是科学又是艺术，因此一些部分可能会有所不同。从长远来看，目标是使数据库尽可能接近 3NF，并能够指出结构中可能没有完全规范化的地方。更重要的是，软件开发新手必须了解数据库的结构，以便可以编写从现有数据库中检索数据的程序。

# 第 II 部分

# 应用 SQL

# 第 5 课

# 使用 MySQL 服务器

到目前为止，你已经学习了关系数据库理论。现在是时候动手将理论转化为实践了。本课将指导你安装工具，让你能够输入和运行 SQL 代码。其中，包括安装 MySQL 数据库和数据库管理应用程序 MySQL Workbench。

**本课目标**

完成本课后，你将掌握如下内容：

- 安装 MySQL 数据库服务器和客户端。
- 使用命令行接口连接 MySQL 服务器。
- 安装 MySQL Workbench 数据库管理应用程序。
- 确定主要的 MySQL Workbench 接口元素。
- 使用 Schemas 面板查看数据库的详细信息。
- 使用 SQL 脚本创建数据库。
- 执行 SELECT 查询。

## 5.1 MySQL 安装

MySQL 是一个关系数据库管理系统(RDBMS)，它作为服务器运行，提供对多个数据库的多用户访问。本节将介绍安装 MySQL 的步骤。在安装过程中，将要求你设置 MySQL root 用户的密码。

> **注意：** 不要忘记你的 root 密码。如果你忘了它，则将无法使用工具连接到数据库。

MySQL 的安装程序将用于安装 MySQL 服务器程序。它将安装 MySQL 开发所需的所有内容，并为你选择 32 位或 64 位软件。

## 5.1.1 第 1 步：获得下载文件

浏览 MySQL 下载页面 dev.mysql.com/downloads/windows/installer。如果有必要，则可向下滚动一点，直到看到下载内容，如图 5-1 所示，它显示了两个选项。

图 5-1　MySQL 下载页面

两种下载文件都可以。其中，第一种文件较小，因为它在安装过程中从 Web 获取必要的资源。这意味着，刚开始的下载速度很快，但安装过程将花费更长的时间，在整个过程中都需要并且连接互联网。第二种文件包括所有必要的资源。它需要更长的下载时间，但一旦保存到你的电脑上，你就可以安装 MySQL，而无需连接互联网。选择最适合的选项，并单击相应的 Download(下载)按钮。

## 5.1.2　第 2 步：跳过登录

MySQL 网站接下来使用了一点暗模式。在安装过程中，你需要一个账户来下载软件。你可以创建一个有用的账户，单击 Login 按钮下的"No thanks, just start my download"链接，如图 5-2 所示，并将文件保存到计算机上的一个已知位置。

图 5-2　跳过登录

## 5.1.3　第 3 步：开始安装

在下载完成后，打开已下载的文件以启动安装程序。如果下载的是完整版本，则将是 mysql-installer-community-[版本].msi，如果下载的是 Web 版本，则将是 mysql-installer-web-community-[版本].msi。

在安装过程开始后，系统将提示选择安装类型，如图 5-3 所示。在左列中选择 Developer Default 选项。

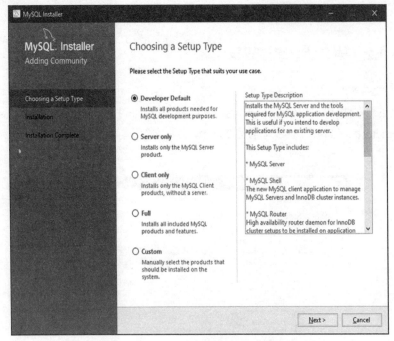

图 5-3　选择安装类型

　　安装程序将自动检查问题，例如，缺少实用程序或路径冲突。如果看到错误，则需要在继续安装之前解决该错误。例如，安装程序可能识别必须事先安装的其他软件，如 Microsoft Visual Studio。

### 5.1.4　第 4 步: 工具选择

　　你应该看到一个列出 MySQL 工具的屏幕，如图 5-4 所示。请查看要安装的工具。你应该会看到在列表中包括 MySQL Server 和 MySQL Workbench，但它还包括用于多种语言的连接器、当前版本 MySQL 的文档，以及可以用于 MySQL 练习实验的样本文件。

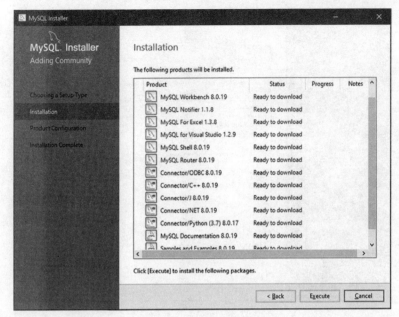

图 5-4　选择 MySQL 工具

　　单击 Execute 按钮并等待，安装需要一段时间。随着安装的进行，你会看到各个组件的安装进度。

　　如果你看到与任何组件相关的错误，请等待所有其他组件都安装完成后，单击该组件的 Try Again 链接。如果它第二次失败，则单击 Show Details 按钮，并在必要时向下滚动以查看错误的详细信息。使用该错误消息来研究能够获取帮助的选项。你还可以在 dev.mysql.com/doc/mysql-installation-excerpt/5.7/en 上查看 MySQL 的官方说明，来帮助解决问题。

## 5.1.5　第 5 步: 产品配置

　　在所有组件安装完成后，流程将转移到产品配置步骤。产品配置页面如图 5-5 所示。

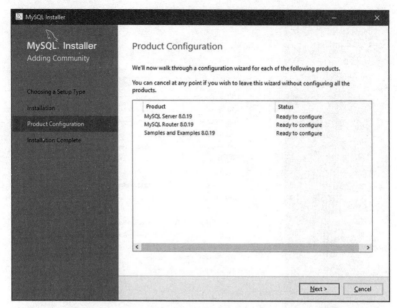

图 5-5 产品配置页面

此屏幕显示将要配置的产品信息。如果你选择了其他项目，那么可能会在屏幕上看到它们的列表。只需单击 Next 按钮，即可继续执行配置过程。

大多数情况下，默认选项就足够了。以下是几个特殊的配置选项：

- 在 High Availability 窗口中，使用默认选项 Standalone MySQL Server/ Classic MySQL Replication，如图 5-6 所示。

- 在 Type and Networking 窗口中，使用默认选项 Development Computer With TCP/IP，使用端口号 3306，并打开 Windows 防火墙端口，如图 5-7 所示。

- 在 Authentication Method 窗口中，使用选项 Legacy Authentication method。如果你正在远程计算机上运行 MySQL 服务器或使用敏感数据，则强密码加密是一个更好的选择。在本书中，你不需要那种级别的加密。图 5-8 展示了身份验证方法所选择的选项。

- 在 Accounts and Roles 窗口中，需要为 root 账户定义一个密码，如图 5-9 所示。root 账户允许用户在数据库中执行任何操作，因此，在包含许多

用户的典型安装中，此密码应该非常安全。在这种情况下，你正在进
行只有你可以访问的本地安装，所以一个简单的密码就可以了。

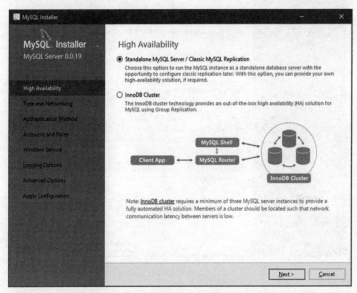

图 5-6 选择 High Availability 选项

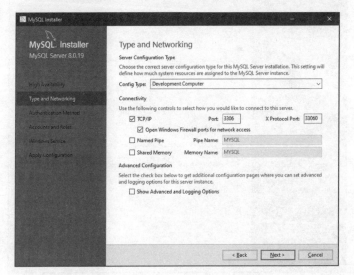

图 5-7 选择 Type and Networking 选项

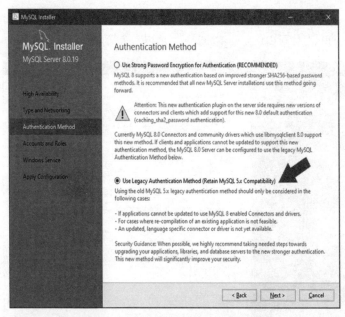

图 5-8　选择 Authentication Method 选项

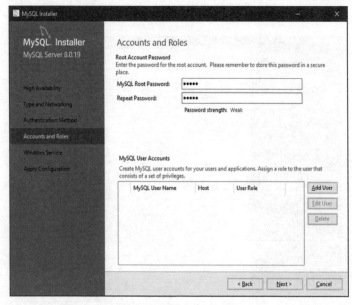

图 5-9　设置 root 账户密码

> **注意：** 在稍后打开 MySQL 时，将会用到这个密码。

- MySQL 将作为 Windows 服务运行，使用默认选项，即名为 MySQL80 的 Windows Service 和标准系统账户。你可以在图 5-10 中看到这些配置。

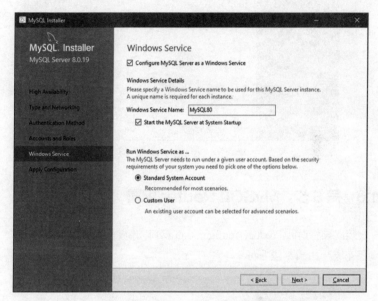

图 5-10　设置 Windows Service 选项

在定义了所有配置选项之后，你将看到如图 5-11 所示的 Apply Configuration(应用配置)窗口。在该窗口中单击 Execute 按钮。

你应该会收到一条消息，说明配置成功，图 5-11 中的每个项目都已检查完成。窗口底部的按钮将被替换为 Finish 按钮，你可以单击它以继续安装。

> **注意：** 如果你没有看到刚才描述的更改，那么请查看所提供的反馈，再次查看配置选项，并研究解决问题的方法。

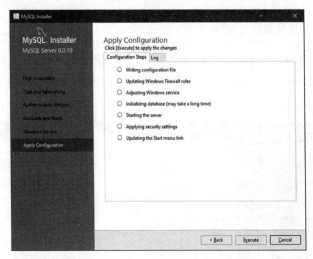

图 5-11 应用配置选项

## 5.1.6 第 6 步: MySQL Router 配置

安装向导将返回 Product Configuration 窗口,并显示 MySQL 服务器的产品配置已完成,如图 5-12 所示。

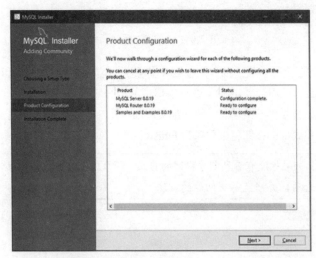

图 5-12 MySQL 服务器的产品配置完成

单击 Next 按钮打开 MySQL Router 配置选项，如图 5-13 所示。这仅用于
管理数据库集群，所以在这里不做任何修改。

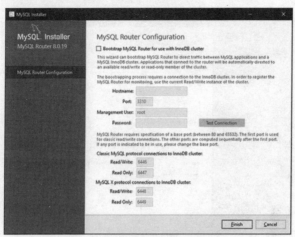

图 5-13　MySQL Router 配置选项

安装向导将再次返回到项目配置窗口。单击 Next 按钮继续。系统将提示
你连接到服务器。此时，本地 MySQL 服务器应该已经在运行了。输入你为 root
账户创建的密码，如图 5-14 所示，然后单击 Check 按钮以验证你可以连接到
服务器。

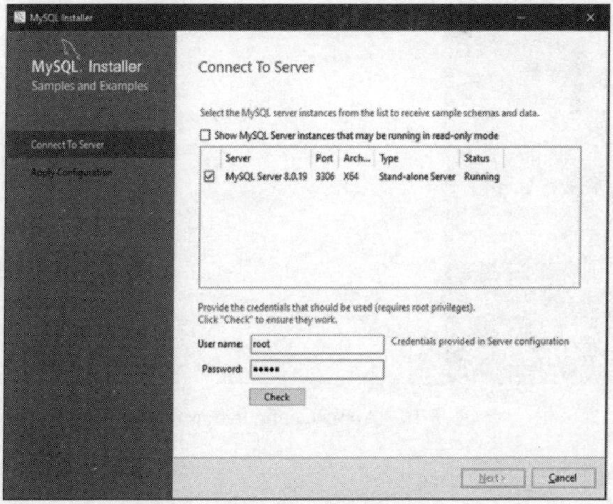

图 5-14　连接到服务器

　　如果所有设置均正确，并且你输入了正确的密码，你将会看到"Connection succeeded"消息，如图 5-15 所示。

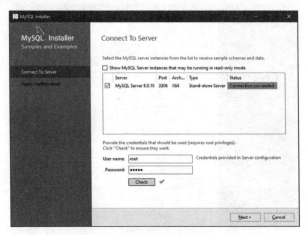

图 5-15    "Connection succeeded"消息

　　单击 Next 按钮进入 Apply Configuration 界面，如图 5-16 所示。然后单击 Execute 按钮应用刚才定义的配置。

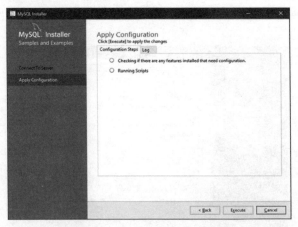

图 5-16    Apply Configuration 窗口

　　安装向导将安装示例和示例文件，并确认配置已完成。在完成后，应关闭图 5-16 中的两项，页面底部的按钮将被替换为 Finish 按钮。单击 Finish 按钮返回产品配置窗口，如图 5-17 所示。

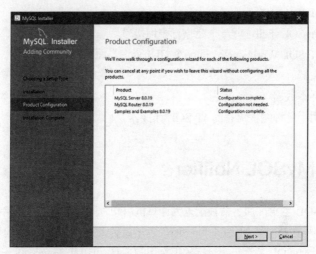

图 5-17　更新后的 Product Configuration 窗口

在 Product Configuration 窗口中，单击 Next 按钮以完成安装。如图 5-18 所示，最后一步确认安装完成。如果你不想立即打开 MySQL Workbench 或 MySQL shell，请取消复选框。然后，单击 Finish 按钮关闭安装向导。

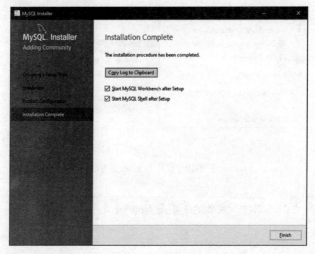

图 5-18　安装完成

安装和配置均已完成。现在你已经安装了以下内容：

- MySQL 数据库服务器。
- MySQL shell，即一个命令行查询接口。
- MySQL Workbench，即一个 GUI 查询界面和模式浏览器。
- 文档。
- 样本数据。
- 用于各种编程语言的 MySQL 连接器。

## 5.2    MySQL Notifier

MySQL 数据库服务器被配置为计算机启动时同时启动，并且始终在后台运行。你还应该安装 MySQL Notifier，也不是必需的，但它是一个可以让你更好地控制 MySQL 是否正在运行的很有用的工具。可以从 downloads.mysql.com/archives/notifier 下载，并使用默认设置进行安装。

Notifier 安装一个系统托盘图标，该图标显示现有 MySQL 数据库服务器的状态，并允许你启动和停止它们。图 5-19 显示了一个菜单，其与单击托盘图标时看到的菜单类似。

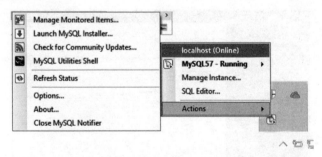

图 5-19    SQL Notifier 菜单

> **注意：** 在图 5-19 中，左侧的菜单是 Notifier 主菜单中选择 Action 选项时显示的子菜单。

## 5.3　命令行接口

你可以使用命令行界面来验证 MySQL 是否安装成功，以及是否可以连接到它。MySQL 服务器的安装包括一个基本的命令行接口(MySQL 命令行客户端)和一个图形用户界面(MySQL Workbench)。你可以使用任何一种工具来执行完全相同的任务，并在大多数情况下，你可以决定哪种工具更有意义。

你可以从 Windows 开始菜单中打开 MySQL 命令行客户端，然后根据提示输入密码。接着，你将看到一个命令窗口，其中，mysql>提示符如图 5-20 所示。

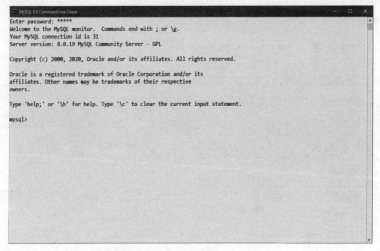

图 5-20　MySQL 命令行客户端提示符

如 MySQL welcome 语句所述，命令以分号(;)或\g 结尾。本书中使用分号来结束每个命令。在窗口中输入以下命令：

```
show databases;
```

该命令会列出当前 MySQL 管理的所有现在数据库，如图 5-21 所示。

这个列表包括 MySQL 用于跟踪自身信息及其使用方式的元数据库，以及可以用于练习使用 MySQL 的示例数据库。你将在本课中创建自己的数据库。

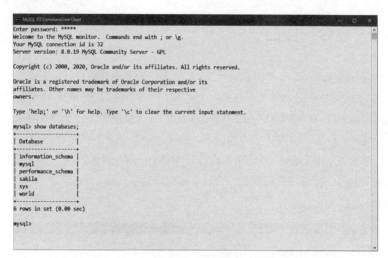

图 5-21    当前管理的所有现有数据库的列表

如果你能够连接到 MySQL 并查看现有数据库，那么现在就可以使用了。通过输入 quit;或简单地关闭命令行窗口来退出 MySQL。

# 5.4  MySQL Workbench 入门

MySQL Workbench 是一个数据库管理应用程序。它允许你连接到数据库服务器，查看服务器的数据库，并对这些数据库执行查询。它还提供了一个图形界面，可以根据界面操作生成查询。你并不需要总是手工编写查询。

你可以通过提供主机名、端口和凭据连接到任何 MySQL 服务器。在连接完成后，可以执行以下操作：

- 创建数据库和管理模式，包括表。
- 管理用户、角色和权限的安全性。
- 备份和恢复数据库。
- 执行 SQL。

在继续之前，你必须完成前面几节的内容，安装并测试 MySQL，以便可以使用 root 账户连接到本地 MySQL 服务器。在确认 MySQL 安装正常后，可以继续执行以下操作：

- 确定 MySQL Workbench 接口元素。
- 使用 Schemas 面板查看数据库详细信息。
- 使用 SQL 脚本创建数据库。
- 执行 SELECT 查询。

> 注意：MySQL Workbench 是作为 MySQL 的一部分来安装的。

## 5.4.1　使用 MySQL Workbench

在打开 MySQL Workbench 后，你可以看到 MySQL Workbench 的主界面，其中有一个用于设置服务器的按钮，如图 5-22 所示。

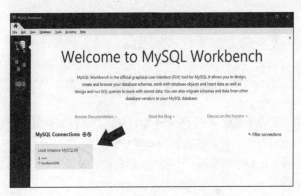

图 5-22　MySQL Workbench 主界面

如果你已经使用过 MySQL，那么也可以看到这些连接。如果没有连接，则按下面的值添加一下：

**Local instance MySQL80**

(User) **root**

(Service) **localhost:3306**

单击 MySQL80 按钮，如图 5-22 所示。系统会要求你输入 root 密码。输入密码并单击 Ok 按钮登录。登录后，你将会看到 MySQL Workbench 环境，如图 5-23 所示。

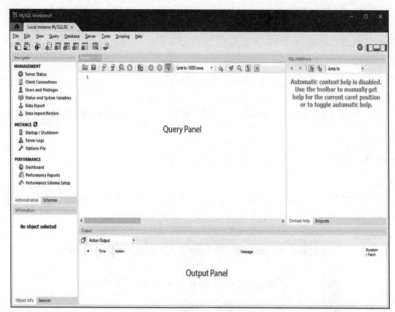

图 5-23　MySQL Workbench 环境

这个窗口类似于 IDE，因为有多个窗格允许你从同一位置管理数据库的不同部分。与 IDE 界面一样，你可以根据需要调整面板的大小，或者使用 View 菜单来隐藏或显示特定的面板。中间的主窗格(带有选项卡 Query 1)是 Query 窗格，是可以运行 SQL 命令(通常称为查询)的地方。

在该窗格下是输出窗格，是显示查询结果的地方。

在左侧窗格中，有一个 Administration 选项卡和一个 Schemas 选项卡。Administration 选项卡包括用于管理服务器连接、用户和权限的工具，以及导入和导出工具。Schema 选项卡允许你自己管理数据库。实际上，在 MySQL 中，术语模式(schema)只是数据库的另一个术语。

如图 5-24 所示，单击 Schemas 选项卡，将至少可以看到在使用 MySQL 测试命令行接口时可能看到的一些数据库。

在图 5-24 中，可以看到名为 sakila、sys 和 world 的模式。sakila 和 world 数据库是示例数据库，可以用于练习使用 MySQL。sys 数据库是只读系统数据库，MySQL 在内部使用并对其进行管理。像 mysql 这样的其他元数据库通常隐藏在 MySQL Workbench 中，因为它们不适合人类用户访问。

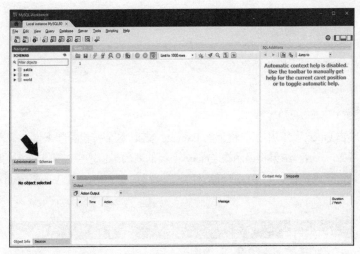

图 5-24　MySQL Workbench Schema 选项卡

　　单击模式旁边的 expand 箭头，可以查看与该模式关联的表、视图、存储过程和函数。在图 5-25 中，扩展了 world 模式，可以看到包括 city、country 和 countrylanguage 的表。你还可以看到，city 表包括 ID、Name、CountryCode、District 和 Population 的列。

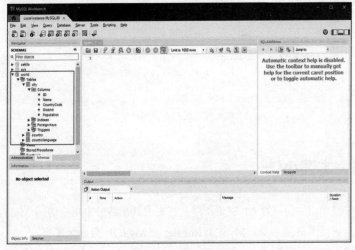

图 5-25　展开 city 表

## 5.4.2    运行测试命令

你可以运行一个快速命令，以确保自己已连接。在 Query 1 面板的第一行
输入以下命令：

```
show databases;
```

单击 Query 窗口中工具栏上的 Execute 按钮。这个按钮看起来像一个闪电，
如图 5-26 所示。结果将显示在 Query 面板的新的子窗格中。输出面板将确认
命令是否正确执行。如果此查询运行正确，则完成了 MySQL Workbench 中的
设置。

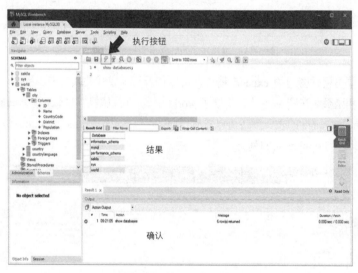

图 5-26    执行查询的结果

# 5.5    本课小结

本课介绍如何设置 MySQL，以及在本书其余部分中用于访问 MySQL 的
工具，包括服务器本身、MySQL Notifier 和 MySQL 命令行接口。

你还打开并看到了 MySQL Workbench，它是一个用于处理 MySQL 服务
器及其数据库的强大工具。它允许你执行以下操作：

- 直观地探索数据库及其结构。
- 编写 SQL。
- 执行 SQL。
- 获取和探索数据。
- 查看查询统计信息，如执行时间和受影响的行数。

有了数据库的基础知识和工具，现在可以深入研究 SQL 语法了。

# 5.6　本课练习

以下练习旨在让你试验本课中介绍的概念。

练习 5-1：运行工具

练习 5-2：列出城市

练习 5-3：寻找人口较少的城市

> **注意**：这些练习旨在让你更好地了解本课的内容，并帮助你应用在本课中所学到的知识。注意，这些练习都需要你自己完成，因此我们没有提供答案。

### 练习 5-1：运行工具

如果你在学习本课时没有设置这些工具，那么你的第一个练习是下载并安装这些工具。同时，你还应该运行本课中介绍的命令。

### 练习 5-2：列出城市

在 MySQL Workbench 中，单击窗口左侧的模式列表中的 world。这将选择要使用的模式，并在窗格中显示其中的表。在选择 world 后，在 Query 1 面板中输入以下代码行，用它替换已经存在的任何文本：

```
select * from city limit 0,100;
```

在执行这行代码时，结果面板中会显示什么？

对代码行做如下修改，然后再次执行。这会如何改变输出结果呢？

```
select * from city order by Name limit 0,100;
```

> **注意**：如果你不理解这段代码的作用，请不要担心。你将在本书的后续内容中不断学习这些 SQL 代码。

### 练习 5-3：寻找人口较少的城市

在练习 5-2 中，你应该看到以两种不同的方式显示的包括 100 个城市的列表。输入以下代码，并观察它会如何改变输出：

```
select Name, CountryCode, Population
from city
where Population < 10000
order by Population;
```

在执行这行代码时，结果面板中会显示什么？改变测试来寻找人口较多的城市。

# 第 6 课

# 深入了解 SQL

　　SQL 是一种用于管理关系数据库管理系统中存储的数据的通用语言。在本课中，我们先了解 SQL 的一些特性，然后大量使用它来管理数据。这包括处理空值的主题，以及如何在 MySQL 中使用它们。同时，我们还将介绍索引问题。

**本课目标**
完成本课后，你将掌握如下内容：
- 讨论 SQL 的起源。
- 演示核心 SQL 的语法特性，包括字母大小写、空格、引号和分号的使用。
- 解释什么是数据集内的 null 值。
- 向表中添加 null 值。
- 解释关系数据库如何使用索引来提高检索效率。
- 确定可能影响索引的设计特性。

## 6.1　SQL 简介

　　SQL 是结构化查询语言(structured query language)的缩写，发音类似于"sequel"，或者使用字母 S-Q-L。它被设计用于任何关系数据库管理系统(RDBMS)，包括 MySQL 服务器、Microsoft SQL Server 和 Oracle 数据库等。

由于 SQL 在 RDBMS 中普遍使用，因此，Java、C#和 PHP 等编程语言均支持使用 SQL 来检索和管理存储在 RDBMS 中的数据。

随着关系数据库系统的日益突出和广泛使用，适用于特定 RDBMS 的 SQL 版本已经被开发出来，以扩展其能力并提高这些系统中的性能。例如，Microsoft SQL Server 使用名为 Transact-SQL(T-SQL)的变体，而 Oracle 数据库使用 Procedural Language/SQL(PL/SQL)。但是，不论使用哪种 RDBMS，本书介绍的标准 SQL 语句均能运行。通常情况下，这些 SQL 变体只对复杂进程或没有在 RDBMS 中普遍使用的数据类型(如 DateTime)有意义。

因为标准 SQL 是通用的，所以任何语言的软件开发人员都应该了解如何使用它。打好坚实的基础，也将使你在未来需要学习任何变体时更容易上手。

在 SQL 中，术语语句(statement)通常用来指任何完整的命令。术语查询(query)在技术上是指从数据库中检索数据的语句，但许多开发人员也使用术语查询来指任何 SQL 语句。像 MySQL Workbench 这样的 GUI 通常也将任何 SQL 语句称为查询。

此外，与编程语言类似，SQL 也有一组关键字，这些关键字是对 SQL 具有特殊意义的保留词。例如，SELECT 是 SQL 关键字，用于选择数据。关键字可用于语句和查询中。最后一个要了解的术语是子句，子句只是查询的一部分。

## 6.2　SQL 语法

SQL 严格遵循语法，每个关键字和子句都必须按照特定的顺序排列。最常见的语句是 SELECT 语句，用于从数据库中的一个或多个表中检索数据。SELECT 语句使用的基本语法如下：

```
SELECT field1, field2, field3
FROM table1
WHERE criteria
ORDER BY field1, field2;
```

这条语句将检索来自 field1、field2 和 field3 的数据，它们的值与表 table1 中的 WHERE 子句的 criteria 语句相匹配。其结果将按 field1 和 field2 中的值进行排序。为了让查询正确工作，这些子句中的每一个都必须按此顺序进行排列。

在本课介绍 SQL 语句时，要记住子句的编写顺序是整个语法的一部分，如果不严格遵循语法，则语句可能无法正常工作。

## 6.2.1 分号

标准的 SQL 语句总是以分号结尾，尽管对于不同的 RDBMS 版本来说，可能存在差异。

- MySQL 要求在每个语句的结尾使用一个分号或/g。
- T-SQL 的最新版本(在 Microsoft SQL Server 中使用)不需要分号，但它们支持分号，所以包含分号也无妨，特别是因为 SQL 服务器文档通常会包含一个警告，即在未来的版本中可能需要分号。

一般来说，SQL 语句以分号结尾是个好主意，即使不是必须这样做。如果你使用的是 MySQL，并且没有包括必须的分号或/g，那么它只会耐心地等待，直到提供了正确的语法。

> 注意：在本书中，每条 SQL 语句的结尾处都会使用分号。

## 6.2.2 换行和缩进

在 SQL 语句中，不需要换行或缩进，不过我们鼓励使用它们来提高代码的可读性。例如，可以使用以分号结尾的单行命令来创建表：

```
create table `Client` (ClientId char(36) primary key, FirstName
varchar(50)
not null, LastName varchar(50) not null, BirthDate date null, Address
varchar(256) null, City varchar(100) null, StateAbbr char(2) null,
PostalCode
varchar(10) null, foreign key fk_Client_StateAbbr (StateAbbr)
references
State(StateAbbr));
```

然而，这种格式很难阅读，因此，很难验证是否包括了所有预期的列并正确设置。同样的语句可以将每个列写在单独的一行中，这样更容易验证表的设置是否正确：

```
CREATE TABLE `Client` (
    ClientId CHAR(36) PRIMARY KEY,
    FirstName VARCHAR(50) NOT NULL,
```

```
    LastName VARCHAR(50) NOT NULL,
    BirthDate DATE NULL,
    Address VARCHAR(256) NULL,
    City VARCHAR(100) NULL,
    StateAbbr CHAR(2) NULL,
    PostalCode VARCHAR(10) NULL,
    FOREIGN KEY fk_Client_StateAbbr (StateAbbr)
        REFERENCES State(StateAbbr)
);
```

你还可以通过换行符查看该语句的可读性。这就是为什么 SQL 语句中的每个子句通常写在单独的一行上。例如，以下 SELECT 语句将从指定表的指定列中检索数据：

```
SELECT FirstName, LastName, Address FROM Client;
```

如果将语句写在两行中，则其更容易阅读：

```
SELECT FirstName, LastName, Address
FROM Client;
```

SQL 语句可能会很复杂。当你编写自己的 SQL 语句时，应该在最合适的地方添加换行符和缩进。如果你在一个团队中工作，请记住，换行符和缩进应该对其他任何愿意阅读代码的人都有意义。

> **注意：** 对于上面提供的示例来说，你可能认为它们无论有无换行符都很容易理解。虽然这对于像较短的查询来说可能是正确的，但较长和更复杂的查询在有换行符的情况下将会更容易理解。无论查询的复杂程度如何，最好养成对语句进行格式化的好习惯。

## 6.2.3 字母大小写

SQL 关键字不区分大小写，因此，在输入 SQL 语句时，可以随意使用 SELECT、select 或 SeLect。也就是说，通常将关键字写成大写字母是一种区分关键字和其他语句部分的方法，主要旨在提高可读性。

例如，在如下的语句中，很容易看出 SELECT 和 FROM 是关键字：

```
SELECT FirstName, LastName, Address
FROM Client;
```

当引用数据库的某些部分时，最好使用与命名表、列、键或数据库中的其他对象相同的大小写。不同的开发团队在数据库中使用不同的命名约定，虽然一些 SQL 服务器完全不区分大小写，但其他开发团队要求名称使用与数据库本身规则相同的大小写。此外，如果使用区分大小写的编程语言，如 Java 或 C#，来访问数据库中的数据，则需要使用与该系统一致的大小写。

换句话说，如果数据库中有一个表名为 Client，则应该在引用该表的 SQL 语句中使用 Client。即使使用 client 代替，语句也可以执行，但最好养成匹配数据库对象大小写的习惯。

> 注意：了解并遵循团队的命名约定是很有用的，这样你就不必对其进行猜测了。

## 6.2.4　逗号

SQL 使用逗号来分隔序列中的类似对象。例如，在如下的 CREATE TABLE 语句中，每个列定义后面都有一个逗号：

```
CREATE TABLE `Client` (
    ClientId CHAR(36) PRIMARY KEY,
    FirstName VARCHAR(50) NOT NULL,
    LastName VARCHAR(50) NOT NULL,
    BirthDate DATE NULL,
    Address VARCHAR(256) NULL,
    City VARCHAR(100) NULL,
    StateAbbr CHAR(2) NULL,
    PostalCode VARCHAR(10) NULL,
    FOREIGN KEY fk_Client_StateAbbr (StateAbbr)
        REFERENCES State(StateAbbr)
);
```

类似地，下面的 SELECT 语句命名了 SELECT 子句中的三个列，使用逗号分隔列名：

```
SELECT FirstName, LastName, Address
FROM Client;
```

注意，序列的最后一项后面没有逗号。如果在上一条语句的 Address 后面加上逗号，SQL 将把 FROM 解释为另一个列名，并抛出错误，因为没有名为 FROM 的列。

## 6.2.5 空格

SQL 要求语句中的每个逻辑词(包括关键字和对象名)后面都有一个空格。逗号或括号周围不需要空格，尽管在其周围使用空格可以提高可读性。

作为任何 RDBMS 的最佳实践，表、列和索引等对象的名称不应该包括空格。但是，如果数据库设计人员无论如何都要包括空格，那么该对象的名称必须放在引号中，如下所示:

```
SELECT "First Name", "Last Name", Address
FROM Client;
```

## 6.2.6 引号

当使用引号时，引号可以是双引号(" ")或单引号(' ')，只要它们成对出现即可。在前面的示例中，你可以看到如何使用引号来标识名称中包括空格或其他不寻常字符的列，但它们也用于标识添加到表中的数据或在条件语句中使用的字符串值。例如，如果你想查找姓氏为 Smith 的客户端，以下两个查询都可以工作:

```
SELECT FirstName, LastName, Address
FROM Client
WHERE LastName = "smith";
```

或者:

```
SELECT FirstName, LastName, Address
FROM Client
WHERE LastName = 'smith';
```

但是，你不能混用它们。以下查询将无法工作:

```
SELECT FirstName, LastName, Address
FROM Client
WHERE LastName = 'smith";
```

## 6.2.7 拼写问题

最后一个 SQL 语法主题是关于拼写，因为它是最明显也是最常见的错误来源。所有关键字必须拼写正确，所有对象名称的拼写必须与它们在数据库中出现的方式完全相同(即使它们在数据库中可能拼写错误)。如果语句没有按预期运行，请仔细检查每个单词的拼写。

# 6.3　处理空值

除了理解 SQL 语句的语法，在任何数据库中都要理解的一个关键概念是空值。在定义表时，任何列的关键特征之一是每条记录中该列是否需要一个值。这个概念使用了很多术语，包括 required(这意味着每条记录都必须有一个值)、nullable(这意味着一个值是可选的)，以及官方定义 NOT NULL(这意味着必须提供一个值)。

本质上，null 值就是一个空值：它不包括任何值。

## 6.3.1　null 与 0

null 和 0 不一样。0 是一个值，而 null 不是。让我们看几个示例。

假设你正在处理一个糖果供应商数据库，产品表中包括一个价格(Price)列。表 6-1 包括一些示例记录。

表 6-1　糖果供应商数据库的产品表

| ProductID | ProductName | Price |
|-----------|-------------|-------|
| 001 | Cherry Lollipop | 0.5 |
| 002 | Honey Bit | 0 |
| 003 | Chocolate Toffee | |

在查看产品表时，如果顾客购买了樱桃棒棒糖(Cherry Lollipop)，则他们将被收取 50 美分。从表 6-1 中可以看出，蜂蜜(Honey Bit)是免费的，因为其价格为 0。同时需要考虑的问题是，这家商店会对一块巧克力太妃糖(Chocolate Toffee)收取多少钱？

因为 Price 为 null，所以我们不知道它的价格是多少。此外，我们也不知道为什么没有值。可能是数据录入人员忘记了给出价格，也可能是由于某种原因，在将产品添加到数据库时，有人选择不确定价格。但是，如果我们想销售巧克力太妃糖(Chocolate Toffee)，最终需要确定一个具体的价格。

## 6.3.2　可以为空的列

当为任何关系数据管理系统定义一个表时，必须确定该表中的每个列是否可为空。这个决定主要取决于数据库的具体使用情况。记住，可为空的列是一个可以有值也可以没有值的列。

关于可为空的列的一条硬性规则是，主键中使用的任何列都不能为空。实体完整性要求每个主键都有一个值，当一个列被定义为主键时，这是默认设置。

默认情况下，表中的所有其他列均可为空。换句话说，如果你没有在列上设置 NOT NULL 属性，那么 SQL 允许用户将这些列留空。这意味着，当数据库设计者定义表时，识别哪些列是可为空的是他们工作的一部分。

在前面糖果店的示例中，Price 列应该设置为 NOT NULL，这样它才能知道每种糖果向顾客应该收取多少钱。ProductName 列也应该是必须给出值的，以避免出现表 6-2 这样的条目。

表 6-2　未给 ProductName 值

| ProductID | ProductName | Price |
|---|---|---|
| 004 | | 3 |

在表 6-2 中，你可以看到产品 004 的价格是 3 美元，但我们不知道该糖果的名称。在这个示例中，很明显所有三个列都应该具有 NOT NULL 属性。第一个列 ProductID 不能为 null，因为它是主键。由于刚才描述的原因，其他两个列都不应该为 null。可以用代码清单 6-1 中的 SQL 代码来定义该表。

### 代码清单 6-1　创建 Product 表

```
CREATE TABLE Product (
    ProductID INT NOT NULL PRIMARY KEY,
    ProductName VARCHAR(25) NOT NULL,
    Price FLOAT NOT NULL
);
```

代码清单 6-1 中的代码创建了一个名为 Product 的新表，该表定义了三个列：ProductID 是一个字符串，为主键；ProductName 是一个最多 25 个字符的变量字符串；Price 是一个浮点数。所有三个列定义都包括 NOT NULL。这并不会阻止将价格设定为 0，但它会阻止不向产品名称或价格提供数据的行为。

然而，在其他情况下，null 更容易被接受。例如，个人通讯录表，就像大多数智能手机提供的联系人列表一样。因为这些列供个人使用，所以所有列都可为空，允许用户只输入联系人列表中部分列的数据。下面是一些示例。

- John 联系 Mary，询问她在 Craigslist 上出售的一件商品。Mary 想要 John 的电话号码，这样她就可以给他发短信(当 John 给她发短信时，她就可以知道是谁发的)，但她不需要 John 的姓氏或地址。该条目将只包括一个名字和一个手机号码，可能还包括一个在 Craigslist 上的说明。

- Jack 想在他的联系人列表中添加一家管道公司，以便在需要服务时可以拨打该公司的电话。由于他不知道具体人员的姓名，因此他在 Company 列中输入了公司名称，并将其名称列留空。然后，他添加了该公司的电话号码和网站，但将所有剩余列留空。

- Marcos 在 Etsy 上找到并购买了一张收藏价值很高的棒球卡。他想在未来购买更多卡片时能够追踪到卖家，因此，他在联系人列表中添加了卖家的姓名、店铺名称、电子邮件地址及店铺的网址。

- Elizabeth 将一位好友添加到她的联系人列表中，包括这个人的姓名、邮寄地址、电子邮件地址、生日和电话号码。

在所有这些示例中，对该条目不重要的列，都包括 null 值。在设计数据库时，必须考虑数据库本身的目的，以及每个列对数据库各个用户的重要性。

## 6.3.3 空值的后果

在表中允许空值会对数据库的效率产生影响。手机的联系人列表可能不使用关系数据库结构(尽管概念相同)，因此，它可以允许用户想要的任意数量的空值。但是，关系数据库具有高度的结构化，因此，空值的影响更大。

关系数据库管理系统(RDBMS)为每个记录中的列预留存储空间，根据定义的列大小进行分配。例如，一个 INT 列需要 4 字节的空间，而一个 DATETIME 列需要 8 字节的空间。单独考虑这些数字似乎很小，但当一个表可以有数十万条记录时，所需空间会迅速增加。

注意，这是已分配的空间，而不是已使用的空间，无论这些列中实际存储的值是什么，RDBMS 都会使用这么多存储空间。当每次添加包含 null 值的记录时，都会留出没有被使用的空间。

从长远来看，如果表中可为空的列相对较少，并且即使这些列为空，表中的数据依旧可以使用列，那么这是一个合理的权衡，因为它允许数据在未来被快速添加到这些列中。

但是，如果一个表有相当多的可空列，那么可能值得创建一个单独的表，只包括这些可以为空的列，从而允许用户仅在必要时使用这些列创建记录。

使用一个示例，让我们扩展糖果店数据库。大多数产品都很简单，上面有名称和价格。让我们把库存扩大一点，既卖糖果，也卖贴纸。对于糖果，我们想知道名称和价格，还想知道味道、包装大小、质地和其他与糖果相关的属性。对于贴纸，我们可能想知道它的大小，但味道和质地是无关紧要的。如果将所有这些属性都放在一个表中，那么每条记录将包括许多 null 值，如表 6-3 所示。

表6-3    糖果(Candy)和贴纸(Sticker)的产品(Product)表

| ProductID | ProductName | Price | Weight | Width | Length | Flavor | Texture |
|-----------|-------------|-------|--------|-------|--------|--------|---------|
| 001 | Cherry Lollipop | 0.5 | 1.5oz[①] | null | null | cherry | Hard |
| 002 | Honey Bit | 0.75 | 3 oz | null | null | Honey | Chewy |
| 003 | Chocolate Toffee | 2.50 | 6 oz | null | null | Chocolate | Hard |
| 004 | Sponge Bob | 0.99 | null | 3 | 3 | null | null |
| 005 | Robot | 0.99 | null | 2 | 4 | null | null |
| 006 | Red hots | 1.19 | 1.2 oz | | | Cinnamon | hard |
| 007 | Unicorn | 1.19 | null | 4 | 3 | null | null |

为了解决这个问题，可以将属性拆分到多个表中。Product 表将包括所有产品共有的属性：

- ProductID
- ProductName
- Price

我们还将有一个贴纸(Sticker)表，其中，只包括与贴纸相关的属性：

- ProductID

---

① 译者注：1oz=28.3495g。

- Width
- Length

最后，我们将有一个糖果(Candy)表，其中，只包括糖果的属性：

- ProductID
- Flavor
- PackageWeight
- Texture

可以看到，每个表都包括 ProductID 来标识每条记录描述的具体产品，通过将特定的产品放入特定的表中，空值的数量减少了。表 6-4、表 6-5 和表 6-6 显示了表 6-3 重组后的数据。

表 6-4　新的产品 2(Product)表

| ProductID | ProductName | Price |
|---|---|---|
| 001 | Cherry Lollipop | 0.5 |
| 002 | Honey Bit | 0.75 |
| 003 | Chocolate Toffee | 2.50 |
| 004 | Sponge Bob | .99 |
| 005 | Robot | .99 |
| 006 | Red hots | 1.19 |
| 007 | Unicorn | 1.19 |

表 6-5　贴纸(Sticker)表

| ProductID | Length | Width |
|---|---|---|
| 004 | 3 | 3 |
| 005 | 2 | 4 |
| 007 | 4 | 3 |

表 6-6　糖果(Candy)表

| ProductID | PackageWeight | Flavor | Texture |
|---|---|---|---|
| 001 | 1.5 oz | Cherry | Hard |
| 002 | 3 oz | Honey | Chewy |

(续表)

| ProductID | PackageWeight | Flavor | Texture |
|---|---|---|---|
| 003 | 6 oz | Chocolate | Hard |
| 006 | 1.2 oz | Cinnamon | hard |

理解空值及其对数据库效率的影响是数据库设计的一个重要组成部分。然而，与非规范化过程一样，你必须考虑减少空列能为我们带来多少效率。如果你经常从两个或多个表中提取相关数据，那么将这些列合并到单独的表中可能会对提高检索数据的效率更有意义。

使用本课中给出的示例，如果大部分库存都是糖果，而贴纸只占很小的比例，那么将所有内容放在一个表中可能会更加合理，因为其知道有些列会为空。这将提高从该表中检索数据的效率，这样带来的效率提升与存储空值所带来的空间浪费相比，我们的做法依旧有优势。

# 6.4 使用索引

设计索引是任何关系数据库系统中复杂但必不可少的过程。有经验的数据库开发人员可以使用索引来提高从数据库中检索数据的效率，但是，初级数据库设计人员必须了解它是什么，以及它如何影响设计决策。

很有可能你已经使用过书籍的索引来查找该书中包含的主题。例如，大多数教科书都包含主要主题的索引；食谱书籍利用索引来帮助用户根据食材或烹饪方式查找所需的食谱；地图利用索引来帮助用户根据位置名称查找特定位置的地图。

一个好的索引具有以下特征：

- **很容易找到**。在印刷书籍中，索引通常出现在该书的末尾，但也可能出现在其开头。它永远不会位于两者之间的某个随机位置。
- **它只包括用户可能要查找的值**。教科书的索引会告诉你在哪些页查找特定的概念，但它不会包括书中可能出现的每个单词。考虑一下，如果对书中的每个 the 或 that 单词创建索引，或者如果食谱索引列出了包括盐的每个食谱，那么通过查找索引来找到所需信息需要多长时间。

- **它对索引值进行排序，使用户可以轻松地找到特定的值**。通常情况下，这种排序是按字母顺序进行排列的。索引值也可以被分组，以便子主题出现在主要主题下，例如，欧洲国家或以牛肉为主要原料的食谱。

关系数据库使用索引值的方式和原因大致相同。在介绍列索引之前，让我们首先讨论存储问题。

## 6.4.1　主存储与辅助存储

对于关系数据库来说，理解主存储和辅助存储之间的区别是很重要的。主存储器包括计算机系统中的内存或 RAM，它通常只存储很短时间的数据。辅助存储包括硬盘、闪存驱动器和固态驱动器等，它们可以存储较长时间的数据，包括在计算机没有通电的情况下。为了清晰起见，我们将使用"内存"一词来表示系统的短期存储，而使用"存储"一词来表示系统的长期存储。

内存是指计算机当前正在处理的指令和数据所存储的空间。相比其他形式的存储，内存的速度要快得多，因此，它非常适合计算机需要立即处理的事情。然而，内存是计算机系统中最昂贵的组件之一，因此，可用的内存通常会受到限制以降低成本。因此，通常情况下，在任何计算机系统中内存容量都比存储空间小得多。内存也是易失性的，这意味着，一旦使用内存的程序关闭(或因任何原因关闭计算机)，存储在内存中的所有数据和指令都将被清除。

存储，特别是硬盘存储，现在相对来说比较便宜。它也是非易失性的，这意味着，我们存储在那里的任何东西都将在下次计算机登录或应用程序启动时可用，除非驱动器受到物理损坏。这使得它非常适合存储以后需要再次使用的数据。然而，在写入/记录数据和检索存储在磁盘上的数据方面，存储可能非常缓慢，如果用户需要从大型数据库中检索数据，则不太理想。

为了提高数据库的效率，需要充分利用这两种技术：当数据库打开时，最有可能使用的数据应该存储在内存中，而不太有可能使用的数据则应保留在存储中，直到需要它们时，再将他们载入内存。

这就是索引列发挥作用的地方。

## 6.4.2 索引列

就像书籍中的索引条目告诉你要查看的特定术语、地图或食谱的页面一样，当用户想要使用索引值检索数据时，索引列告诉数据库在哪里查找相关数据。当列被索引时，数据库引擎会被告知，在数据库打开时需要将这些列中的值加载到内存中(只要在内存可用的范围内)。未索引的数据仍然保留在硬盘驱动器上，直到用户检索它们时才进行操作，并且仅在那个时候检索相关数据。

当发现与存储相比，可以更快地访问内存中的数据时，人们的本能反应是尝试对所有内容进行索引，以便始终立即为用户提供可用的内容。但请记住，大多数系统的内存容量是有限的。如果你试图向内存中添加太多内容，这些额外的内容将进入**交换磁盘(swap disk)**，这是大多数系统用于处理内存溢出的硬盘的一部分。由于该过程将数据放回硬盘，这样使我们又回到了原点，并没有通过这种方法获得任何效率的提升。从本质上讲，这相当于一本教科书的索引，其中包括书中出现的每个单词，包括像 the 和 that 这样的常见词也被编入索引当中。

相反，经验丰富的数据库设计人员会查看每个列的使用情况，并只索引用户最有可能需要的那些列。例如，在客户数据库中，用户更有可能通过姓氏查找人员而不是名字，因此，姓氏列比名字列更适合进行索引。当数据库打开时，数据库引擎会自动将索引列中的所有值加载到内存中，从而使查找这些值更快。如果姓氏没有被索引，用户检索与给定姓氏关联的名字的速度将比现在慢得多。

这种方法不会阻止用户按名字而不是按姓氏进行查找，但是查找速度会慢一些，因为数据库必须通过存储而不是内存进行查找。

### 1. 默认索引

默认情况下，RDBMS 会自动索引关键列，包括主键和外键。这些列对于跨表检索数据至关重要，同时，对这些列建立索引有助于提高查询效率。

一般看来，在表中行本身的顺序并不重要。虽然不应该设置表，使同一表格中的一行值依赖另一行，但索引通常控制行在搜索中出现的顺序。

当表格的索引列被加载到内存中时，数据库会按照索引定义中指定的顺序对值进行排序——如果索引值是字符串，则按字母顺序排序；如果值是数字，则按数字顺序排序。这意味着，这些值处于可预测的顺序中，使搜索更加高效。

当从表中检索数据而不指定排序顺序时，可以看到这一点：无论记录添加到表中的顺序如何，结果都将默认按主键值排序。

这种排序顺序与按字母顺序排列书的索引的目的相同。作为用户，你不必查看索引中的每个值才能找到所需的内容。很有可能你会跳过索引的列或页面，直到接近要查找的内容，然后仅在距离要查找的术语的几条记录内才关注单个值。数据库查找也是如此，使用常见的查找算法来快速查找特定值，而不是读取每个单独的值，直到找到所需的内容。

这也是为什么有太多的索引列会减慢将新数据保存到数据库的写入过程的原因。索引列以可预测的顺序存储，以便更容易根据这些索引检索数据。在每次向表中添加新的索引值时，数据库都必须重新组织该表中的数据，以匹配预期的顺序。使用自动递增的键添加记录有助于提高写入效率，因为它可以保证每个新记录都将添加到主表的末尾。

### 2. 唯一索引和非唯一索引

索引还可以用于控制列中的允许值。例如，主键索引按定义验证该列中使用的每个值在该表内都是唯一的。外键索引不检查唯一性，但会自动强制执行引用完整性。这意味着，每当输入一个作为外键的值时，数据库引擎都会确认该值引用了相关表的主键，这有助于提高跨表的数据完整性。

唯一性的索引也可以用于其他领域。例如，你可能希望验证员工列表中的每个人的社会保障号码或电子邮件地址是否唯一。可以通过在应具有唯一性的列上设置唯一性索引来实现这一点，而不必将该列定义为主键。

然而，在姓氏列上的索引不应该唯一，主要是因为许多人可以有相同的姓氏。如果姓氏经常用于查找，数据库设计人员可以为该列添加非唯一索引。

> **注意**：关于关系数据库中索引列的更多信息，请参见 Ben Nadel 的博客文章 "The Not-So-Dark Art of Designing Database Indexes: Reflections From An Average Software Engineer"，可在 https://www.bennadel.com/blog/3467-the-not-so-dark-art-of-designing-database-indexes-reflections-from-an-average-software-engineer.htm 上找到。你还可以搜索特定 RDBMS 的在线文档，以了解在定义数据库中的表时如何定义索引的更多详细信息。

## 6.5 本课小结

SQL 被设计成一种非常人性化的语言(至少对英语使用者来说),而且它的大部分语法规则都很容易使用。尽管每个版本的 SQL 之间存在一些变化,但本课的指导方针将适用于几乎所有版本的 SQL。

在创建数据库的表时,重要的是要审查将包括的列。因为表中的列默认可以包括空值,因此,设计审查应包括确定列是否应该标记为 NOT NULL,以确保需要一个值。对于主键列,NOT NULL 是必需的。此外,如果列可能包括大量空元素,则可能需要重新设计数据库,以减少所需的存储空间。

关系数据库通常需要大量的长期存储,这意味着,通过数据库进行查找本质上是缓慢的。通过为常用列分配索引,可以提高查找效率。

当数据库被打开时,索引列(包括主键和外键)中的数据会自动加载到内存中。这意味着,数据库可以快速访问这些值,以提高查找效率。此外,数据库设计人员还可以识别其他列作为索引,特别是用户可能经常访问的列。

## 6.6 本课练习

以下练习旨在让你试验本课中介绍的概念。

练习 6-1:对 SQL 代码进行格式化

练习 6-2:联系人问题

练习 6-3:丢失联系人

> 注意:这些练习旨在让你更好地了解本课的内容,并帮助你应用在本课中所学到的知识。注意,这些练习都需要你自己完成,因此我们没有提供答案。

### 练习 6-1:对 SQL 代码进行格式化

重新格式化下面这行 SQL 代码,使其呈现出更清晰、更易于阅读的形式。

```
SELECT Last, First, Email, MobileNumber FROM Contacts WHERE Age >= 21
ORDERED
BY last, First;
```

### 练习 6-2：联系人问题

请看下面列表：

```
CREATE TABLE Contact (
    ID INT NOT NULL PRIMARY KEY,
    Last VARCHAR(50) NOT NULL,
    First VARCHAR(40),
    Age INT,
    Email VARCHAR(100),
    MobileNumber VARCHAR(12),
    HomeNumber VARCHAR(12),
    WorkNumber VARCHAR(12)
);
```

回答下列问题：

- 列表中哪些列是必须提供数据的？
- 每个列的数据类型是什么？
- 一个列能存储的最长姓氏是多少个字符？
- Age 列是必须给出值的吗？
- 要使 WorkNumber 成为必须提供值的列，需要更改什么？

### 练习 6-3：丢失联系人

在本课介绍了 null。如表 6-7 所示的联系人数据库允许使用空值。然而，这个数据库浪费了很多空间。重新设计此数据库，使其以一种更有效地利用存储空间的方式使用多个表。

表 6-7　联系人( Contacts )表

| ID | Last | First | Email | MobileNumber | HomeNumber | WorkNumber | Fax |
|------|------------|-------|----------------|--------------|--------------|--------------|------|
| c001 | Jones | John | john@bogus.com | 317-555-1212 | 317-555-1213 | 317-555-1214 | null |
| c002 | Buford | Bob | null | null | null | 415-555-3333 | null |
| c003 | Smith | Sam | Sam@bogus.com | null | 415-555-1212 | null | null |
| c004 | Michaels | Mitch | null | 415-555-2121 | null | null | null |
| c005 | Andrews | Adam | Adam@bogus.com | 698-555-1212 | null | null | null |
| c006 | Finkelstein | Fred | null | null | 217-555-4340 | null | null |
| c007 | Black | Brent | brent@bogus.com | null | null | null | null |

# 第 7 课

# 使用 DDL 进行数据库管理

SQL 语言有两种类型：数据定义语言(data definition language, DDL)和数据操作语言(data manipulation language, DML)。DDL 用于定义和创建数据库及其结构，包括表、索引和表之间的关系。DML 主要用于操作存储在存储器中的数据。本课将详细介绍 DDL，并根据已定义的 ERD 创建数据库。

**本课目标**

完成本课后，你将掌握如下内容：

- 创建和使用数据库。
- 生成一个关系数据库管理系统(RDBMS)中可用数据库的列表。
- 从 RDBMS 中删除一个现有的数据库。
- 描述可用的数据类型，并将它们应用于表中的列。
- 在选定的数据库中生成表的列表。
- 显示现有表的结构。
- 更新表的结构。
- 从数据库中删除一个表。
- 生成一个可用于重建/复制数据库结构的脚本。
- 使用外键来定义表之间的关系。
- 理解什么是参照完整性。
- 识别和比较用于删除或更新主键列值的选项。

# 7.1　数据库管理

作为一名新开发人员，你一般不需要在数据库级别管理数据，但是如果你选择使用自己的数据库或以后成为数据库管理员，了解这些步骤是非常必要的。

DDL 语句用于创建和管理数据库。无论使用哪种 RDBMS 来管理数据库，都必须先创建数据库，然后才能向其中添加表和数据。

## 7.1.1　创建新的数据库

当我们在 RDBMS 中创建一个数据库时，实际上是在创建一个存储区域，该存储区域将保存有关该数据库的所有信息，包括它的对象(如表、视图和存储过程)和数据本身。RDBMS 会对数据库的内容施加一些限制，包括数据库中的每个对象都必须有唯一的名称。这意味着，两个表不能有相同的名称，一个表和一个视图也不能有相同的名称。

但是，这确实允许在同一个 RDBMS 上的不同数据库中的表具有相同的名称，就像在同一个数据库中的不同表中的列可以具有相同的名称一样。

SQL 的命名要求相当宽松，唯一真正的要求是标识符必须以字母开头。如果不能使用字母开头，可以按照如下方式进行设置：

- 在任何标识符中，只能包括字母、数字或下画线字符(_)。
- 避免使用空格、点或其他不常见的字符。
- 对于包括多个单词的标识符，请遵循已建立的命名约定。

让我们创建一个新的数据库，用于存储与书店库存相关的数据。在 SQL 中创建数据库很简单。在连接到 RDBMS 后，运行如下命令：

```
CREATE DATABASE books;
```

**CREATE DATABASE** 命令将创建数据库。在这种情况下，数据库称为 books。

---

**注意：** 可以在 MySQL Workbench 的查询窗口中输入上述命令。

---

## 7.1.2　列出已经存在的数据库

我们可以生成当前 RDBMS 中所有可用数据库的列表。具体命令如下：

SHOW DATABASES;

执行此命令不仅会列出你(和你的团队)已经创建的数据库，还会列出 RDBMS 管理的其他数据库，其中，包括与 RDBMS 设置、用户和其他配置相关的数据。

如果正在使用 MySQL 并执行此命令，可能会看到如图 7-1 所示的表列表，其中，显示了在 MySQL Workbench 中执行的命令。

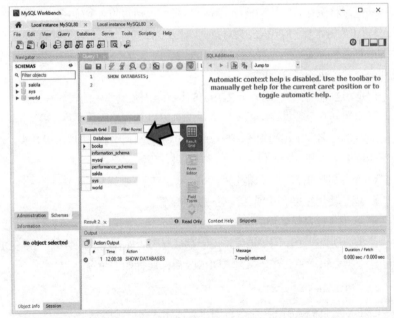

图 7-1　在 MySQL Workbench 中执行 SHOW DATABASES 命令

除了在 7.1.1 节中创建的 books 数据库，这里显示的数据库都是系统数据库，其中，包括 MySQL 正常运行所需的数据，以及通常 MySQL 安装中包括的示例数据库。如果使用的是现有的 SQL 服务器或不同的 RDBMS，那么可能会看到不同的表。

> **注意:** 一般来说，应该避免使用他人创建的任何数据库!

## 7.1.3　使用数据库

可以把 RDBMS 想象成一座办公楼，其中，每个办公室都是一个不同的数据库。当第一次走进大楼(或登录到 RDBMS)时，是在一个虚拟的等候室里。这意味着，需要告诉 RDBMS 想要使用哪个数据库，就像需要走进正确的办公室来处理业务一样。

USE 命令将允许选择一个数据库，该命令的使用方式如下:

```
USE books;
```

如果不确定使用的是哪个数据库(或者不记得告诉 RDBMS 想要使用哪个数据库)，可以多次运行此命令。实际上，应该在任何 SQL 脚本的开头包括一个 USE 语句，以确定脚本将在正确的数据库中运行。

如果后来决定在同一个 RDBMS 会话中使用不同的数据库，则只需使用另一个数据库的名称运行另一个 USE 命令即可。

## 7.1.4　删除一个现有的数据库

DROP DATABASE 命令用于删除现有的数据库。该命令后面跟着要删除的数据库的名称。下面演示了如何删除 7.1.1 节中创建的 books 数据库:

```
DROP DATABASE books;
```

**这很危险!** 当删除一个数据库时，将删除该数据库中的所有内容，包括所有的表和数据。

为了避免删除不存在的数据库时可能产生的错误，可以添加注释。在尝试删除数据库之前，可以使用 IF EXISTS 语句检查数据库:

```
DROP DATABASE IF EXISTS database_name;
```

此命令会检查 database_name 是否存在。如果存在，则它会被删除;如果不存在，则什么都不会发生。

在一个服务器上运行的 RDBMS 中，只有具有特定管理权限的用户才能删除数据库，以防止意外的灾难发生。即便是这样，删除数据库的权限也只有在需要时才授予给相应的用户。

在阅读本书的过程中，你就是在使用自己的本地数据库。你将能够删除你创建的任何数据库。但是你应该有脚本来重建一个意外删除的数据库。

# 7.2　MySQL 数据类型

在创建数据库后，还需要创建表。想要创建表，你需要创建列。你还需要对这些列进行定义，才能创建它们。如第 6 课所述，创建列包括指定数据类型。

虽然任何 RDBMS 都支持字符串和数字等基本数据类型，但每个 RDBMS 处理这些数据类型的方式略有不同，它们使用不同的名称来满足不同的需求。在本课中，值得特别关注的是 MySQL 支持的数据类型。如果你将来使用了其他的 RDBMS(如 Microsoft SQL Server 或 Oracle Database)，那么你应该研究一下这些 RDBMS 处理数据类型的方法。

## 7.2.1　数据类型

与编程语言一样，数据类型定义了数据库中存储的数据值的使用方式。对于任何 RDBMS 来说，表级别的要求之一是表中的每一列都定义为使用同一种数据类型，并且存储在该列中的值必须适用于该数据类型。

本课将介绍最常见的数据类型，包括：

- 整数类型。
- 小数类型。
- 字符串类型。
- 日期/时间类型。

这个列表并不全面,而且这些类型在不同的 MySQL 版本中可能略有不同。有关数据类型的更多信息，请参阅 dev.mysql.com/doc/refman/8.0/en/data-types.html 上的 MySQL 通用文档。

关系数据库对存储的需求比一般编程语言更敏感，主要是因为数据实际上是存储在硬盘驱动器上的。一般来说，在为给定列选择数据类型时，应该选择最符合该列值存储要求的数据类型。使用合理的较小数据类型将提高数据库的效率，包括数据所需的存储空间，以及数据保存到数据库和数据库检索的速度。

在定义表之后，即使表中有数据，也可以改变列的大小。但是，不应该缩小列的大小。如果将一列的数据设置得比它已经包含的数据小，那么会有丢失数据的风险。

> **注意：**如果有疑问，请在更改列时选择较大的数据宽度，而不是较小的数据宽度。

## 7.2.2　数字数据类型

数字可以是整数值或小数值。有符号值允许负值和正值，而无符号值仅允许正值。数值数据类型通常分为整数类型和小数类型，整数类型是整数值，小数类型可以具有分数或小数值。

### 1. 整数类型

常用的整数类型有 4 种，如表 7-1 所示。

表 7-1　整数数据类型

| 数据类型 | 有符号范围 | 无符号范围 | 存储空间 |
| --- | --- | --- | --- |
| TINYINT | − 128~127 | 0~255 | 1 字节 |
| SMALLINT | − 32,768~32,767 | 0~65,535 | 2 字节 |
| MEDIUMINT | − 8,388,608~8,388,607 | 0~16,777,215 | 3 字节 |
| INT | − 2,147,483,648~2147483647 | 0~4294967295 | 4 字节 |

如前所述，整数数据类型包括的整数可以是有符号的，也可以是无符号的。表 7- 1 中最小的是 TINYINT 类型，最大的是 INT 类型。

### 2. 小数类型

具有小数部分的数字可以存储在小数类型中。可能会用到 3 种主要的小数类型，如表 7-2 所示。

表 7-2　常用小数类型

| 数据类型 | 存储空间 |
|---|---|
| FLOAT | 4 字节 |
| DOUBLE | 8 字节 |
| DECIMAL | 可修改精度 |

FLOAT 和 DOUBLE 比 DECIMAL 精确度更低，因此，不应在需要精确值的地方使用它们(如货币计算)。DOUBLE 和 DECIMAL 都允许为存储在该列中的值定义大小和精度，包括值中允许的数字位数，以及应该有多少个数字位于小数点右侧。例如，数据类型 DECIMAL(12,4)将允许高达 99,999,999.9999 的值(总共 12 位数字，小数点右侧有 4 位数字)。默认值为 DECIMAL(10,0)。

> 注意：在定义小数类型时，第一个数字是有效数字的位数，而不是小数左边的位数。

## 7.2.3　字符串类型

字符串列用于存储文本值，如名称或产品描述。最常用的字符串类型如表 7-3 所示。

表 7-3　常用字符串类型

| 数据类型 | 描述 |
|---|---|
| CHAR(size) | 一个最多可以容纳 255 个字符的定长列 |
| VARCHAR(size) | 可变长度列，最多可存储 65,535 个字符 |
| TINYTEXT | 最大长度为 255 个字符的列 |
| MEDIUMTEXT | 最大长度为 16,777,215 个字符的列 |
| LONGTEXT | 最大长度为 4,294,967,295 个字符的列 |

因为 CHAR 是一个定长列，所以它通常用于表示长度可能相同的字符串，例如，州缩写、邮政编码或其他标识号。VARCHAR 更适合存储不同长度的数据，例如，名称和地址。在这两种情况下，都必须指定一个表示存储在列中的字符串的最大长度的"size"。

从数据存储的角度来看，CHAR 列总是为每条记录保留相同大小的空间，无论实际输入的值是什么。然而，VARCHAR 会根据当前值来调整所需的存储空间。

### 7.2.4　日期/时间类型

SQL 还有一种特殊的数据类型用于存储日期和时间。常用的类型列如表 7-4 所示。可以看到，SQL 提供了许多不同的格式，允许选择日期、时间或两者都选。

表 7-4　SQL 中的日期/时间类型

| 数据类型 | 描述 |
| --- | --- |
| DATE | 日期。默认格式为：YYYY-MM-DD |
| DATETIME | 日期和时间的组合。默认格式为：YYYY-MM-DD hh:mm:ss |
| TIMESTAMP | 时间戳。默认格式为：YYYY-MM-DD hh:mm:ss |
| TIME | 时间。默认格式为：hh:mm:ss |
| YEAR | 四位数格式的年份 |

> **注意**：所有版本的 SQL 都使用数字、文本和日期/时间的数据类型，在创建表时，必须为每一列指定适当的数据类型。本节列出了 MySQL 中最常用的数据类型。SQL 的其他版本使用类似的数据类型，但它们在使用和定义的方式上可能略有不同。

## 7.3　管理 MySQL 中的表

在理解了数据类型之后，现在可以关注管理和维护数据库的另一个方面，即设计和定义存储数据的表。表是关系数据库的核心，因为它们以有组织的方式存储数据。如果表没有正确定义，则可能会导致存储空间浪费，或者降低数据检索速度。通过第 6 课对可空列的讨论，你已经了解了一些这方面的知识。现在我们将重点放在与表相关的其他方面，包括：

- 在数据库中创建表，包括定义表中的列和键。
- 在选定的数据库中生成表的列表。
- 查看现有表的结构。
- 更改表的结构。
- 从数据库中删除表。

## 7.3.1　创建表

在尝试用 SQL 创建表之前，你应该花时间使用 ERD 或类似的工具在纸上或软件中对数据库进行整体设计。通过规范化和计划数据库所需的设计步骤，将使构建数据库的 SQL 操作更加简单，因为在登录 RDBMS 后，你将确切地知道需要哪些表、每个表中有哪些列、每个列应该具有什么数据类型，以及哪些列应该定义为关键列。如果在创建表时没有预先准备所有这些信息，那么当你开始向这些表中输入数据时，不删除现有数据库，并从头重建数据库，将很难解决问题。

创建表的基本语法如下：

```
CREATE TABLE tableName (
    field1 datatype,
    field2 datatype,
    field3 datatype
);
```

当定义表时，必须至少包括表中每一列的名称和数据类型。你还可以在单个列上定义其他参数，包括索引、如何将值分配给主键、列是否可为空，以及应用于特定列的任何约束。

从 ERD 的描述中，创建一个如下配置的简单表：

**表名称：book**

**列的列表：**

- bookId INT PK
- bookTitle VARCHAR(100)不能为空
- numPages SMALLINT
- origPubDate YEAR

选择 book 表的数据类型的原因如下：

- bookId
  - 主键值是一个随机分配的整数。INT 的取值范围很广泛，可以用来存储大量书籍的 ID 值。
  - 默认情况下，任何主键列都是不能为空的，因此，没有必要额外说明它是不能为空的。
- bookTitle
  - 每本书的标题长度都不一样，所以应该使用 VARCHAR 而不是 CHAR。
  - 虽然一本书的书名可能超过 100 个字符，但对于预期的书名来说，使用 100 个字符是合理的最大值。
  - 数据库中的每本书都应该有一个书名，因此，这个列不能为空。
- numPages
  - 这里选择了 SMALLINT，其无符号值的最大值为 65,535。集合中的任何一本书都不应该超过这个页数，而且 SMALLINT 需要的存储空间比 INT 少。
  - 该列不是必需的。在藏书中可能有页数未知的书。在这些情况下，该值可以为空。
- origPubDate
  - 该列用于存储书籍最初出版的年份，这可能与实际收藏中的书籍的出版日期不同。
  - 只需要 YEAR 值，而不需要具体的日期和时间。

注意，此表未包括作者信息或格式数据。在创建此数据库的设计阶段，已确定书籍和作者之间存在多对多的关系，这反映在单独的 bookAuthor 和 Author 表中。同样地，一本书的格式和 ISBN 值是针对实际书籍而言的，因此，这些数据也将出现在不同的表中。

由于该表是在 ERD 中定义的，所以编写 SQL 语句来创建此表很简单。目前，仅包括列名和数据类型。代码清单 7-1 显示了创建 book 表所需的 SQL 代码。

**代码清单 7-1　创建 book 表**

```
USE books;
CREATE TABLE book (
    bookId INT,
    bookTitle VARCHAR(100),
    numPages SMALLINT,
    origPubDate YEAR
);
```

在这段 SQL 代码中，可以看到使用了 USE 命令以确保正在使用 books 数据库。接下来是 CREATE TABLE 命令，其中，每个列都按照列表中的描述进行定义。

## 7.3.2　展示现有表

可以使用 SHOW TABLES 语句验证是否创建了表。

```
SHOW TABLES;
```

此命令将列出当前数据库中所有可用的表。现在，如果你已经在 books 数据库中创建了 book 表，那么 MySQL Workbench 的结果将如图 7-2 所示。

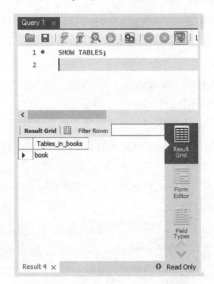

图 7-2　执行 SHOW TABLES 语句

### 7.3.3　查看表

在 MySQL 中有许多不同的选项可用于查看表的结构，但最简单的是使用带有关键字和表名的 DESCRIBE。要查看 book 表，可以输入以下内容：

```
DESCRIBE book;
```

输入此命令的结果如表 7-5 所示。

表 7-5　输入查看 book 表命令的结果

| Field | Type | Null | Key | Default | Extra |
|-------|------|------|-----|---------|-------|
| bookId | int | YES | | NULL | |
| bookTitle | varchar(100) | YES | | NULL | |
| numPages | smallint | YES | | NULL | |
| origPubDate | year | YES | | NULL | |

注意，此时表中的所有列都可为空，这是默认设置。你必须指定哪些列不可为空。

### 7.3.4　更改表

在第一次创建表时，你可能会意识到遗漏了一些设置。例如，你可能后来会意识到需要添加一个新的列。也可能是，你开始使用的某个列由于数据库的使用方式改变而不再需要了，或者其他一些设置缺失了，例如，定义一个列为不可为空。因此，SQL 包括了 ALTER TABLE 语句。ALTER TABLE 语句允许用户对表进行多种不同的更改，包括：

- 删除列。
- 为现有表设定键。
- 修改现有列。
- 添加列。
- 对已有数据的表进行更改。

### 1. 删除列

在查看刚刚创建的表时，并不需要 numPages。因为实际页数取决于排版格式，而不是这个表所表示的书的抽象版本，所以可以使用 ALTER TABLE 删除它：

```
ALTER TABLE book
DROP numPages;
```

在这个示例中，ALTER TABLE 语句删除(或移除)名为 numPages 的列。如果再次对该表进行描述，则会发现该列已经被删除，如表 7-6 所示。

表7-6　已删除 numPages 列

| Field | Type | Null | Key | Default | Extra |
|---|---|---|---|---|---|
| bookId | int | YES | | NULL | |
| bookTitle | varchar(100) | YES | | NULL | |
| origPubDate | year | YES | | NULL | |

### 2. 为现有表设定键

ALTER TABLE 命令还可以用于更改表中的几乎任何列。在这种情况下，你应该知道 bookId 是主键。理想情况下，当表第一次创建时，就应该定义好主键，但由于当时没有进行设置，现在可以更改它。

键(包括主键和外键)对列和表的行为设置约束，它们像列一样需要命名。按照惯例，主键名称通常以 PK 开头，并包括作为主键的表的名称。在这种情况下，该键将命名为 PK_book。你还必须确定其是哪种类型的约束，以及其适用于哪些列。

可以使用下面的语句设置 book 表的主键：

```
ALTER TABLE book
ADD CONSTRAINT PK_book PRIMARY KEY (bookId);
```

如果再次运行 DESCRIBE book，则 bookId 列已经被设置为主键，如表 7-7 所示。

表 7-7　已设 bookId 列为主键

| Field | Type | Null | Key | Default | Extra |
|---|---|---|---|---|---|
| bookId | int | NO | PRI | NULL | |
| bookTitle | varchar(100) | YES | | NULL | |
| origPubDate | year | YES | | NULL | |

注意，在同一个步骤中，bookId 的空状态从"YES"更改为"NO"。根据定义，主键列不能为空，因此，当一个列被设计为主键时，此设置会自动应用。

### 3. 修改现有列

在 ERD 中对表的原始描述中，bookTitle 也应该是不能为空的。你也可以使用 ALTER TABLE 来调整它，方法是使用 MODIFY 子句中进行更改：

```
ALTER TABLE book
MODIFY bookTitle VARCHAR(100) NOT NULL;
```

这将为 bookTitle 列添加 NOT NULL 属性。注意，当一个列被更改时，必须更改该列的所有方面，即使这些方面没有改变。如果再次描述该表，将看到如表 7-8 所示。

表 7-8　已设 bookTitle 列不为空

| Field | Type | Null | Key | Default | Extra |
|---|---|---|---|---|---|
| bookId | int | NO | PRI | NULL | |
| bookTitle | varchar(100) | NO | | NULL | |
| origPubDate | year | YES | | NULL | |

可以看到，现在 bookTitle 列已经被设定为不可为空。

### 4. 添加列

还有一件事情可能会发生，就是需要添加一个列。当然，如果你的数据库设计得当，那么这应该不需要发生。要添加一个列，你可以使用 ALTER TABLE 命令和 ADD 子句来添加该列。向 book 表添加了一个名为 genre 的列，如下所示：

```
ALTER TABLE book
ADD genre VARCHAR(20);
```

正如所见，genre 列在 ADD 子句之后定义，就像创建表时定义列的方式一样。在这种情况下，genre 将是一个最多 20 个字符的 VARCHAR 类型。如果再次使用 DESCRIBE 查看 book 表，结果应该如表 7-9 所示。

表 7-9　再次使用 DESCRIBE 查看 book 表的结果

| Field | Type | Null | Key | Default | Extra |
|---|---|---|---|---|---|
| bookId | int | NO | PRI | NULL | |
| bookTitle | varchar(100) | NO | NULL | | |
| origPubDate | year | YES | NULL | | |
| genre | varchar(20) | YES | NULL | | |

> 注意：有关更改现有表的其他选项的更多详细信息，请参见 TechOnTheNet 的页面，MySQL: ALTER TABLE 语句的说明在 techonthenet.com/mysql/tables/alter_table.php。

### 5. 对已有数据的表进行更改

如果表中包括数据，则可能无法更改列。如果想要声明一个 NOT NULL 列，且数据包括空值，则 MODIFY 操作将失败。同样，如果将列更改为使用更严格的数据类型（例如，将数据类型由 VARCHAR(50) 修改为 VARCHAR(10)），并且列包括长度超过 10 个字符的值，则 MODIFY 操作也将失败。如果发生这种情况，并且需要强制更改，那么请更新数据以符合限制，然后再进行 MODIFY 操作。

## 7.3.5　删除表

如果有一个表不再需要，可以使用 DROP TABLE 命令将其删除：

```
DROP TABLE book;
```

可以使用 SHOW 命令来验证该表是否已从数据库中删除：

```
SHOW TABLES;
```

在这种情况下，只有 books 数据库中唯一的表被删除，因此，显示表的结果是空集。注意，当你删除一个表时，不仅会删除该表本身，还会删除它可能包括的所有数据。

这是危险的！当你删除一个表时，你将删除该表中的所有内容，包括存储在表中的任何数据。

### 7.3.6　总结 book 表的变化

虽然 MySQL 允许在创建表之后更改表的定义，但理想情况下，应该使用第一个 CREATE TABLE 语句来创建具有适当结构的表，并仅在必要时进行更改。一旦将数据保存到表中，在更改表的时候可能会对表中的数据进行更改或删除。

在本节所描述的场景中适当的 CREATE TABLE 语句应只包括适当的列（在设计阶段定义并反映在生成的 ERD 中），以及所有键和索引。以用作示例的 book 表为例，代码清单 7-2 显示了最初应该使用的适当的 CREATE TABLE 语句。

**代码清单 7-2　创建 book 表**

```
CREATE TABLE book (
    bookId INT NOT NULL,
    bookTitle VARCHAR(100) NOT NULL,
    origPubDate YEAR,
    CONSTRAINT PK_book PRIMARY KEY (bookId)
);
```

## 7.4　管理 MySQL 中的关系

在创建数据库的设计阶段，不仅定义了将要存储数据的表和列，还定义了这些表之间的关系。在标准的关系数据库设计中，关系本身是通过表中的外键来定义的，而不是作为一个单独的对象。但是，理解如何管理和控制这些键，以及如何管理整个数据库是有帮助的。这包括理解如何定义外键、如何应用实体完整性，以及如何影响存储的数据的参照完整性。此外，还值得理解如何识别和比较用于删除或更新主键列值的选项，以及更改这些选项对相关表中的数据产生的影响。

## 7.4.1 定义外键

两个表之间的关系是通过将一个表的主键用作另一个表的外键来定义的。例如，联系人列表中的一个人可能有多个电话号码。在关系设计中，为表示这一事实，可以为该人创建一个单独的表，并为电话号码创建一个单独的表，使用 person 表中的主键 person_id 作为 phone 表中的外键。ERD 将如图 7-3 所示。

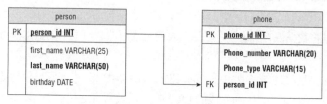

图 7-3　主键与外键的关系

在 MySQL 中，可以使用代码清单 7-3 中的语句来创建 person 表。

**代码清单 7-3　创建 person 表**

```
CREATE TABLE person (
    person_id INT,
    first_name VARCHAR(25),
    last_name VARCHAR(50) NOT NULL,
    birthday DATE,
    CONSTRAINT PK_person PRIMARY KEY (person_id)
);
```

可以看到，创建 person 表的方式与前面创建 book 表的方式相同。创建了几个列，包括一个名为 person_id 的主键。在创建好 person 表之后，就可以使用代码清单 7-4 中的代码来创建 phone 表。

**代码清单 7-4　创建 phone 表**

```
CREATE TABLE phone (
    phone_id INT,
    phone_number VARCHAR(20) NOT NULL,
    phone_type VARCHAR(15) NOT NULL,
    person_id INT NOT NULL,
    CONSTRAINT PK_phone PRIMARY KEY (phone_id),
    CONSTRAINT FOREIGN KEY FK_person_phone (person_id)
        REFERENCES person (person_id)
);
```

这些代码的大部分结构与创建 book 和 person 表的代码相同。不同的是最后几行的约束条件。

正如两个表中的主键都是一个命名约束(带有名称的约束)一样，外键在 phone 表中也是一个命名约束。通常在名称前加上 FK，并包括两个相关表的名称。

外键约束还要求 REFERENCES 子句标识出它所表示的是哪个表中的哪个列。

```
CONSTRAINT FOREIGN KEY constraint_name (local_fieldname)
    REFERENCES remote_tablename (remote_fieldname)
```

在大多数情况下，相关列在两个表中具有相同的名称，但有时外键需要不同的列名称，比如，在同一个表中有主键和外键列的自引用表。

### 7.4.2　实体完整性

在定义了主键后，RDBMS 会自动对新记录应用实体完整性约束，包括以下内容：

- 表中没有其他现有记录与新条目具有相同的主键值。
- 主键对应的列不能有空值。

如果一条新记录不满足以上任何一个条件，RDBMS 将拒绝该记录，并阻止将其添加到表中。因此，主键通常设置为整数值(其中，整数值有无穷多个)，这满足了第一个规则。

当列被添加到列表中时，通常会设置为自动编号的记录。这意味着，RDBMS 会自动为主键列分配一个值，并为每条记录分配一个新的数字。这有助于满足第二个规则。

注意，虽然自动编号列是确保表中的数据在技术上符合实体完整性规则的一种有效方法，但它并不能防止使用不同的主键值多次输入相同的逻辑记录。这意味着，它不能保证"数据"不重复，只能保证"记录"不重复。

### 7.4.3　参照完整性

实体完整性仅适用于一个表中的记录，而参照完整性适用于添加到相关表中的记录，特别是外键列中使用的值。参照完整性状态：

任何用作外键的值都必须在相关表中作为主键存在。

### 1. 向外键列添加数据

当添加外键约束时，RDBMS 会检查每个输入到外键列中的值是否已存在于另一个表的相关主键中。这意味着，当向数据库添加数据时，必须先将数据添加到主键所在的表，然后才能将其添加到相关表中。

在前面的示例中，当我们向 phone 表中添加数据时，应该确保该电话号码对应的人在 person 表中已经创建，并且每个电话号码都必须包括一个有效的 person_id 值。

### 2. 更新主键记录的数据

在工作中，我们不会经常更新主键的记录，但当数据库团队决定更改主表中的主键值时，就会发生这种情况。但是，更改这些值将违反关系的完整性，因为外键值将不再与主键列中的值匹配。

### 3. 删除主键记录

同样地，如果从 person 表中删除了联系人，那么所有相关的电话号码都必须先从 phone 表中删除。从数据管理的角度来看，这一点很重要，如果你不知道一个电话号码是谁的，那么它还有什么用呢？

## 7.4.4 参照完整性的解决方案

有些情况下，参照完整性会干扰在 RDBMS 中完成任务的能力。例如，可能需要删除主表中的多条记录，这通常意味着首先标识并删除相关表中的所有相关记录。由于这些选项具有破坏性且难以恢复，因此，通常只有数据库管理员才进行这样的操作，并且仅在必要时才使用。以下是可以使用的选项：

- 删除外键约束。
- 使用 ON UPDATE。
- 使用 ON DELETE。

### 1. 删除外键约束

一种选择是简单地临时删除外键约束，并在对数据进行必要的更改后重新应用它们。但是，当你稍后重新应用约束时，可能会发现一些外键值不再与现有的主键值相匹配，并且需要时间来查找和纠正错误。在向数据库添加数据时，最好设置一个外键约束，以确保所有的外键值都满足参照完整性的要求。

### 2. 使用 ON UPDATE

一个更好的选择是在更改主键值时，在外键约束中加入 ON UPDATE CASCADE 选项。在设置此选项后，当已有数据中的主键值发生变化时，RDBMS 会自动更新相关的外键值，以便在使用给定主键值的任何地方自动发生更改。

虽然这比其他选项的破坏性要小，但在大多数情况下，你应该选择主键列，使其值不太可能改变。在选择主键时，一个无意义的替代键通常比反映个人真实姓名的用户名更好，因为如果用户改变了他们的名称，那么你可以允许这种更改而不更改主键。

### 3. 使用 ON DELETE

ON DELETE CASCADE 选项是具有破坏性的，因为如果你从一个主表中删除一条记录，那么基于该主键的所有相关记录也将从相关表中删除。可以改为使用 ON DELETE SET NULL，这将只删除相关记录中的外键值。但是，此选项实际上有效地删除了表之间的关系，如果需要保留表之间的关系，并且外键列被设置为 NOT NULL，则不允许使用此选项。

> **注意：**要了解更多信息，请参阅 MySQL 关于外键约束的文档 dev.mysql.com/doc/refman/5.6/en/create-table-foreign-keys.html。

最终，与关系数据库一起工作的软件开发人员必须了解 RDBMS 如何定义和管理表之间的关系。从这个角度来看，在向数据库添加数据时，应该遵循以下指导原则：

- 在向数据库添加数据之前，请确保每个表中定义了关系。这可以通过在相关表中定义外键作为设计过程的一部分来完成。
- 在向数据库添加新数据时，必须在将数据添加到相关表中之前先将其添加到主表中，以避免违反参照完整性。

在大多数企业级数据库系统中，都有一个数据库管理员团队来处理更复杂的情况，包括根据需要删除和更新现有的数据。

## 7.5  本课小结

在本课中，我们学习了许多内容。了解到 SQL 语言有两种类型：数据定义语言(DDL)和数据操作语言(DML)。DML 主要用于操作存储在存储器中的数据。本课深入探讨了 DDL，它用于定义和创建数据库及其结构，包括表、索引及表之间的关系。

通过 DDL，学习了创建数据库的核心方法，包括添加表和列。还学习了如何为这些列分配数据类型，以及如何设定他们可以为空或不可为空。最后，学习了如何通过定义及使用主键和外键来管理数据库中表之间的关系。

## 7.6  本课练习

以下练习旨在让你试验本课中介绍的概念。

练习 7-1：Book 数据库

练习 7-2：DDL 操作——Movie 数据库

> **注意**：这些练习旨在让你更好地了解本课的内容，并帮助你应用在本课中所学到的知识。注意，这些练习都需要你自己完成，因此我们没有提供答案。

### 练习 7-1：Book 数据库

SQL 脚本是用于备份和恢复关系数据库的一种方法。本练习分为三个部分，以指导你创建和测试一个脚本，该脚本可用于(并可重用！)创建 book 数据库结构，包括如图 7-4 所示的 ERD 中定义的所有表和关系。

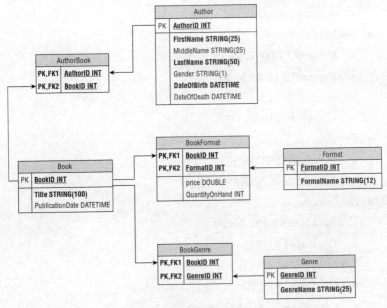

图 7-4 Books 数据库的 ERD

以列表格式显示，数据库结构应如下所示：

- **Author**
  - **AuthorID INT(PK)**
  - **FirstName STRING(25)**
  - MiddleName STRING(25)
  - **LastName STRING(50)**
  - Gender STRING(1)
  - **DateOfBirth DATE TIME**
  - DateOfDeath DATE TIME
- **AuthorBook**
  - **AuthorID INT(PK, FK)**
  - **BookID INT(PK, FK)**
- **Book**
  - **BookID INT (PK)**
  - **Title STRING(100)**

- ◆　PublicationDate DATETIME
- ● **BookFormat**
    - ◆　**BookID INT(PK, FK)**
    - ◆　**FormatID INT(PK, FK)**
    - ◆　Price DOUBLE
    - ◆　QuantityOnHand INT
- ● **Format**
    - ◆　**FormatID INT(PK)**
    - ◆　**FormatName STRING(12)**
- ● **BookGenre**
    - ◆　**BookID INT(PK, FK)**
    - ◆　**GenreID INT(PK, FK)**
- ● **Genre**
    - ◆　**GenreID INT(PK)**
    - ◆　**GenreName STRING(25)**

记住，加粗的列不能为空。

### 第 1 步：定义表

给定 books 数据库的标准化 ERD，使用 SQL 来定义 ERD 中描述的每个表。在创建表之前，确保使用适当的数据库。如果尚未为此作业创建数据库，在开始之前创建一个。

首先，创建主表(不包括外键列的表)，以避免在创建外键时出现参照完整性的问题。每个表都必须包括以下内容：

- ● 适当的表名。
- ● 一个主键。
- ● 在 ERD 中标识的所有列，使用标识的名称、适用于目标 RDBMS 的数据类型和适当的空值选项。

所有外键都必须在初始的 CREATE TABLE 语句中定义为外键。使用 SHOW TABLES 和 DESCRIBE 确保每个表的结构均正确。

不要使用 ALTER TABLE 语句对表的初始版本进行更改。相反，删除该表，更新 SQL 语句以包括适当的更改，并再次运行该语句。在工作时，将每个

CREATE TABLE 语句保存到文本或代码编辑器的文件中，以便在本练习的第 2 部分中可以访问它们。

### 第 2 步：book 数据库 SQL 脚本

当你确认用于创建表的 SQL 语句可以正常运行时，创建一个脚本，以便在必要时可以重用该脚本来重建数据库结构。

(1) 可以通过创建一个新的文本文件(使用任何文本或代码编辑器) 创建一个 SQL 脚本文件，并将文件的扩展名设置为.sql。

(2) 脚本的第一行应该删除已存在的数据库。记住，这将删除数据库中的所有内容，因此，在删除之前确保有重新创建数据库的方法。

```
DROP DATABASE IF EXISTS database_name;
```

(3) 脚本的第二行应该创建一个与已删除数据库名称相同的数据库。

```
CREATE DATABASE database_name;
```

(4) 脚本的第三行应该使用新创建的数据库。

```
USE database_name;
```

在 USE 语句后添加创建表的一系列语句。确保每个 CREATE TABLE 语句以分号结尾。在更改完之后，保存该文件。

### 第 3 步：测试脚本

最后，验证可以在 RDBMS 中运行该脚本。大多数 RDBMS 都包括一个选项来打开并运行.sql 文件，但如果无法轻松找到它，则可以打开刚刚创建的脚本，选择并复制文件中的所有内容，然后将脚本粘贴到 SQL 提示符下。在运行脚本后，使用 SHOW TABLES 和 DESCRIBE 来验证所有表是否存在，以及它们的结构是否与图 7-4 中包括的 ERD 结构相匹配。

### 练习 7-2：DDL 操作——Movie 数据库

在本练习中，你将通过编写脚本文件来练习 DDL 技能，以创建新的数据库、表和关系。该数据库应使用此处描述的结构来跟踪电影。

编写 SQL 语句以创建下面的所有表。将这些语句放在一个脚本中，并在完成后对该脚本文件进行保存。这些表已经进行了规范化。你的工作是确定要分配给每个列的数据类型，以及创建适当的键和必需的列。可以使用以下列表，或者通过 ERD 进行可视化。本练习的任务分为三个部分。

- **Movie**
  - ◆ **MovieID**：主键，用于标记记录。
  - ◆ GenreID：外键，Genre 表，不能为空。
  - ◆ DirectorID：外键，Director 表，可以为空。
  - ◆ RatingID：外键，Rating 表，可以为空。
  - ◆ **Title**：不能为空，扩展字符集，长度为 **128**。
  - ◆ ReleaseDate：可以为空。
- **Genre**
  - ◆ **GenreID**：主键，用于标记记录。
  - ◆ **GenreName**：不能为空，扩展字符集，长度为 **30**。
- **Director**
  - ◆ **DirectorID**：主键，用于标记记录。
  - ◆ **FirstName**：不能为空，扩展字符集，长度为 **30**。
  - ◆ **LastName**：不能为空，扩展字符集，长度为 **30**。
  - ◆ BirthDate：可以为空。
- **Rating**
  - ◆ **RatingID**：主键，用于标记记录。
  - ◆ **RatingName**：不能为空，扩展字符集，长度为 **5**。
- **Actor**
  - ◆ **ActorID**：主键，用于标记记录。
  - ◆ **FirstName**：不能为空，扩展字符集，长度为 **30**。
  - ◆ **LastName**：不能为空，扩展字符集，长度为 **30**。
  - ◆ BirthDate：可以为空。
- **CastMembers**
  - ◆ **CastMemberID**：主键，用于标记记录。
  - ◆ **ActorID**：外键，**Actor** 表，不能为空。
  - ◆ **MovieID**：外键，**Movie** 表，不能为空。
  - ◆ **Role**：不能为空，扩展字符集，长度为 **50**。

#### 第 1 步：定义表

给定数据库的规范化模式，使用 SQL 定义前面描述的每个表。确保在创建表之前使用适当的数据库。如果还没有为此作业创建数据库，在开始之前创建一个。

首先，创建主表(不包括外键列的表)，以避免在创建外键时出现引用完整性的问题。每个表都必须包括以下内容：

- 适当的表名。
- 一个主键。
- 在 ERD 中标识的所有列，使用标识的名称、适用于目标 RDBMS 的数据类型和适当的空值选项。

所有外键都必须在初始的 CREATE TABLE 语句中定义为外键。使用 SHOW TABLES 和 DESCRIBE 确保每个表的结构均正确。

不要使用 ALTER TABLE 语句对表的初始版本进行更改。相反，删除该表，更新 SQL 语句以包括适当的更改，并再次运行该语句。在工作时，将每个 CREATE TABLE 语句保存到文本或代码编辑器的文件中，以便在本练习的第 2 部分中可以访问它们。

#### 第 2 步：创建脚本

当你确认用于创建表的 SQL 语句可以正常运行时，创建一个脚本，以便在必要时可以重用该脚本来重建数据库结构。

(1) 可以通过创建一个新的文本文件(使用任何文本或代码编辑器) 创建一个 SQL 脚本文件，并将文件的扩展名设置为.sql。

(2) 脚本的第一行应该删除已存在的数据库。记住，这将删除数据库中的所有内容，因此，在删除之前确保有重新创建数据库的方法。

```
DROP DATABASE IF EXISTS database_name;
```

(3) 脚本的第二行应该创建一个与已删除数据库名称相同的数据库。

```
CREATE DATABASE database_name;
```

(4) 脚本的第三行应该使用新创建的数据库。

```
USE database_name;
```

在 USE 语句后添加创建表的一系列语句。确保每个 CREATE TABLE 语句以分号结尾。在更改完之后，保存该文件。

### 第 3 步：测试脚本

与练习 1 一样，完成本练习前，验证可以在 RDBMS 中运行脚本。大多数 RDBMS 都包括一个选项来打开并运行.sql 文件，但如果无法轻松找到它，则可以打开刚刚创建的脚本，选择并复制文件中的所有内容，然后将脚本粘贴到 SQL 提示符下。在运行脚本后，使用 SHOW TABLES 和 DESCRIBE 来验证所有表是否存在，以及它们的结构是否与本练习开始时包括的 ERD 结构相匹配。

# 第 8 课

# 动手练习：创建黑胶唱片商店数据库

本课将通过以下步骤创建一个针对黑胶唱片商店的数据库。这是一家专门销售黑胶唱片的小型企业。在创建数据库结构的每个步骤中，应该将该步骤保存到一个 SQL 脚本中。通过本课的学习，将整合目前为止学到的所有内容，并且将拥有一个可以使用(并可重复使用)的脚本，用于创建包括在 ERD 中定义的所有表和关系的黑胶唱片商店数据库结构。

> 注意：SQL 脚本可用于多种用途，包括备份现有数据库或将数据库传输到另一个服务器。

## 本课目标

完成本课后，你将掌握如下内容：

- 检查数据库结构并组织表。
- 使用 SQL 构建数据库。
- 确定数据库中的主要表。
- 创建数据库中的相关表。
- 显示你创建的表及其列。

在进行这个项目，并跟着代码进行操作的过程中，将完成以下与目标相一致的步骤。

　　步骤 1：检查数据库结构并组织表。

　　步骤 2：创建数据库。

　　步骤 3：创建主要表。

　　步骤 4：创建相关表。

　　步骤 5：完善脚本。

# 8.1　步骤 1：检查数据库结构并组织表

　　在开始构建任何数据库之前，应该按照本课中介绍的步骤对数据库结构进行规范化，并创建一个 ERD(实体-关系图)或一个包含表和列的列表，以便作为此过程的路线图。对于本课而言，这一步已经替你完成。图 8-1 显示了将要构建的黑胶唱片商店数据库的 ERD。

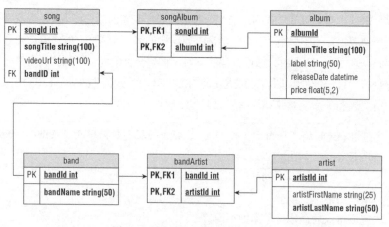

图 8-1　黑胶唱片商店数据库的 ERD

　　列表形式的数据库结构如下：

**song**

- **songId (PK) int**
- **songTitle string(100)**
- videoUrl string(100)

- **bandId (FK) int**

songAlbum

- **songId (PK, FK1) int**
- **albumId (PK, FK2) int**

album

- **albumId (PK)**
- **albumTitle string(100)**
- label string(50)
- releaseDate datetime
- price float(5,2)

band

- **bandId (PK) int**
- **bandName string(50)**

bandArtist

- **bandId (PK, FK1) int**
- **artistId (PK, FK2) int**

artist

- **artistId (PK)int**
- artistFirstName string(25)
- **artistLastName string(50)**

---

注意：记住，加粗的列不可为空。

---

以下是对该数据库的额外要求：

- 所有主键列都是自增的整数列。
- 在设计步骤中定义的数据类型必须转换为适当的 MySQL 数据类型。例如，字符串将使用 VARCHAR；浮点数必须在 MySQL 中使用 DECIMAL。

## 8.1.1　组织表

由于参照完整性的原因，在创建依赖于现有主键的相关表之前，必须先创建主要表(不包括外键的表)。浏览 ERD 或之前的列表中描述的表格，并确定你认为应该先创建的表格。

以下是主要表：

- album 表
- artist 表
- band 表

这些都是主要表，因为它们没有任何外键。数据库中的相关表包括依赖其他表格的外键，这些相关表为：

- 歌曲(song)表引用了乐队(band)表。
- 歌曲专辑(songAlbum)表同时引用了歌曲(song)表和专辑(album)表。
- 乐队艺术家(bandArtist)表同时引用了乐队(band)表和艺术家(artist)表。

注意，相关表格也必须有优先级。在这种情况下，songAlbum 表依赖 song 表，因此，在创建 songAlbum 表之前，必须先创建 song 表。由于 song 表依赖 band 表，因此，在创建 song 表之前，必须先创建 band 表。

可以以任何顺序创建主要表，只要在创建依赖的相关表之前，所有主要表都已创建完成即可。在本课中，将按照前面列出的顺序进行创建表。

## 8.1.2  创建脚本文件

本课的最终结果将是一个脚本，可以在需要时用于重建数据库结构。为此，在代码编辑器或文本编辑器中创建一个新文件，并将该文件保存为 vinylrecord shop-schema.sql。

注意，术语"schema"是指数据库的结构。在文件名中包括这个术语表示文件的目的。.sql 扩展名用于 SQL 脚本。关系数据库管理系统接口(如 MySQL Workbench)可以识别这些文件并自动打开它们。在保存所有更改后，可以直接在 RDBMS 接口中运行该脚本。

对于基本的文档记录，应该在脚本的第一行注释中添加姓名，并在第二行中添加当前日期。在 SQL 脚本中有两种注释方式，第一种方式是在一行的开头使用双连字符(--)，这将导致该行的其余部分被视为注释。

```
-- This is a comment in a SQL Script
```

第二种方式是使用/*和*/。注释将以/*开始，然后在到达*/时结束。中间的所有文本(可以是多行)都将被视为注释。下面是一个 SQL 脚本的多行注释示例：

```
/*
Script written by: John Smith
Date written: March 21, 2023
*/
```

## 8.2　步骤 2：创建数据库

> **注意**：在本课的其余步骤中，应该在 SQL 接口(如 MySQL Workbench)中编写 SQL 语句。然后测试 SQL 语句，以验证其是否正确运行。一旦它按预期运行，就将其复制并粘贴到脚本的末尾。最后可以运行该脚本为下一个 SQL 语句设置数据库。

在创建表之前，必须先创建一个数据库空间来容纳这些表。在这种情况下，将数据库命名为 **vinylrecordshop**。你需要确保从一个空数据库开始。因此，在创建新数据库之前，你需要删除具有相同名称的现有数据库。

在 MySQL 中运行以下命令：

```
DROP DATABASE vinylrecordshop;
```

这个语句将删除名为 vinylrecordshop 的现有数据库。如果你的 MySQL 实例中有这个数据库，则该语句将正常运行；如果没有该数据库，则 MySQL 将会报错，因为你不能删除一个不存在的数据库。

该脚本需要足够灵活，以便任何人都可以使用，即使他们正在创建一个新的数据库，而不是替换现有数据库。因此，应该将该语句修改为以下内容。

```
DROP DATABASE IF EXISTS vinylrecordshop;
```

**IF EXISTS** 子句告诉 MySQL，如果指定的数据库不存在，则忽略 DROP 命令，因此，其不会报错。

在继续之前，尝试多次运行这两个语句，查看它们是如何工作和执行的。记住，你可以使用 SHOW DATABASES；语句来查看 MySQL 中可用的数据库列表，以验证 vinylrecordshop 数据库是否已被删除或不存在。

接下来，让我们来创建此数据库：

```
CREATE DATABASE vinylrecordshop;
```

使用 SHOW DATABASES 语句来验证数据库是否已创建。一旦确认其存在，则将其设置为活动数据库。

```
USE vinylrecordshop;
```

将这三个语句添加到你在步骤 1 中创建的.sql 文件中的注释之后。在继续下一步之前，执行该脚本以确保它可以无错误地工作。你的 vinylrecordshop-schema.sql 文件应该与代码清单 8-1 类似。

### 代码清单 8-1   vinylrecordshop-schema.sql 包含创建逻辑

```
/*
 * Script written by: John Smith
 * Date written: March 21, 2023
 */
DROP DATABASE IF EXISTS vinylrecordshop;

CREATE DATABASE vinylrecordshop;

USE vinylrecordshop;
```

## 8.3   步骤 3：创建主要表

此时，你已经有一个可以删除名为 vinylrecordshop 的现有数据库，并用同名的新(空)数据库替换其脚本。下一步是创建表本身。由于先进行了组织步骤，因此，你知道应该按顺序创建表，以避免参照完整性的问题。对于每个表，你将定义表名称和表中的所有列，以及适当的列属性(数据类型、大小和 null 状态)和关键列。

从专辑(album)表开始，列表如下：

**album**

- **albumId (PK) int**
- **albumTitle string(100)**
- label string(50)
- releaseDate datetime

- price float(5,2)

使用 MySQL 中的 CREATE 语句来创建 album 表。该语句如代码清单 8-2 所示。

### 代码清单 8-2　创建 album 表

```
CREATE TABLE album (
    albumId INT AUTO_INCREMENT,
    albumTitle VARCHAR(100) NOT NULL,
    label VARCHAR(50),
    releaseDate DATE,
    price DECIMAL(5,2),
    CONSTRAINT pk_album
        PRIMARY KEY (albumId)
);
```

此语句使用所期望的参数定义了该表。

- albumId 列自动递增，这意味着，如果没有指定值，则数据库引擎将自动为每条新记录分配一个连续的编号。这确保每条记录都有不同的主键值。
- 字符串值使用 VARCHAR 进行定义，并指定了最大字符数。
- releaseDate 是一个 DATE 列。在 MySQL 中，日期的默认格式是 yyyy-mm-dd。这种格式在添加数据到列时很重要，但现在，你可以简单地将列指定为 DATE。
- price 是一个最大值为 999.99 的 DECIMAL 列，适用于为此解决方案存储的数据。
- price、releaseDate 和 label 均是可为空的列。
- 主键(PRIMARY KEY)约束在 albumId 上定义。

使用 DESCRIBE 命令来验证表是否被正确定义。如果该语句按预期工作，则将其添加到脚本的底部，保存该脚本，并运行它，以确保它可以删除和重新创建数据库和重建表。

## 8.3.1　列的顺序

列的顺序重要吗？

关系数据库设计的一个基本规则是，列的顺序并不重要。即便如此，通常将主键放在最前面，因为这有助于加快从表中检索的速度。对于外键来说，放置顺序不那么重要，但是一些数据库设计人员会在主键之后立即添加外键列。

　　CONSTRAINT 定义也可以按任意顺序显示，只要约束引用的列先被定义即可。这意味着，在代码清单 8-2 中使用的定义 album 表的语句，也可以像代码清单 8-3 中展示的那样进行使用。

### 代码清单 8-3　已修改用于创建 album 表的 SQL

```
CREATE TABLE album (
    albumId INT AUTO_INCREMENT,
    CONSTRAINT pk_album
        PRIMARY KEY (albumId),
    albumTitle VARCHAR(100) NOT NULL,
    label VARCHAR(50),
    releaseDate DATE,
    price DECIMAL(5,2)
);
```

　　记住，在表中定义的每一列和约束之后都要加上逗号(除了最后一个之外)，因为这是 MySQL 用来区分表中每个项的方式。

## 8.3.2　自己动手实践

　　使用创建 album 表的模式来创建其他主表(artist 表和 band 表)。下面是对表的描述：

**artist**

- **artistId (PK) int**
- artistFirstName string(25)
- **artistLastName string(50)**

**band**

- **bandId (PK) int**
- **bandName string(50)**

　　记住，可以使用 "DESCRIBE tableName;" 命令来验证表的结构是否正确，也可以使用 "DROP TABLE tableName;" 命令来删除现有的表(如果需要重新构建表)。在验证每个 "CREATE TABLE" 语句正常工作后，将它们添加到 SQL 脚本中。

> 注意：如果在创建表时遇到困难，则可以在本课末尾的代码清单 8-10 中找到完整的脚本。

## 8.4　步骤 4：创建相关表

数据库中的相关表包括依赖其他表的外键。这些表及其引用如下：

- song 表引用 band 表。
- songAlbum 表引用 song 表和 album 表。
- bandArtist 表引用 band 表和 artist 表。

由于这些表依赖主表，所以必须首先创建主表。然而，songAlbum 表还依赖 song 表，因此，必须先创建 song 表，然后才能创建 songAlbum 表。

### 8.4.1　创建 song 表

我们将首先处理三个表中的 song 表。该表包括以下列：

**song**

- **songId (PK) int**
- **songTitle string(100)**
- videoUrl string(100)
- **bandId (FK) int**

前三列包括一个主键(songId)、一个必填列(songTitle)和一个可为空的列(videoUrl)。代码清单 8-4 展示了创建包括这三个列的表的 SQL 脚本。

代码清单 8-4　创建 song 表中的前三列

```
CREATE TABLE song (
    songId INT NOT NULL AUTO_INCREMENT,
    songTitle VARCHAR(100) NOT NULL,
    videoUrl VARCHAR(100),
    CONSTRAINT pk_song
        PRIMARY KEY (songId)
);
```

你可以在脚本中看到，这三列都使用其数据类型和列定义的属性进行创建。songId 是自动递增的，并且是不可为空的。songTitle 也是不可为空的，使用 NOT NULL 进行标识，并且最长可达 100 个字符。视频 URL 只是简单地定义为最长可达 100 个字符的字符串，由于没有包括 NOT NULL 标识，因此，可以知道该列是可选的。代码的最后定义 songId 作为主键。

最后一列是一个外键，它引用了 band 表中的 bandId 列。如果还没有创建 band 表，则必须先创建该表，然后才能定义引用该表的外键。

在 MySQL 中，定义外键需要完成两个步骤。

第 1 步：将该列定义为表中的普通列。在这种情况下，将其添加到 videoUrl 列后，如代码清单 8-5 所示。

### 代码清单 8-5　向表中添加普通列

```
DROP TABLE IF EXISTS song;
CREATE TABLE song (
    songId INT NOT NULL AUTO_INCREMENT,
    songTitle VARCHAR(100) NOT NULL,
    videoUrl VARCHAR(100),
    bandId INT NOT NULL,
    CONSTRAINT pk_song
        PRIMARY KEY (songId)
);
```

第 2 步：在主键约束后添加一个外键约束。这告诉 MySQL 在该表的 bandId 列上强制执行参照完整性，以确保在 song 表中输入的任何值必须先存在于 band 表中。将其添加到主键约束后，如代码清单 8-6 所示。

### 代码清单 8-6　添加外键约束的 song 表脚本

```
DROP TABLE IF EXISTS song;
CREATE TABLE song (
    songId INT NOT NULL AUTO_INCREMENT,
    songTitle VARCHAR(100) NOT NULL,
    videoUrl VARCHAR(100),
    bandId INT NOT NULL,
    CONSTRAINT pk_song
        PRIMARY KEY (songId),
    CONSTRAINT fk_song_band
        FOREIGN KEY (bandID)
        REFERENCES band(bandId)
);
```

注意，外键约束使用当前表和主表的两个表命名。这确保了约束名称的唯一性，同时也有助于表达其目的。

验证该表是否存在，并且其是否包括适当的列和设置。然后，可以将包括 CREATE TABLE 语句的代码添加到脚本中。

## 8.4.2　创建 songAlbum 表

现在可以创建 songAlbum 表了，它包括以下列：

**songAlbum**

- **songId (PK, FK1) int**
- **albumId (PK, FK2) int**

请注意以下事项：

- 该表有一个复合键：主键同时包括两个列。
- 这两个列都是与不同表相关的外键。

首先定义列。虽然这两列都包括在主键中，但它们的值取决于 song 表和 album 表中的相关列。这意味着，你不希望 MySQL 自动编号这些列，因此，只需将它们定义为整数，如代码清单 8-7 所示。

**代码清单 8-7　初始的 songAlbum 表脚本，其列定义为整数**

```
CREATE TABLE songAlbum (
    songId INT,
    albumId INT
);
```

这些列可以被指定为不能为空，但由于它们包括在主键中，实体完整性将强制执行此要求。下一步是添加主键约束。当主键是单个列时，只需将该列添加到约束中。对于复合键，所有列都列在主键中，用逗号分隔。

虽然可以在这里使用 ALTER TABLE 语句，但目标是拥有一个可以重建数据库的脚本。因此，删除现有的表并重新构建该表以包括主键，如代码清单 8-8 所示。

**代码清单 8-8　具有主键约束的 songAlbum 表脚本**

```
DROP TABLE IF EXISTS songAlbum;
CREATE TABLE songAlbum (
    songId INT,
    albumId INT,
    CONSTRAINT pk_songAlbum
        PRIMARY KEY (songId, albumId)
);
```

最后，还需要添加两个外键约束，如代码清单 8-9 所示。

**代码清单 8-9 完整的 songAlbum 表脚本，包括添加外键约束的部分**

```
DROP TABLE IF EXISTS songAlbum;
CREATE TABLE songAlbum (
    songId INT,
    albumId INT,
    CONSTRAINT pk_songAlbum
        PRIMARY KEY (songId, albumId),
    CONSTRAINT fk_songAlbum_song
        FOREIGN KEY (songId)
        REFERENCES song(songId),
    CONSTRAINT fk_songAlbum_album
        FOREIGN KEY (albumId)
        REFERENCES album(albumId)
);
```

再次验证该表是否存在，并且其是否包括适当的列和设置。一旦确认无误，将代码添加到 vinylrecordshop-schema.sql 脚本中。

### 8.4.3 自行创建 bandArtist 表

使用创建 songAlbum 表的方法创建 bandArtist 表。该表的信息如下：

**bandArtist**

- **bandId (PK, FK) int**
- **artistId (PK, FK) int**

在验证该语句按预期工作后，将其添加到脚本中。如果在创建此 SQL 语句时遇到困难，则可以在代码清单 8-10 完整解决方案中找到相应的代码。

## 8.5 步骤 5: 完善脚本

至此，你应该有一个可以完成以下任务的完整脚本：

- 如果存在 vinylrecordstore 数据库，则将其删除。
- 重新创建数据库。
- 使用该数据库。
- 在数据库中定义所有表，包括适当的主键和外键列。
    - ◆ album

- ◆ artist
- ◆ band
- ◆ song
- ◆ songAlbum
- ◆ bandArtist

验证你是否可以在 MySQL 中运行该脚本。大多数数据库系统(包括 MySQL Workbench)都包括一个选项,可以打开并运行.sql 文件,但如果你无法轻松找到该选项,则可以打开刚刚创建的脚本,选择并复制文件中的所有内容,然后将该脚本粘贴到 MySQL 命令行中。

运行脚本后,使用 SHOW TABLES 和 DESCRIBE 语句来验证所有表是否存在,并且它们的结构是否与本练习开始时包括的 ERD 结构相匹配。代码清单 8-10 显示了已完成的脚本。

### 代码清单 8-10　完整的 vinylrecordshop-schema.sql 脚本

```
/*
 * Script written by: John Smith
 * Date written: March 21, 2023
 */
--Running this script will DELETE the existing database and all data
--it contains.
--Use with caution.

DROP DATABASE IF EXISTS vinylrecordshop;

CREATE DATABASE vinylrecordshop;

USE vinylrecordshop;

CREATE TABLE album (
    albumId INT AUTO_INCREMENT,
    albumTitle VARCHAR(100) NOT NULL,
    label VARCHAR(50),
    releaseDate DATE,
    price DECIMAL(5,2),
    CONSTRAINT pk_album
        PRIMARY KEY (albumId)
);
CREATE TABLE artist (
    artistId INT NOT NULL AUTO_INCREMENT,
    fname VARCHAR(25) NOT NULL,
    lname VARCHAR(50) NOT NULL,

CONSTRAINT pk_artist
```

```
        PRIMARY KEY (artistId)
);
CREATE TABLE band (
    bandId INT AUTO_INCREMENT,
    bandName VARCHAR(50) NOT NULL,
    CONSTRAINT pk_band
        PRIMARY KEY (bandId)
);
CREATE TABLE song (
    songId INT NOT NULL AUTO_INCREMENT,
    songTitle VARCHAR(100) NOT NULL,
    videoUrl VARCHAR(100),
    bandId INT NOT NULL,
    CONSTRAINT pk_song
        PRIMARY KEY (songId),
    CONSTRAINT fk_song_band
        FOREIGN KEY (bandID)
        REFERENCES band(bandId)
);
    CREATE TABLE songAlbum (
     songId INT,
     albumId INT,
    CONSTRAINT pk_songAlbum
        PRIMARY KEY (songId, albumId),
    CONSTRAINT fk_songAlbum_song
     FOREIGN KEY (songId)
     REFERENCES song(songId),
    CONSTRAINT fk_songAlbum_album
     FOREIGN KEY (albumId)
     REFERENCES album(albumId)
);
CREATE TABLE bandArtist (
    bandId INT,
    artistId INT,
    CONSTRAINT pk_bandArtist
        PRIMARY KEY (bandId, artistId),
    CONSTRAINT fk_bandArtist_band
        FOREIGN KEY (bandId)
        REFERENCES band(bandId),
    CONSTRAINT fk_bandArtist_artist
        FOREIGN KEY (artistId)
        REFERENCES artist (artistId)
);
```

# 8.6　本课小结

　　本课将之前课程中学到的知识汇集起来，并引导你将 ERD 转换为用于创建黑胶唱片商店数据库及其表的 SQL 代码。黑胶唱片商店是一家专门销售黑胶唱片的小型企业。因为你将代码保存在了.sql 文件中，所以你现在拥有一个可以与他人共享的脚本，用于创建数据库。当然，你需要小心，因为你还包括了删除同名现有的数据库的代码，这也将清除任何已有的数据。

# 第 III 部分

# 数据管理与操作

# 第 9 课

# 应用 CRUD：基本数据
# 管理与操作

在第 7 课"使用 DDL 进行数据库管理"中，你学习了如何创建数据库并设置表。然而，在数据库中进行的绝大多数工作都涉及检索和操作数据本身。虽然这些任务通常需要了解数据库的结构，但大多数数据库的使用者不会被要求去设计数据库或创建数据库结构。

**本课目标**

完成本课后，你将掌握如下内容：

- 使用 SQL 在关系数据库中的现有表中创建新数据。
- 从数据库中检索现有的数据。
- 更新关系数据库中的现有数据。
- 从关系数据库中删除数据。

## 9.1 数据操作语言

在本课中，将回顾与数据处理相关的 4 项活动。这些活动涉及使用 SQL 在数据库中创建(creating)、检索(retrieving)、更新(updating)和删除(deleting)数据。通常使用 CRUD 缩写来表示这些活动。

在检索数据之前，必须先创建数据。在本课中，将具体使用数据操作语言(DML)来显示如何使用标准 SQL 向现有表添加数据、更新现有数据和删除数据。

> **要求**：与第 8 课一样，为了运行本课和将来的课中的示例，你需要在计算机上安装并运行 MySQL。

## 9.2 创建数据库

在对数据库执行数据操作语言(DML)操作之前，数据库必须存在。在本课中，将使用名为 TrackIt 的数据库，其结构在如图 9-1 所示的实体-关系图(ERD)中定义。

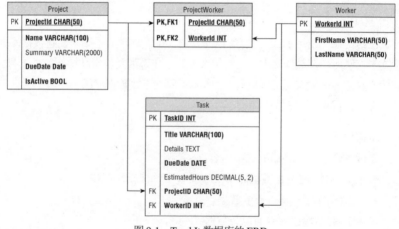

图 9-1 TrackIt 数据库的 ERD

如果你将第 8 课中所学的内容应用起来，你应该能够编写 SQL 脚本来创建这个数据库。代码清单 9-1 通过创建数据库的 SQL 脚本，使这一过程变得更加简单。

**代码清单 9-1 用于创建 TrackIt 数据库的 SQL 脚本**

```
DROP DATABASE IF EXISTS TrackIt;
CREATE DATABASE TrackIt;
```

```
--在添加模式前，请确保我们已经处于正确的数据库中。
USE TrackIt;

CREATE TABLE Project (
   ProjectId CHAR(50) PRIMARY KEY,
   ProjectName VARCHAR(100) NOT NULL,
   Summary VARCHAR(2000) NULL,
   DueDate DATE NOT NULL,
   IsActive BOOL NOT NULL DEFAULT 1
);CREATE TABLE Worker (
   WorkerId INT PRIMARY KEY AUTO_INCREMENT,
   FirstName VARCHAR(50) NOT NULL,
   LastName VARCHAR(50) NOT NULL
);
CREATE TABLE ProjectWorker (
   ProjectId CHAR(50) NOT NULL,
   WorkerId INT NOT NULL,
   PRIMARY KEY pk_ProjectWorker (ProjectId, WorkerId),
   FOREIGN KEY fk_ProjectWorker_Project (ProjectId)
      REFERENCES Project(ProjectId),
   FOREIGN KEY fk_ProjectWorker_Worker (WorkerId)
   REFERENCES Worker(WorkerId)
);
CREATE TABLE Task (
    TaskId INT PRIMARY KEY AUTO_INCREMENT,
    Title VARCHAR(100) NOT NULL,
    Details TEXT NULL,
    DueDate DATE NOT NULL,
    EstimatedHours DECIMAL(5, 2) NULL,
    ProjectId CHAR(50) NOT NULL,
    WorkerId INT NOT NULL,
    FOREIGN KEY fk_Task_ProjectWorker (ProjectId, WorkerId)
        REFERENCES ProjectWorker(ProjectId, WorkerId)
);
```

阅读该脚本，看看它如何反映实体-关系图(ERD)。特别注意以下特征：

- WorkerId 和 TaskId 被设置为自动递增的整数列。这意味着，当数据被添加到 Worker 表和 Task 表中时，MySQL 将自动为这些列分配值。

- ProjectId 是一个 CHAR(50)列。这使我们能够使用有意义的值(比如，db-milestone)来标识项目，而不是没有真实意义的整数。在这种情况下使用整数也是可以的，但由于每个项目名称都是唯一的，我们可以将 ProjectId 定义为一个字符串，其中，每个项目都具有唯一的 ProjectId(项目名称)。

- 当主键只包括一个列时，可以将其作为列定义的一部分来定义表的主键，如下所示：

```
WorkerId INT PRIMARY KEY AUTO_INCREMENT
```

- 当存在复合键时，我们必须使用不同的格式。复合键是由多个列组成的键。例如，我们不能将一个人的姓名作为唯一的索引，因为两个人可以有相同的姓名。然而，如果我们将姓名和出生日期一起作为一个键，那么我们可以通过姓名和出生日期来唯一地识别一个人。因此，必须使用单独的 PRIMARY KEY 定义，其中，包括所有适当的列。在这种情况下，ProjectWorker 表充当 Project 和 Worker 之间的桥接表，因为每个项目可以有多个工作者，而每个工作者可以分配到多个项目。我们使用以下语句来创建主键：

```
PRIMARY KEY pk_ProjectWorker (ProjectId, WorkerId)
```

- 在项目(Project)表中，布尔列 IsActive 的默认值为 1。

```
IsActive BOOL NOT NULL DEFAULT 1
```

这意味着，当没有指定一个值时，MySQL 将自动在每个新记录中设置默认值。

## 9.2.1　构建数据库

可以通过以下两种方式之一来运行脚本，从而创建 TrackIt 数据库。

- 输入代码清单 9-1 中的脚本文本。连接到 MySQL 后，在 MySQL 提示符下键入该文本(如果你使用的是命令行界面，如 Windows 命令提示符或 Mac 终端)，或者在代码编辑器窗口中键入文本(如果你使用的是像 MySQL Workbench 这样的 GUI)。在输入该代码后，运行该代码。这将逐个运行每条语句，直到达到最后一条语句。
- 使用文本或代码编辑器将文本输入到一个新的文本文件中，并将文件保存为 TrackIt.sql。在 MySQL 界面中打开该文件并运行。这将运行脚本中的所有语句，直到出现错误或达到脚本的末尾为止。如果出现错误，脚本将在出错的位置停止，并且不会运行任何后续语句。

如果选择使用第一种方法，则将脚本保存到计算机上，这将非常有用；也可以使用第二种方法中的说明来创建该文件。

> 注意：如果你不想手动输入文本，则可以在 www.wiley.com/go/jobreadysql 下载本书附带的文件中找到 TrackIt.sql 文件。

重要提示！此脚本将在重新构建数据库对象之前，从 MySQL 服务器中删除现有的 TrackIt 数据库，包括自创建数据库以来添加的所有数据。只有在需要重新构建数据库以重新开始本课时，才应运行此脚本。

## 9.2.2　检查数据库是否存在

创建数据库后，执行以下步骤，以确保脚本按预期工作：

(1) 执行 SHOW DATABASES;命令。这将显示可用的数据库列表。你应该会在列表中看到 TrackIt 数据库。

(2) 执行 USE Trackit;命令。这将确保你正在使用新的数据库。

(3) 执行 SHOW TABLES;命令。这将允许你检查数据库是否包括适当的表。你应该可以看到表 9-1 中显示的结果。

表 9-1　执行 SHOW TABLES;命令后的结果

| Tables_in_trackit |
| --- |
| Project |
| ProjectWorker |
| Task |
| Worker |

如果其中有步骤未按预期工作，请确认是否已正确输入了代码清单 9-1 的代码。如果没有正常运行的 TrackIt 数据库，则你将无法完成本课中的剩余步骤。

# 9.3　插入数据

要操作数据库中的数据，首先必须创建数据。代码清单 9-1 中提供的 TrackIt 脚本创建了数据库的结构(有时又称模式，schema)，但它不会向任何表中添加数据。

可以使用 INSERT 语句向现有的表中添加数据。INSERT 语句的基本结构如下。

```
INSERT INTO TableName [( column list... )]
    VALUES ( value list... );
```

> 注意：方括号表示一个可选子句。

这可以归结为向表中插入数据的两个基本选项。

- 插入数据时，不给出列的名称。
- 插入数据时，给出列的名称。

## 9.3.1　插入数据时，不给出列的名称

第一个选项是使用 INSERT 语句向表中添加值，而无需明确指定要添加值的列。在这种情况下，关系数据库管理系统(RDBMS)将按照表中列出现的相同顺序，从左到右，将每个值映射到现有列。

例如，假设你有一个包括 SandwichName、Cheese 和 IsFried 列的表，顺序如上所述，那么你可以使用以下语句添加一行数据：

```
INSERT INTO Sandwich VALUES ('Monte Cristo', 'Emmental', 1);
```

使用此选项，你必须为表中的每个列提供一个值或指定一个空值，除了自动递增的列。例如，如果 Cheese 列可为空，可你可以使用以下方式插入数据：

```
INSERT INTO Sandwich VALUES ('PB&J', '', 0);
```

这将指定在该记录的 Cheese 列中不添加任何值。要将空值输入到字符串列中，只需包括一对空引号即可。对于其他数据类型，在空位置之前和之后使用逗号，但不要在逗号之间包括任何内容，如下所示：

```
'value1',,'value3'
```

## 9.3.2　插入数据时，给出列的名称

第二个选项是同时给出列名和值。在这种情况下，关系数据库管理系统(RDBMS)将按照 INSERT 语句中显示的相同顺序，将每个列与每个值进行映射，即使这与表中列出现的顺序不同。例如，考虑以下语句：

```
INSERT INTO Sandwich (SandwichName, Cheese, IsFried)
    VALUES ('Monte Cristo', 'Emmental', 1);
```

无论表中的列定义的顺序如何，此语句都可以运行。但是，如果你给出了某个列名，则必须在值列表中为该列提供一个值或指定一个空值。

### 9.3.3　更好的选择

通常情况下，第二个选项是更好的选择，因为表结构会随着时间的推移发生变化，并且 INSERT 可能会无法满足新表结构的要求。然而，在编写 INSERT 语句之前，请考虑以下问题：

- 该表中是否有自动递增的列？
- 哪些列允许出现空值？
- 是否有外键列？
- 外键值是否可以为空？

如果省略自动递增的列的值，则数据库引擎将为你生成该值。如果给出一个值，MySQL 允许在没有保护措施的情况下进行插入操作。其他数据库系统(如 Microsoft SQL Server)会在禁用自动递增功能之前阻止插入操作。

如果某个列被定义为 NOT NULL 且没有默认值，则必须在 INSERT 语句中提供一个值；如果某个列是外键，则提供的任何值必须已存在于相关的主表中；如果该列可以为空，则可以选择在添加数据时忽略这些值；但如果该列不可为空，则必须提供一个允许的值。

例如，在 ProjectWorker 表中，ProjectId 和 WorkerId 都必须设置为存在于 Project 表和 Worker 表中的值。如果这些值在相关表中不存在，则插入操作将失败，因为需要满足参照完整性。由于这些列不可为空，则必须提供一个值；否则插入操作将因为违反约束而失败。

使用以下 INSERT 语句将一个 Worker 添加到表中：

```
INSERT INTO Worker (WorkerId, FirstName, LastName)
    VALUES (1, 'Rosemonde', 'Featherbie');
```

只要 WorkerId =1 不存在，Rosemonde 将会被插入而不会出现错误，并且会对其 WorkerId 赋值 1。在插入成功后，将显示消息 "1 row(s) affected."。

但是，如果再次运行相同的语句，则将会看到一个错误消息，如"Error Code: 1062. Duplicate entry '1' for key 'PRIMARY'."。这是因为同一表中两条记录不能具有相同的主键值。

因为 WorkerId 已经设置了自动递增，所以不需要包括该列的值。

```
INSERT INTO Worker (FirstName, LastName)
    VALUES ('Kingsly', 'Besantie');
```

如果 Kingsly 是第二个插入的工人，他将收到 WorkerId 值 2。可以使用以下 SELECT 语句来查看表的内容：

```
SELECT *
FROM Worker;
```

SELECT 语句可以将特定列的值显示出来。在这种情况下，使用星号表示选择所有列。如果两条记录都正确插入，则将看到如表 9-2 所示的结果。

表 9-2　两条记录均正确插入的结果

| WorkerId | FirstName | LastName |
|---|---|---|
| 1 | Rosemonde | Featherbie |
| 2 | Kingsly | Besantie |

注意从 MySQL 得到的输出消息。如果你的数据无法插入，则该消息将指引你找到正确的方向。其他常见问题包括尝试将具有错误数据类型的值添加到列中，如将字符串添加到数字列中。

### 9.3.4　一次插入多条记录

要使用一个查询插入多条记录，需要用逗号将两个或多个值列表分隔开，包括括号。以下的 INSERT 语句将向数据库添加三条记录：

```
INSERT INTO Worker (FirstName, LastName) VALUES
    ('Goldi','Pilipets'),
    ('Dorey','Rulf'),
    ('Panchito','Ashtonhurst');
```

你可以看到有三对值将被添加。WorkerId 将自动递增。为了确认记录已添加，可以再次使用 SELECT 语句来查看所有记录：

```
SELECT *
FROM Worker;
```

输出结果应该如表 9-3 所示。

表 9-3　添加三对值

| WorkerId | FirstName | LastName |
|----------|-----------|----------|
| 1 | Rosemonde | Featherbie |
| 2 | Kingsly | Besantie |
| 3 | Goldi | Pilipets |
| 4 | Dorey | Rulf |
| 5 | Panchito | Ashtonhurst |

你可以在输出结果中看到已经添加了这三条记录。你还可以看到，新记录被分配了唯一的 WorkerId。

### 9.3.5　不按顺序增加自动递增值

当插入的 WorkerId 值高于下一个自动递增值时，会发生什么？以下代码将使用 WorkerId=50 添加一条新记录：

```
INSERT INTO Worker (WorkerId, FirstName, LastName)
    VALUES (50, 'Valentino', 'Newvill');
```

这个 INSERT 语句将会添加一个 WorkerId 为 50 的记录，其中，包括 Valentino 和 Newvill，且不会产生任何问题。现在添加一条新记录，不指定 WorkerId：

```
INSERT INTO Worker (FirstName, LastName)
    VALUES ('Violet', 'Mercado');
```

这条记录的 WorkerId 值是 6 还是 51？通过 SELECT 语句来查询 Worker 表，查看结果如何：

```
SELECT *
FROM Worker;
```

输出结果如表 9-4 所示。

表 9-4　输出结果

| WorkerId | FirstName | LastName |
|----------|-----------|----------|
| 1 | Rosemonde | Featherbie |
| 2 | Kingsly | Besantie |

（续表）

| WorkerId | FirstName | LastName |
|---|---|---|
| 3 | Goldi | Pilipets |
| 4 | Dorey | Rulf |
| 5 | Panchito | Ashtonhurst |
| 50 | Valentino | Newvill |
| 51 | Violet | Mercado |

你将看到，MySQL 在下一个自动递增值中使用当前最大值之后的下一个值。因此，添加的新记录的 WorkerId 值为 51。

## 9.3.6 插入外键

Worker 表是一个主表，因此，它没有任何外键列。然而，了解外键值的工作原理是值得的。首先在 Project 表中添加一条记录，可以使用以下代码来实现这一点：

```
INSERT INTO Project (ProjectId, ProjectName, DueDate)
    VALUES ('db-milestone', 'Database Material', '2022-12-31');
```

- ProjectId 是被分配的而非自动生成的，因此，必须指定数值。
- Summary 是可以为空的，因此，列名和值可以安全地省略。
- IsActive 的默认值是 1，因此，如果默认值适用，则可以省略列名和值。

现在，要将一个 Worker 分配给一个 Project，需要向 ProjectWorker 表中插入数值：

```
INSERT INTO ProjectWorker (ProjectId, WorkerId)
    VALUES ('db-milestone', 75);
```

因为 Worker 表中不存在 WorkerId 为 75 的记录，所以数据库引擎会拒绝该语句，并显示以下错误消息：

```
Error Code: 1452. Cannot add or update a child row: a foreign key
constraint
    fails (`trackit`.`projectworker`, CONSTRAINT
`fk_ProjectWorker_Worker` FOREIGN
    KEY (`WorkerId`) REFERENCES `worker`(`workerid`))
```

这个消息有点冗长。简单来说，它的意思是你尝试插入一个在 Worker 表中不存在的 WorkerId 值，因此，违反了 fk_ProjectWorker_Worker 的约束。

将 WorkerId 的值从 75 更改为 2，然后再次运行该语句。这次应该能正常运行，因为 2 是一个有效且存在的 WorkerId。

这是关系数据库保护你免受错误数据干扰的一种方式。ProjectWorker 表要求 ProjectId 在 Project 表中存在，并且 WorkerId 在 Worker 表中存在，以符合参照完整性的要求。

添加第二个项目并分配工人。你可以使用以下代码来实现这一点：

```
INSERT INTO Project (ProjectId, ProjectName, DueDate)
VALUES ('kitchen', 'Kitchen Remodel', '2025-07-15');

INSERT INTO ProjectWorker (ProjectId, WorkerId) VALUES
    ('db-milestone', 1), -- Rosemonde, Database
    ('kitchen', 2), -- Kingsly, Kitchen
    ('db-milestone', 3), -- Goldi, Database
    ('db-milestone', 4); -- Dorey, Database
```

运行 SELECT 语句来验证数据是否正确地添加到 Project 表和 ProjectWorker 表中：

```
SELECT *
FROM Project;

SELECT *
FROM ProjectWorker;
```

输出结果如表 9-5、表 9-6 所示。

表 9-5　在 Project 表中添加第二个项目后的结果

| ProjectIdWorkerId | Name | Summary | DueDate | IsActive |
|---|---|---|---|---|
| db-milestone | Database Material | Null | 2022-12-31 | 1 |
| Kitchen | Kitchen Remodel | Null | 2025-07-15 | 1 |

表 9-6　在 ProjectWork 表中给项目分配工人后的结果

| ProjectId | WorkerId |
|---|---|
| db-milestone | 1 |
| db-milestone | 2 |
| Kitchen | 2 |
| db-milestone | 3 |
| db-milestone | 4 |

## 9.4 更新数据

UPDATE 语句用于更改表中的记录值，其基本结构如下所示：

```
UPDATE TableName SET
    Column1 = [Value1],
    Column2 = [Value2],
    ColumnN = [ValueN]
WHERE [Condition];
```

在查看 UPDATE 语句的结构时，应注意以下几点：

- UPDATE 语句将更改限制在指定的表中。
- 在 SET 关键字之后，通过逗号分隔，可以给一个或多个列赋予值。
- [Value]可以是一个字面值、另一个列，甚至是一个查询的结果。
- WHERE [Condition]子句是一个布尔表达式，可以使用 AND、OR 或任何布尔运算符以任意组合来限制需要更改的记录。

注意，WHERE 子句。WHERE 子句非常重要。如果没有 WHERE 子句，则将会影响整个表中的每一条记录。数据库没有"撤销"命令，因此，如果忘记给出 WHERE 子句而导致有 100 万条记录被错误地更新，则将不得不与数据库管理员进行一次令人尴尬的对话！

### 9.4.1 更新一行

由于主键值对于表中的每一行都是唯一的，因此，可以使用 WHERE 子句来指定仅影响特定行的主键值。建议在尽可能的情况下使用这种方法。代码清单 9-2 显示了如何使用 UPDATE 语句向 Project 表添加信息，以及向 Worker 表添加姓氏。

**代码清单 9-2 更新行**

```
--更改项目摘要和截止日期。
UPDATE Project SET
    Summary = 'All lessons and exercises for the relational database
milestone.',
DueDate = '2023-10-15'
WHERE ProjectId = 'db-milestone';
--将 Kingsly 的姓氏改为 Oaks。
UPDATE Worker SET
LastName = 'Oaks'
```

```
WHERE WorkerId = 2;
```

在这段代码中，执行了两次更新操作。首先，更新 Project 表，对 ProjectId 等于 db-milestone 的记录的 Summary 和 DueDate 进行更改。然后，在 Worker 表中，对 WorkerId=2 的记录的 LastName 进行更新。

> **注意：** 在代码清单 9-2 中还可以看到，通过注释来帮助描述代码。在代码中添加注释来描述其功能是一个良好的实践。

## 9.4.2　在更新之前进行预览

如果一个查询可能会影响到很多行(就像任何查询一样)，那么一个周全的做法是估计受影响的行数，并确保你的 WHERE 条件是正确的。例如，如果你要更新路易斯安那州的客户，并且你知道有超过 10,000 个客户，那么若受影响的只有 15 行，则应该引起警觉。

数据库管理员经常在执行 UPDATE(或 DELETE)语句之前，使用相同的 WHERE 子句运行 SELECT 语句。如果 SELECT 语句的结果令人怀疑，那么条件很可能出现了问题。记住，在 SQL 中没有"撤销"操作！代码清单 9-3 显示了可以执行的 SELECT 语句，用于在执行代码清单 9-2 之前预览将要发生的更改。

**代码清单 9-3　预览即将更改的记录**

```
SELECT *
   FROM Project
   WHERE ProjectId = 'db-milestone';
SELECT *
   FROM Worker
   WHERE WorkerId = 2;
```

你可以看到，来自代码清单 9-2 的 WHERE 条件仅用于查看表中的记录。结果应该显示每个表中的一条记录，以确认你所期望的情况。

## 9.4.3　更新多条记录

如果 WHERE 子句没有使用主键列或选择了一个值范围，则它也可以捕获多行。例如，假设所有的 Oaks(WorkerId 2)项目都要重新分配给 Ashtonhurst(WorkerId

5)。在 ProjectWorker 表中，WorkerId 是一个外键，所以表 9-7 中可以看到目前有两条记录具有该值。

表 9-7    两条记录具有 WorkerId 值 2

| ProjectId | WorkerId |
|---|---|
| db-milestone | 1 |
| db-milestone | 2 |
| kitchen | 2 |
| db-milestone | 3 |
| db-milestone | 4 |

如果执行下面的 UPDATE 语句，那么只有那些 WorkerId 值会受到影响：

```
UPDATE ProjectWorker SET
    WorkerID = '5'
WHERE WorkerId = 2;
```

如果运行一个 SELECT 语句来显示 ProjectWorker 表，则可以看到只有这两条记录被更新，如表 9-8 所示。

表 9-8    只有两条记录更新

| ProjectId | WorkerId |
|---|---|
| db-milestone | 1 |
| db-milestone | 3 |
| db-milestone | 4 |
| db-milestone | 5 |
| kitchen | 5 |

> **为什么记录的顺序改变了？** 关系数据库的基本原则之一是，记录的顺序并不重要。因此，数据库引擎通常使用索引值对输出进行排序，除非 SELECT 语句指定了不同的排序顺序。在 ProjectWorker 表中，kitchen + 5 的索引值高于 kitchen + 2 的索引值，所以它在结果中出现得较晚。

## 9.4.4　禁用 SQL_SAFE_UPDATES

如果想更新表中的所有行，请省略 WHERE 子句。某些 MySQL 实例配置为阻止没有 WHERE 子句的 UPDATE 操作。可以使用以下语句禁用安全更新配置。

```
SET SQL_SAFE_UPDATES = 0;
```

在完成后，请务必使用以下语句重新启用安全更新：

```
SET SQL_SAFE_UPDATES = 1;
```

注意，SQL_SAFE_UPDATES 也可以阻止使用广泛的 WHERE 条件(非标识条件)。你必须禁用它们。代码清单 9-4 显示了如何禁用和启用 SQL_SAFE_UPDATES。

**代码清单 9-4　禁用 SQL_SAFE_UPDATES**

```
--禁用安全更新。
SET SQL_SAFE_UPDATES = 0;

--将 2022 年活动的项目设置为非活动。
UPDATE Project SET
    IsActive = 0
WHERE DueDate BETWEEN '2022-01-01'
AND '2022-12-31'
AND IsActive = 1;

--启用安全更新。
SET SQL_SAFE_UPDATES = 1;
```

在这段代码中，可以看到通过将 SQL_SAFE_UPDATES 设置为 0 来关闭安全更新。然后，代码会更新所有 DueDate 在 2022-01-01 和 2022-12-31 之间的项目的 IsActive 列。代码最后通过将 SQL_SAFE_UPDATES 设置为 1 来重新启用安全更新。

也可以根据列值进行更新。请考虑以下代码：

```
--将 Kingsly 的所有任务估计时间增加 25%。
UPDATE Task SET
EstimatedHours = EstimatedHours * 1.25
WHERE WorkerId = 2;
```

对于这段代码是否需要禁用安全更新，取决于你当前使用的是不是私有数据库，并且你是否有一种恢复数据库及其数据的方法。你可以自行决定是否禁用安全更新。然而，在实际的工作数据库中，你不会希望这样做。实际上，在企业级数据库中，用户权限很可能会阻止除管理员以外的任何人更改此设置。

## 9.5 删除数据

DELETE 语句用于从表中删除行，其基本结构如下：

```
DELETE FROM TableName
WHERE [Condition];
```

在查看 DELETE 语句的结构时，应注意以下几点：

- DELETE FROM TableName 表示只删除指定表中的数据。
- 就像 SELECT 和 UPDATE 一样，WHERE [Condition]子句的求值结果是一个布尔值。如果某条记录的结果为 true，则该记录将被删除；如果结果为 false，则该记录将被 DELETE 语句忽略。

删除操作要么全部执行，要么完全不执行。它们要么删除整行，要么不删除任何内容，没有删除"行的一部分"的选项。如果只想删除记录中的几个值，则可以使用 UPDATE 语句将这些值设置为 null(假设列可以为空)。

记住：在 SQL 中没有撤销操作！与 UPDATE 语句一样，在运行 DELETE 语句之前，应该使用与 DELETE 语句中相同的 WHERE 子句执行 SELECT 语句，以确保在删除之前正确地识别要删除的记录。

与 UPDATE 语句一样，最好在 DELETE 语句的 WHERE 子句中使用主键值来识别特定的记录。以下是一个简单的示例，删除 Worker 表中的 WorkerId 为 50 的记录：

```
DELETE FROM Worker
WHERE WorkerId = 50;
```

如果删除操作按预期进行，则将会显示一个确认消息，指示受影响的行数为 1，并且该行将不再出现在表中。可以在执行上述删除操作后，运行 SELECT 语句来显示所有行：

```
SELECT * FROM Worker;
```

正如你可以在表 9-9 中看到的那样，WorkerId 为 50 的行现在已经消失。

表9-9  已删除 WorkerId 为 50 的行

| WorkerId | FirstName | LastName |
|----------|-----------|----------|
| 1 | Rosemonde | Featherbie |
| 2 | Kingsly | Oaks |
| 3 | Goldi | Pilipets |
| 4 | Dorey | Rulf |
| 5 | Panchito | Ashtonhurst |
| 51 | Violet | Mercado |

现在尝试删除 WorkerId 为 5 的工人 Panchito。可以使用以下代码实现：

```
DELETE FROM Worker
WHERE WorkerId = 5;
```

但是，这段代码将引发如下错误：

```
ERROR 1451 (23000): Cannot delete or update a parent row: a foreign
key
constraint fails (`trackit`.`projectworker`, CONSTRAINT
`projectworker_ibfk_2`
FOREIGN KEY (`WorkerId`) REFERENCES `worker` (`WorkerId`))
```

仔细观察，会发现这与之前在使用 UPDATE 语句时违反参照完整性时看到的错误消息完全相同。因为 WorkerId=5 在 WorkerProject 表中作为外键出现，所以在不违反参照完整性的情况下无法从相关的主表中删除该记录。

DELETE 是 UPDATE 的一种形式，因此，也许 SQL_SAFE_UPDATES 可以解决这个问题。代码清单 9-5 尝试通过禁用 SQL_SAFE_UPDATES 来查看是否可以删除该工人。

**代码清单 9-5  禁用 SQL_SAFE_UPDATES 以执行删除**

```
--Safe updates also prevent DELETE.
SET SQL_SAFE_UPDATES = 0;
DELETE FROM Worker
WHERE WorkerId = 5;
SET SQL_SAFE_UPDATES = 1;
```

当运行代码清单 9-5 时，你可能期望它删除该行，但是相反，参照完整性发挥了作用：

```
Error Code: 1451. Cannot delete or update a parent row: a foreign key
constraint fails (`trackit`.`projectworker`, CONSTRAINT
`fk_ProjectWorker_
Worker` FOREIGN KEY (`WorkerId`) REFERENCES `worker` (`workerid`))
```

> **警告！** 当执行 SQL 脚本(而不是单独运行 SQL 语句)，并且该脚本中的任何语句导致错误时，数据库引擎将立即停止运行该脚本。因为我们的 DELETE 操作失败，所以语句 SET SQL_SAFE_UPDATES = 1; 从未运行过。我们的安全更新仍然被禁用！在发生错误后要小心。确保你的数据、模式和数据库配置与你的预期一致。

如果真的想在 Worker 表中删除工人 Panchito，则必须首先删除相关表中引用了 Worker 表的主键的所有记录。一旦这些记录被删除，参照完整性将不再适用，你就可以从主 Worker 表中删除该记录，如代码清单 9-6 所示。

### 代码清单 9-6　删除工人 Panchito

```
SET SQL_SAFE_UPDATES = 0;

--首先删除 Task 表中所有该工人对应的任务，因为 Task 表引用了 ProjectWorker。
DELETE FROM Task
WHERE WorkerId = 5;

--接下来删除 ProjectWorker 中的记录。将 Panchito 从所有项目中删除。
DELETE FROM ProjectWorker
WHERE WorkerId = 5;

--最后，删除 Panchito。
DELETE FROM Worker
WHERE WorkerId = 5;
SET SQL_SAFE_UPDATES = 1;
```

查看这段代码，可以看到第一步是从 Tasks 表中删除 WorkerId 为 5 的记录。接下来是从 ProjectWorker 表中删除 WorkerId 为 5 的记录。最后，在没有错误的情况下从 Worker 表中删除了 WorkerId 为 5 的记录。在代码执行时先关闭 SQL_SAFE_UPDATES，然后在代码结束时重新打开它。

通过运行代码清单 9-7 来查看表内容，以验证数据是否已被删除，而且 Panchito 不会再出现在结果中。

#### 代码清单 9-7　确认表中的内容

```
SELECT *
FROM Task;

SELECT *
FROM ProjectWorker;

SELECT *
FROM Worker;
```

这段代码简单地选择表中的所有列并显示它们。这是针对 Task 表、ProjectWorker 表和 Worker 表进行的操作。你可以通过这里显示的输出看到，Panchito 和所有约束项现在都已经消失了：

表 9-10 是 Task 表的查询结果，表中已经没有记录。

表 9-10　Task 表查询结果

| TaskId | Title | Details | DueDate | EstimatedHours | ProjectId | WorkerId |
|--------|-------|---------|---------|----------------|-----------|----------|

表 9-11 是 ProjectWorker 表的查询结果。

表 9-11　ProjectWorker 表的查询结果

| ProjectId | WorkerId |
|-----------|----------|
| db-milestone | 1 |
| Kitchen | 2 |
| db-milestone | 3 |
| db-milestone | 4 |

表 9-12 是 Worker 表中的记录。

表 9-12　Worker 表中的记录

| WorkerId | FirstName | LastName |
|----------|-----------|----------|
| 1 | Rosemonde | Featherbie |
| 2 | Kingsly | Oaks |
| 3 | Goldi | Pilipets |
| 4 | Dorey | Rulf |
| 51 | Violet | Mercado |

## 9.6 本课小结

数据操作语言(DML)是 SQL 的一个子集。在本课中，介绍了由 DML 提供的 4 个命令，可用于对数据进行操作。

- SELECT 从一个或多个表中读取数据。
- INSERT 向表中添加行。
- UPDATE 更改一行或多行中的值。
- DELETE 删除一行或多行。

在数据库领域中，这些操作通常用 CRUD 缩写来表示：创建(create)、检索(retrieve)、更新(update)和删除(delete)。你已经学会了使用 INSERT 命令进行创建，使用 SELECT 命令进行检索，使用 UPDATE 命令进行更新，以及使用 DELETE 命令进行删除。

选择(或检索)数据涉及更广泛的考虑因素，因此，它值得进行更多的详细介绍，这正是第 10 课的重点。

最后，再强调一遍，SQL 中没有撤销命令！你了解到，在运行 DELETE 或 UPDATE 语句之前，应该始终编写一个 SELECT 查询来验证你的 WHERE 子句是否按预期工作。一个缺失或无效的 WHERE 子句可能会对你的数据造成很大的破坏！没有人愿意与他们的数据库管理员进行这样的对话。

## 9.7 本课练习

以下练习旨在让你试验本课中介绍的概念。

练习 9-1：设置图书列表

练习 9-2：更新图书

练习 9-3：删除一本图书

> **注意**：这些练习旨在帮助你将本课中所学的知识应用到实践中。

### 练习 9-1：设置图书列表

在练习 7-1 中，你创建了一个名为 Books 的数据库。该数据库的一部分如图 9-2 所示。此版本包含一个 Book 表，其中，包括书名、出版日期和书籍 ID。

还有一个用于列出作者姓名及其他描述性信息的表。如果你没有创建在练习
7-1 中所介绍的大型数据库，那么现在请创建一个脚本来构建这个较小的版本。

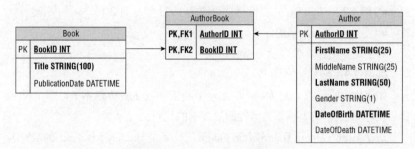

图 9-2　一个简单的 Books 数据库

数据库创建完成后，请将如下记录添加到数据库中。

(1) 向 Book 表中添加至少 10 本书。其中，包括以下 5 本：

- 《了不起的盖茨比》(*Great Gatsby*)，出版日期为 1925 年 4 月 10 日。
- 《1984》(*1984*)，出版日期为 1949 年 6 月 8 日。
- 《傲慢与偏见》(*Pride and Prejudice*)，出版日期为 1813 年 1 月 28 日。
- 《霍比特人》(*The Hobbit*)，出版日期为 1937 年 9 月 21 日。
- 《爸爸笑话：逗你的孩子开心》(*Dad Jokes: Getting Your Kids to Laugh*)，
  出版日期为 2020 年 12 月 2 日。

(2) 除了你添加的书籍的作者以外，还添加以下作者：

- F. Scott Fitzgerald，出生于 1896 年 9 月 24 日，逝世于 1940 年 12 月 21
  日，是《了不起的盖茨比》的作者。
- George Orwell，出生于 1903 年 6 月 25 日，逝世于 1950 年 1 月 21 日，
  是《1984》的作者。
- Jane Austen，出生于 1775 年 12 月 16 日，逝世于 1817 年 7 月 18 日，
  是《傲慢与偏见》的作者。
- J.R.R. Tolkien，出生于 1892 年 1 月 3 日，是《霍比特人》的作者。
- Bradley Jones，出生于 1999 年 8 月 11 日，是《爸爸笑话：逗你的孩子开心》
  的作者。

### 练习 9-2：更新图书

使用你在练习 9-1 中创建的数据库和表。不要添加新数据，而是对现有记

录进行以下更新:

- 将书名 *Great Gatsby* 更改为 *The Great Gatsby*。
- 将 J.R.R. Tolkien 的去世日期更改为 1973 年 9 月 2 日。
- 更改其中一本书的作者。

对于这些更改,都需要更新哪些表?

**练习 9-3: 删除一本图书**

如果你决定移除 *Dad Jokes: Getting Your Kids to Laugh* 这本书,哪个表(或多个表)会受到影响?编写并运行删除该书的代码。

*Dad Jokes: Getting Your Kids to Laugh* 的作者是 Bradley Jones。在数据库中,他没有其他书籍。是否应该删除该作者?

答案取决于你的系统的规则。业务或系统规则是否允许在 Book 表中没有相应书籍的情况下,将这名作者包括在 Author 表中?

根据本练习的规定,只有与图书有关联的作者才应存储在 Author 表中。编写必要的代码来删除与图书没有关联的作者。

# 第 10 课

# 使用 SELECT 进行查询

虽然理解 DML 操作(如插入、更新和删除数据)是重要的，但大多数人在关系数据库中所做的绝大多数工作都是运行查询来检索数据：CRUD 中的 R(retrieve)。即使是初级开发人员在数据库中不太可能执行管理功能，也应该能够使用标准的 SELECT 语句来检索数据。即使开发人员从未直接连接到数据库，这些语句也可以与编程语言(如 Java、C#和 Python)结合使用。你在第 9 课中学到了一些关于使用 SELECT 的知识，在本课程中，你将更深入地了解其使用方法。

**本课目标**

完成本课后，你将掌握如下内容：

- 用 SELECT 语句读取数据。
- 在 WHERE 子句中对字符串、数字和日期值进行过滤。
- 使用 LIKE 运算符根据模式进行筛选。
- 描述空值和使用其策略。

## 10.1 设置数据库

要有效地学习如何使用 SELECT 语句，你需要具有一个可检索数据的数据库。你可以从 Data.gov 网站(www.data.gov)上获取消费者投诉数据集。Data.gov 网站提供了来自联邦、州、地方和区域政府的超过 25 万个开放数据集。这些数据本身就很有趣，同时也非常适合进行练习。你可以轻松导入真实世界的、有意义的数据，并对其进行建模，编写复杂查询和进行优化等。

在本课中，我们将使用一个消费者投诉数据集。原始数据集中的消费者投诉是匿名的。为了保持双方的匿名性，在本课中，将使用一个数据集，其中，使用虚构的公司信息代替实际的公司信息。要创建数据库，请按照以下步骤进行操作：

(1) 从 www.wiley.com/go/jobreadysql 下载 consumer-complaints-schema-and-data.sql。

(2) 使用 MySQL Workbench 或 MySQL 命令行在 MySQL 中执行该脚本。

花一些时间来审查脚本。该脚本使用在代码清单 10-1 中显示的代码来创建数据库，然后向数据库添加值。你需要下载的完整脚本比较大。

---

**注意：** 在代码清单 10-1 中包括创建 ConsumerComplaints 数据库的代码，并且只包括插入两行数据的部分。对于本课，你需要下载完整的脚本，以获取所有的记录。

---

### 代码清单 10-1　已下载脚本的部分内容

```
drop database if exists ConsumerComplaints;

create database ConsumerComplaints;

use ConsumerComplaints;

create table Complaint (
    ComplaintId int primary key,
    DateReceived date not null,
    Product varchar(100) not null,
    SubProduct varchar(100) null,
    Issue varchar(100) not null,
    SubIssue varchar(100) null,
    ComplaintNarrative text null,
    PublicResponse varchar(250) null,
    Company varchar(100) not null,
    `State` char(2) null,
    ZipCode varchar(10) null,
    Tags varchar(100) null,
    ConsumerConsent bit null,
    SubmissionMethod varchar(50) null,
    DateSentToCompany date not null,
    ResponseToConsumer varchar(50) not null,
    TimelyResponse bit not null,
```

```
    ConsumerDisputed bit not null
);
insert into Complaint (
    ComplaintId,
    DateReceived,
    Product,
    SubProduct,
    Issue,
    SubIssue,
    ComplaintNarrative,
    PublicResponse,
    Company,
    `State`,
    ZipCode,
    Tags,
    ConsumerConsent,
    SubmissionMethod,
    DateSentToCompany,
    ResponseToConsumer,
    TimelyResponse,
    ConsumerDisputed
) values
(759217, '2014-03-12','Mortgage', 'Other mortgage', 'Loan
modification,collection,foreclosure', null, null, null, 'Goyette, Huel and
Fadel', 'MI', '48382', '',null, 'Referral', '2014-03-17','Closed with
explanation', 1, 0),(2141773, '2016-10-01','Credit reporting', null,
'Incorrect information on credit report', 'Account status', 'I have
outdated information on my credit report that I have previously disputed
that has yet to be removed this information is more then seven years old
and does not meet credit reporting requirements', 'Company has responded
to the consumer and the CFPB and chooses not to provide a public response',
'Rath, Torphy and Trantow', 'AL', '352XX','', 1, 'Web',
'2016-10-05','Closed with explanation', 1, 0);
```

　　尽管你应该已经下载了这个脚本，但深入了解正在进行的操作是很值得的。正如之前所看到的，代码清单 10-1 首先使用了 DROP 命令。这将删除任何现有的 ConsumerComplaints 数据库及其所有数据。在确保任何现有的 ConsumerComplaints 数据库已经删除后，使用 CREATE DATABASE 命令创建一个新的 ConsumerComplaints 数据库，然后将其用于代码清单 10-1 的其余部分。

　　该数据库只有一个名为 Complaint 的表，使用 CREATE TABLE 命令创建。可以使用之前学习的知识查看列的列表。唯一可能注意到的新内容是，有几列的数据类型是 BIT 类型。

　　在表创建完成后，使用 INSERT 语句向所有列插入值。在这个示例中，显示了两条记录。每条记录都包括与 INSERT 语句中列出的列对应的值。如果你查看已下载的脚本，则会发现将插入更多的数据。由于篇幅原因，我们没有将它们包括在本书当中。

请仔细查看 SQL 语法。你还应该注意到代码中使用的分号和空格。此外，你可能已经注意到 SQL 不区分大小写，而该脚本在许多命令中使用小写。正如前面所提到的，你应该以一致的风格编写脚本，并符合特定组织的标准。

> **数据库上下文**：记住，因为数据库管理系统(DBMS)可以处理多个数据库，所以即使只有一个可用的数据库，也必须明确地告诉 DBMS 要使用哪个数据库。可以使用 USE 语句来实现这一点：
>
> ```
> USE ConsumerComplaints;
> ```

从技术上讲，DBMS 将在你为另一个数据库发布另一个 USE 语句之前，继续使用相同的数据库，但建议你在每个查询选项卡和.sql 文件中都以 USE 语句开头。这样可以减少查询引用数据库的混淆，并避免在意外情况下使用不同数据库运行查询时可能出现的问题。

在顶部使用 USE 语句后，SQL 执行引擎会在执行任何其他操作之前切换到 ConsumerComplaints 的数据库上下文。这是一个很好的习惯，特别是当脚本更改了数据库的模式或写入数据时。小心谨慎可以避免不必要的错误。

许多团队和数据库管理员都要求在最前面使用 USE 语句。即使他们不要求，为自己的安全起见这样做也是有意义的。总是在查询的顶部放置一个 USE 语句。

# 10.2　使用 SELECT 关键字

SELECT 关键字用于从数据库中的一个或多个表中检索数据。SELECT 语句是查询信息的语句，可以简单地从单个表中检索所有数据，也可以复杂地对数据执行函数以创建新数据。

与其他 DML 关键字 INSERT、UPDATE 和 DELETE 相比，SELECT 语句通常更安全，因为它们不会以任何方式更改数据。最坏的情况是，由于未正确命名表或列，或者 WHERE 子句的格式不正确，因此，可能会得到错误或其他意外结果。

## 10.2.1　对单个表使用 SELECT

最简单的查询是针对单个表的 SELECT 语句，其结构如下所示：

```
SELECT ColumnName1, ColumnName2, ColumnNameX
FROM TableName;
```

你可以将此模式应用于自己的数据库中。首先，使用以下任意一个选项来检查 ConsumerComplaints 数据库中的 Complaints 表：

(1) 在 MySQL 提示符下或在 MySQL Workbench 中运行 DESCRIBE 命令：

```
USE ConsumerComplaints;
DESCRIBE Complaint;
```

(2) 查找 MySQL Workbench 的 Schemas 面板，并导航到 ConsumerComplaints ➤ Tables ➤ Complaints ➤ Columns。然后，可以展开 Columns 节点以显示列。

无论使用哪种方法，你应该能够看到 18 个列，包括 ComplaintId、DateReceived、Product、ComplaintNarrative 等。如果你使用的是 MySQL Workbench，则在运行上面第(1)步中的脚本后，将在屏幕中央以网格形式显示列，如图 10-1 所示。

图 10-1　Complaint 表中的列

要查看收到的日期、产品、公司和州的列，可以编写并执行代码清单 10-2
中的语句。

**代码清单 10-2　列出 ConsumerComplaints 中的某些列的数据**

```
USE ConsumerComplaints;

SELECT DateReceived, Product, Company, State
FROM Complaint;
```

当针对由之前下载脚本所生成的数据执行此语句时，将看到大量的结果。
表 10-1 仅显示了在结果中的前 5 条记录。

表 10-1　前 5 条记录

| DateReceived | Product | Company | State |
|---|---|---|---|
| 2012-05-21 | Mortgage | Goyette, Champlin and Padberg | IL |
| 2012-05-21 | Credit card | Legros, Heathcote and Wisoky | AZ |
| 2012-05-21 | Mortgage | Little, Crist and Terry | MN |
| 2011-12-23 | Credit | card Veum Group | MD |
| 2011-12-30 | Credit | card Legros, Heathcote and Wisoky | WA |

前 5 个结果可能会有所不同，因为输出是基于数据的自然顺序，或者数据
在磁盘上存储的顺序。除非你明确要求，否则 SQL 执行引擎不能保证对数据
进行排序。关于这一点，稍后在本课中会进行详细介绍。

## 10.2.2　使用 SELECT *

如果想要查看或选择表中*的所有列，则不必显式地列出每个列的名称。
SQL 提供了一个快捷符号。这个快捷方式是使用星号(*)符号，如代码清单 10-3
所示。

**代码清单 10-3　列出所有列**

```
USE ConsumerComplaints;

SELECT *
FROM Complaint;
```

小心使用 * 进行查询。它们对于快速查看表中的所有列非常方便，但在

实际应用中，当你不需要全部数据时，选择所有内容是很浪费的。考虑以下示例：需要从一个拥有 10,000 行和 30 列的表中选取 3 列数据。如果你使用 SELECT *，那么你将多选取 27,000 个多余的值。这将会导致大量的网络流量、服务器负载和客户端负载。

## 10.3　使用 WHERE 子句

到目前为止，我们的查询将获取 Complaints 表中的每一行数据。虽然表中有 1,000 条记录，但这 1,000 条记录可能并不像你想象的那样有用。为了理解这一点，我们可以以搜索引擎为例。你有多少次单击到搜索结果的第二页？第三页呢？搜索引擎每页显示 10~25 个结果。这意味着，你至少需要单击 40 页的结果才能看到全部的 1,000 条记录。但很少有人有那么大的耐心。

我们需要一种方法来关注相关的内容。也许只需要特定州、特定公司或有限日期范围的记录。SQL 使用 WHERE 子句来过滤输出结果，只保留相关的结果。

WHERE 子句是一个条件表达式，这意味着，它对表中的每条记录解析为一个布尔值(TRUE 或 FALSE)。如果表达式对于某条记录为真，那么该记录将包括在结果中；否则，它将被排除在外。可以使用 AND、OR 和 NOT 来构建复杂的布尔表达式。表 10-2 列出了常用的 WHERE 运算符，可以使用它们来构建布尔表达式。

表 10-2　常用的 WHERE 运算符

| 表达式 | 用途 | 示例 |
| --- | --- | --- |
| = | 等号 | State = 'LA' |
| != , < > | 不等 | State != 'LA'<br>State < > 'LA' |
| AND | 和(两个条件都必须为真) | State = 'LA' AND Product = 'Mortgage' |
| OR | 或(至少有一个条件必须为真) | State = 'LA' OR Product = 'Mortgage' |

（续表）

| 表达式 | 用途 | 示例 |
|---|---|---|
| IN | 匹配一个值列表；这是 OR 条件列表的一种更简短的写法 | State IN ('LA', 'AZ', 'TX') |
| NOT IN | 不在值的列表中 | State NOT IN ('LA', 'AZ', 'TX') |

WHERE 子句在 SELECT 语句中紧随在 FROM 子句之后。代码清单 10-4 显示了使用 WHERE 子句选择来自路易斯安那州的用户投诉的示例。

### 代码清单 10-4   使用 WHERE 子句

```
USE ConsumerComplaints;
— —两个连字符是 SQL 注释。这行代码会被忽略。
— —如果你的查询有很多列，则可能需要通过换行来提高可读性。
— —空格将被忽略。
SELECT
DateReceived,
Product,
Issue,
Company
FROM Complaint
WHERE State = 'LA';
```

查看这段代码，可以看到它正在使用 ConsumerComplaints 数据库。你正在从数据库中选择 Complaint 表中的 4 个列。然后，WHERE 语句对记录进行过滤，只显示 State 等于 LA 的记录。其结果应该包括 13 条记录，如表 10-3 所示。

表 10-3   过滤结果

| DateReceived | Product | Issue | Company |
|---|---|---|---|
| 2013-03-26 | Mortgage | Loan servicing, payments, escrow account | Cartwright, orerand Nader |
| 2014-04-04 | Bank account or service | Making/receiving payments,sending money | Cassin-VonRueden |
| 2014-04-09 | Credit reporting | Incorrect information on credit report | Welch, Bashirian and Bauch |
| 2014-08-27 | Bank account or service | Account opening, closing, or management | Medhurst-Cole |

(续表)

| DateReceived | Product | Issue | Company |
|---|---|---|---|
| 2015-06-24 | Debt collection | Cont'd attempts collect debt not owed | Jacobi, Adams and Prosacco |
| 2015-09-22 | Bank account or service | Making/receiving payments,sending money | Herman-MacGyver |
| 2015-09-30 | Consumer Loan | Applied for loan/did not receive money | O'Hara-Raynor |
| 2016-04-06 | Bank account or service | Account opening, closing, or management | Veum Group |
| 2016-05-11 | Money transfers | Wrong amount charged or received Walker | LLC |
| 2016-08-05 | Debt collection | Disclosure verification of debt | Beer Inc |
| 2016-11-26 | Mortgage | Application, originator,mortgage broker | Schiller, Larkin and Orn |
| 2017-03-17 | Debt collection | Disclosure verification of debt | Zemlak-Aufderhar |
| 2017-04-03 | Debt collection | False statements or representation | Corkery-Predovic |

> **注意：** 作为练习，你应该输入其他常见的 WHERE 条件。尝试以下的方法，并查看结果：
>
> - 使用不同的 state 值。
> - 根据产品、问题或提交方法对结果进行过滤。
> - 使用 AND 或 OR 构建复杂表达式。

代码清单 10-5 包括了另一个针对 ConsumerComplaints 数据库的查询。输入此查询，查看获取了多少条记录。

### 代码清单 10-5　从 ConsumerComplaints 数据库中获取记录的查询

```
USE ConsumerComplaints;
SELECT *
FROM Complaint
WHERE State = 'LA'
AND (Product = 'Mortgage' OR Product = 'Debt collection');
```

如果查看 WHERE 语句，会发现布尔运算符的计算顺序(布尔优先级)可以通过使用括号进行改变，就像数学一样。当运行代码清单 10-5 时，你应该会看到 6 行结果。

在代码清单 10-6 中，括号已被删除。运行这个示例，并查看结果之间的差异。

### 代码清单 10-6　删除括号

```
USE ConsumerComplaints;
SELECT *
FROM Complaint
WHERE State = 'LA'
AND Product = 'Mortgage' OR Product = 'Debt collection';
```

在删除括号后，获取了多少条记录? 还有很多条记录: 确切地说是 194 行。

## 10.3.1　过滤数值

不同的列可以保存不同类型的数据，并且这些类型可能有不同的条件运算符。数值列可以使用数学比较运算符进行过滤，如<(小于)或>=(大于等于)。还有一个关键字 BETWEEN 用于数值范围。表 10-4 包括了一些可以与数字一起使用的，常用的比较运算符。

表 10-4　常用的数值比较运算符

| 表达式 | 用途 | 示例 |
|---|---|---|
| = | 相等 | ComplaintId = 1,653,822 |
| !=, <> | 不等 | ComplaintId != 1,653,822 |
| | | ComplaintId <> 1,653,822 |
| > | 大于 | ComplaintId > 10,000 |
| >= | 大于等于 | ComplaintId >= 10,000 |
| < | 小于 | ComplaintId < 10,000 |
| <= | 小于等于 | ComplaintId <= 10,000 |
| BETWEEN | 列值处于一定范围的当中 | ComplaintId BETWEEN 1,000 AND 30,000 |

注意，BETWEEN 是"闭区间"的，这意味着，在语句中输入的两个值都将包括在结果中。在表 10-4 的示例中，ComplaintId BETWEEN 1,000 AND

30,000 将包括 Complaint=1,000 和 Complaint=30,000，以及两者之间的所有记录。

比较运算符可以用来回答以下类似的问题：

- ComplaintId 为 1,200,385 的记录是否存在？
- ComplaintId 小于 100,000 的记录有多少？
- ComplaintId 在 100,000 到 200,000 之间，投诉最多的产品是什么？

根据你理解的列标题的含义，代码清单 10-7 中的查询作用是什么？它返回多少行？在输入并运行该代码之前，尝试回答这些问题。

### 代码清单 10-7　使用数学比较

```
USE ConsumerComplaints;

SELECT
    Product,
    Issue,
    Company,
    ResponseToConsumer
FROM Complaint
WHERE ConsumerDisputed = 1
AND ConsumerConsent = 1
AND Product NOT IN ('Mortgage', 'Debt collection');
```

运行此查询应该返回 23 行结果。你会注意到使用了 NOT IN 运算符，这意味着，只有不是"Mortgage"或"Debt collection"的产品才会被检索出来——假设它们没有被其他 WHERE 条件过滤掉。

## 10.3.2　过滤日期

关系数据库会将日期存储为特定的数据类型。日期(DATE)类型具有小巧和快速的特点，这对于数据存储系统来说是两个吸引人的特点。日期可以使用许多数值运算符。从概念上讲，你可以比较两个日期的大小。表 10-5 显示了可以与日期一起使用的比较运算符。

表 10-5　日期比较运算符

| 表达式 | 用途 | 示例 |
| --- | --- | --- |
| = | 相等 | DateReceived = '2017-07-04' |
| !=, <> | 不等 | DateReceived != '2017-07-04'<br>DateReceived <> '2017-07-04' |

(续表)

| 表达式 | 用途 | 示例 |
|--------|------|------|
| > | 大于 | DateReceived > '2017-07-04' |
| >= | 大于等于 | DateReceived >= '2017-07-04' |
| < | 小于 | DateReceived < '2017-07-04' |
| <= | 小于等于 | DateReceived <= '2017-07-04' |
| BETWEEN | 列值在一定范围中 | DateReceived BETWEEN '2017-01-01' AND '2018-01-01' |

日期字面值，如'2017-07-04'，使用单引号括起来，就像字符串一样。然而，在内部它们并不是字符串。如果它们具有正确的格式，则 SQL 执行引擎会将这些日期字面值转换为日期类型。MySQL 和大多数其他数据库都使用"yyyy-mm-dd"这种日期格式。

对日期进行过滤，可用于回答如下问题：

- 2014 年元旦有没有人投诉？
- 2018 年有人投诉吗？
- 2015 年 7 月有多少投诉？
- 有没有投诉的接收日期(DateReceived)早于发送日期(DateSentTo Company)？

## 10.3.3 模式匹配文本

SQL 可以匹配字符串和文本中的模式。LIKE 运算符根据一个字符串示例进行匹配。如果列值与示例匹配，则会包括该记录。示例字符串可能包括具有特殊含义的字符，这使得 LIKE 与简单的字符串比较有所区别。特殊字符包括以下内容：

- %(百分号)：匹配任意数量的字符，包括空字符。
- _(下画线)：匹配任意单个字符。

表 10-6 显示了如何使用模式匹配的多个示例。注意，如果要匹配字面值"%"或"_"，则必须在字符前加上反斜杠(有时称为转义字符)。例如，"\%"将转换为百分号符号"%"。

表 10-6　模式匹配示例

| 表达式 | 说明 | 不匹配 | 匹配 |
|---|---|---|---|
| LIKE 'A%' | 匹配以字母 A 开头的字符串(默认情况下，不区分大小写) | Banana<br>@#&?!<br>cream corn | Apple<br>A<br>atom |
| LIKE 'a%c' | 匹配以 a 开头，以 c 结尾，并且在两者之间可以有任意数量字符的字符串 | a brick<br>atom<br>bucolic | abc<br>AC<br>Al's bric-a-brac<br>All is quiet. Calm yourself.<br>Don't be dogmatic |
| LIKE '%space%' | 匹配任意位置包括值 space 的字符串 | apostrophe ace | outerspace<br>spaceship<br>tab, space, and newline |
| LIKE '%' | 匹配所有字符串。因此，它不是特别有用 | | a spaceship<br>Any value works! |
| LIKE '_at' | 匹配以任意单个字符开头，并以 at 结尾的字符串 | brat<br>spaceship<br>phat | cat<br>bat<br>sat |
| LIKE '___' | 匹配长度恰好为三个字符的任意字符串 | 1<br>spaceship<br>too long | abc<br>!!!<br>cat<br>too |

在你使用的 ConsumerComplaints 数据库中，有许多方法可以使用模式匹配。例如，使用通配符，可以查找以下问题的答案：

- 以 V 开头的公司名称的消费者投诉。
- 投诉中使用"whom"一词的投诉内容。
- SubmissionMethods 长度恰好为三个字符的记录。
- 投诉中提到"loan"的问题。

## 10.3.4　NULL:"十亿美元级别的错误"

特殊值 NULL 表示一个未设置的值或缺失的信息。任何表中的列都可以配置为接受或拒绝 NULL 值,即使是存储数字的列也是如此。不幸的是,NULL 对于 WHERE 子句中的许多运算符都是无效的。例如,如果在 Complaint 表上运行 SELECT *查询,则会看到表中的多个记录在 SubProduct 列中包括 NULL 值,如表 10-7 所示。

表 10-7　Complaint 表

| ComplaintId | DateReceived | Product | SubProduct |
|---|---|---|---|
| 37 | 2012-05-21 | Mortgage | Other mortgage |
| 105 | 2012-05-21 | Credit card | NULL |
| 110 | 2012-05-21 | Mortgage | Other mortgage |
| 7887 | 2011-12-23 | Credit card | NULL |
| 8908 | 2011-12-30 | Credit card | NULL |
| 9052 | 2012-01-02 | Credit card | NULL |
| 10001 | 2012-01-05 | Mortgage | Conventional fixed mortgage |

但是,代码清单 10-8 中的这些 WHERE 语句都无法识别 SubProduct 列值为 NULL 值的记录。

代码清单 10-8　无效的 WHERE 语句

```
USE ConsumerComplaints;
--这个查询根本不返回任何记录。
SELECT *
FROM Complaint
WHERE SubProduct = NULL;

--这个查询也不返回任何记录!
SELECT *
FROM Complaint
WHERE SubProduct != NULL;

--依旧是空的。
SELECT *
FROM Complaint
WHERE ComplaintId BETWEEN 15000 AND NULL;
```

```
--结果中没有 NULL 值。
SELECT *
FROM Complaint
WHERE SubProduct IN ('Other mortgage', NULL);
```

要找到 NULL 值，需要使用特殊的运算符 IS。可以使用 IS NULL 或 IS NOT NULL 表示一个值。因此，代码清单 10-8 中的查询可以重写为如代码清单 10-9 所示的内容。

### 代码清单 10-9　使用 IS NULL 或 IS NOT NULL 的有效 WHERE 语句

```
USE ConsumerComplaints;

--返回 278 行
SELECT *
FROM Complaint
WHERE SubProduct IS NULL;

--返回 722 行
SELECT *
FROM Complaint
WHERE SubProduct IS NOT NULL;

--返回 991 行
SELECT *
FROM Complaint
WHERE ComplaintId > 15000 OR ComplaintId IS NULL;

--返回 391 行
SELECT *
FROM Complaint
WHERE SubProduct = 'Other mortgage'
OR SubProduct IS NULL;

--所有的投诉的 ComplaintNarrative 列都应该有值。
--排除那些空值。
SELECT *
FROM Complaint
WHERE ComplaintNarrative IS NOT NULL;
```

可以看到，代码清单 10-9 中使用的是 IS NULL 和 IS NOT NULL。5 条不同的 SELECT 语句显示了各自的结果，这些语句的 WHERE 子句都可以对记录进行有效的过滤。

> **注意：** "Null References: The Billion Dollar Mistake" 是一篇有趣的文章，可以在 https://www.infoq.com/presentations/Null-References-The-Billion-Dollar-Mistake-Tony-Hoare/ 上找到。

## 10.4 执行计算

SELECT 查询可以用于对现有数据进行计算并生成新数据。计算可以针对数字和日期进行。

在当前数据集中，有两个 DATE 列：收到投诉的日期(DateReceived)和将投诉发送给公司的日期(DateSentToCompany)。如代码清单 10-10 所示，可以使用 SELECT 查询来计算这些日期之间的天数。

**代码清单 10-10　计算两个日期之间的天数**

```
USE ConsumerComplaints;

SELECT
    ComplaintId,
    DateReceived,
    DateSentToCompany,
    (DateSentToCompany -DateReceived)AS DateDifference
FROM Complaint;
```

因为数据库引擎将日期视为数字，所以可以使用简单的减法运算来计算日期之间的差值。这是一个新值，可以使用 AS 关键字将该列命名为 DateDifference。括号是可选的，但为了提高可读性，建议包括它们。

在运行代码清单 10-10 时，你会看到来自数据库中所有记录的结果。其中，包括 5 条示例记录，如表 10-8 所示。

表 10-8　5 条示例记录

| ComplaintId | DateReceived | DateSentToCompany | DateDifference |
|---|---|---|---|
| 37 | 2012-05-21 | 2012-05-29 | 8 |
| 105 | 2012-05-21 | 2012-05-21 | 0 |
| 110 | 2012-05-21 | 2012-05-21 | 0 |
| 7887 | 2011-12-23 | 2011-12-27 | 4 |
| 8908 | 2011-12-30 | 2012-01-03 | 8873 |

你还可以在 WHERE 子句中使用计算。如代码清单 10-11 所示，其具有一个 WHERE 子句，只显示日期差值超过 365 天的结果。

**代码清单 10-11　在 WHERE 子句中使用计算值**

```
USE ConsumerComplaints;

SELECT
   ComplaintId,
   DateReceived,
   DateSentToCompany,
   (DateSentToCompany -DateReceived)AS DateDifference
FROM Complaint
WHERE (DateSentToCompany -DateReceived)> 365;
```

此代码根据"DateSentToCompany"和"DateReceived"之间的差异，从 ConsumerComplaints 数据库中读取一些列值。如果差异大于 365 天，则该记录将被选中。结果应该由 11 条记录组成。表 10-9 是其中 5 条示例结果。

表 10-9　5 条示例结果

| ComplaintId | DateReceived | DateSentToCompany | DateDifference |
|---|---|---|---|
| 8908 | 2011-12-30 | 2012-01-03 | 8873 |
| 42864 | 2012-03-30 | 2012-07-12 | 382 |
| 78668 | 2012-05-15 | 2012-11-06 | 591 |
| 209482 | 2012-12-12 | 2013-01-18 | 8906 |
| 283132 | 2013-01-31 | 2013-08-09 | 678 |

在代码清单 10-11 中，你可能会注意到减法计算被执行了两次，一次是为了显示差异，另一次是在 WHERE 子句中。如代码清单 10-12 所示，代码进行了调整以显示一种替代方法。

**代码清单 10-12　在 WHERE 子句中使用计算表达式**

```
USE ConsumerComplaints;
SELECT
   Newtable.ComplaintId,
   Newtable.DateReceived,
   Newtable.DateSentToCompany,
   Newtable.DateDifference
FROM (SELECT
        ComplaintId,
```

```
        DateReceived,
        DateSentToCompany,
        (DateSentToCompany -DateReceived)AS DateDifference
FROM Complaint) as Newtable
WHERE Newtable.DateDifference > 365;
```

这一次，主 SELECT 语句中的 FROM 语句进行了调整，以使用从 Complaint 表中 SELECT 的记录，以及用于确定日期差异的计算。FROM 子句创建一个名为 Newtable 的新表，该表将具有一个名为 DateDifference 的新列。然后，在第一个 SELECT 中使用这个新表，检查计算列 DateDifference 是否大于 365。代码清单 10-12 的输出与代码清单 10-11 相同，其中，显示了 11 条记录。

> **注意:** 在代码清单 10-12 中创建的 Newtable 是一个临时表，只能在创建它的查询内部使用。在查询完成后，该表及其创建的任何列都将无法被访问。

## 10.5　本课小结

SELECT 语句告诉 SQL 执行引擎从数据库中读取数据。它从一个或多个表中获取数据，并且可以对结果进行过滤。

你可以列出要包括的列，或者使用星号(*)选择所有的列。列名之后跟着 FROM 子句，该子句包括要从哪些表中读取数据。

WHERE 子句紧随在 FROM 子句之后。它是一个条件布尔表达式。如果表达式对于某个记录为真，则该记录将包括在结果中；如果为假，则该记录将排除在外。可以使用 AND、OR 和其他运算符来组合多个运算符。

你可以使用表中的现有数据进行计算，以创建新的数据。AS 关键字可用于命名包括计算数据的列。

## 10.6　本课练习

以下练习旨在让你试验本课中介绍的概念。

练习 10-1：投诉

练习 10-2：私人教练

> 注意：这些练习旨在帮助你将本课中所学的知识应用到实践中。

### 练习 10-1：投诉

在本课中，有许多建议的问题，可以使用 SELECT 语句和 Consumer-Complaints 数据库来回答。如果在阅读本课时没有这样做，那么现在应该编写适当的 SELECT 语句。

编写相应的 SELECT 语句，回答下列问题。

- ComplaintId 为 1,200,385 的记录是否存在？
- ComplaintId 小于 100,000 的投诉有多少？
- ComplaintId 在 100,000 和 200,000 之间，投诉最多的产品是什么？
- 2014 年元旦有没有人投诉？
- 2018 年有人投诉吗？
- 2015 年 7 月有多少投诉？
- 有没有投诉的接收日期(DateReceived)早于发送日期(DateSentTo-Company)？
- 查找以 V 开头的公司名称的消费者投诉。
- 查找在投诉中使用"whom"一词的投诉内容。
- 查找 SubmissionMethods 的长度恰好为三个字符的记录。
- 查找投诉中提到贷款(loan)的问题。

### 练习 10-2：私人教练

在这些练习中，你将使用 PersonalTrainer schema 完成一系列 SELECT 查询。这将建立 Personal Trainer 数据库。

你需要运行 personaltrainer-schema-and-data.sql 脚本来创建此数据库。你可以在本书的配套文件中找到该脚本，可以在 www.wiley.com/go/JobReadySQL 上获取，或者在 the-software-guild.s3.amazonaws.com/sql/v1-2003/data-files/personaltrainer-schema-and-data.sql 上找到它。

在将文件保存到计算机后，可以使用以下任何方法来运行此脚本：

- 打开 MySQL Workbench，并连接到本地的 MySQL 服务器。双击保存的.sql 文件，它应该会自动在 MySQL Workbench 中打开。使用工具栏中的 Execute 按钮来运行该脚本并创建数据库。

- 在 MySQL Workbench 中，使用文件菜单或工具栏中的 Open SQL Script 命令。导航到保存在计算机上的文件，打开该文件，并单击 Execute 按钮运行该脚本。

- 打开.sql 文件，并将其内容复制到系统剪贴板中。在 MySQL Workbench 中打开一个新的查询窗口，或者通过命令行界面(如 Windows 命令提示符或终端)连接到 MySQL 服务器。将脚本粘贴到提示符处，然后按 Enter 键运行它。

> **警告！**如果你的 MySQL 服务器中已经存在名为 PersonalTrainer 的数据库，则此脚本将在重建新数据库之前删除该数据库。如果你想保留现有数据库，可以在运行此脚本之前重命名现有数据库，或者可以修改脚本对新数据库使用不同的名称。

PersonalTrainer schema 用于为一个专业的私人教练建立数据模型。接下来将介绍一些重要概念。在这些练习中，你一次只能从一个表中选择数据，但是请考虑每个表与其他表的关系，何时需要多个表来表示一个概念。

- Client：私人教练的客户。每个客户都有一个名称、地址和唯一的标识符。
- Workout：一套有目标的运动主题时间表。
- Exercise：一项可以针对每次锻炼进行配置的体育活动(如跑步、举重或伸展运动)。你可能会跑一小段距离或很长一段距离。质量和重复次数可能会有所不同。
- Goal：客户所期望的锻炼或情感结果。
- Login：私人教练应用程序的登录信息。客户端可能有登录名，也可能没有登录名。
- ExerciseCategory：一组合乎逻辑的练习，每个练习都有一个类别。类别可以具有父类别。
- Invoice：客户的日期账单。
- InvoiceLineItem：发票上的分项费用。

## 1. 说明

对于下面的每个操作，编写并执行一个 SQL SELECT 语句，以产生正确的结果。对于每个操作，将提供前两条记录，以及应该在结果中看到的记录总数。使用此信息来验证你的结果。

记住，使用 PersonalTrainer 数据库。另外，得到相同结果的 SQL 有很多种写法。

### 2. 操作 1

从 Exercise 表中选择所有行和列。

表 10-10 是 64 行中的前两行。

表 10-10　64 行中的前两行

| ExerciseID | Name | ExerciseCategoryId |
|---|---|---|
| 1 | Squat | 2 |
| 2 | Deadlift | 2 |

### 3. 操作 2

从 Client 表中选择所有行和列。

表 10-11 是 500 行中的前两行。

表 10-11　500 行中的前两行

| ClientId | FirstName | LastName | BirthDate | Address | City | StateAbbr | PostalCode |
|---|---|---|---|---|---|---|---|
| 00268ec4-cdb6-4643-8e94-3aa467419af6 | Ingrid | Colquitt | 1982-11-11 | 63 Mayer Hill | Hammond | LA | 70147 |
| 028f6b4d-a40c-4c6e-b285-3f12b596a461 | Filberte | Beurich | 1978-10-21 | 4 Hauk Parkway | Metairie | LA | 70117 |

### 4. 操作 3

从 Client 表中选择 City 为 Metairie 的所有列。

表 10-12 是 29 行中的前两行。

表 10-12  29 行中的前两行

| ClientId | FirstName | LastName | BirthDate | Address | City | StateAbbr | PostalCode |
|---|---|---|---|---|---|---|---|
| 028f6b4d-a40c-4c6e-b285-3f12b596a461 | Filberte | Beurich | 1978-10-21 | 4 Hauk Parkway | Metairie | LA | 70117 |
| 054db61d-fd8d-4de8-b5f0-ade14ac29a20 | Arvy | Zorn | 1994-12-08 | 521 Cambridge Place | Metairie | LA | 70180 |

#### 5. 操作 4

是否有客户名为"818u7faf-7b4b-48a2-bf12-7a26c92de20c"？(结果为 0 行)。

#### 6. 操作 5

Goal 表中有多少行？

表 10-13 是 17 行中的前两行。

表 10-13  17 行中的前两行

| GoalId | Name |
|---|---|
| 1 | Weight Loss |
| 2 | Strength |

#### 7. 操作 6

从 Workout 表中选择 Name 和 LevelId。

表 10-14 是 26 行中的前两行。

表 10-14  26 行中的前两行

| Name | LevelId |
|---|---|
| Get In Shape Beginners Cardio | 1 |
| The "I don't have time…" Workout | 1 |

8. 操作 7

从 Workout 表中选择 LevelId 为 2 的记录，并显示 Name、LevelId 和 Notes 列的值。

表 10-15 是 11 行中的前两行。

表 10-15　11 行中的前两行

| Name | LevelId | Notes |
|------|---------|-------|
| Mindfulness, Calm, Strength, Affirmation | 2 | Become more by being less distracted. This yoga-based program helps you grow by shrinking your ego and anxieties |
| Swimming Is Sexy | 2 | Swimming is low-impact, builds endurance, and makes you look and smell nice |

9. 操作 8

从 Client 表中查找 City 为 Metairie、Kenner 或 Gretna 的记录，并显示 FirstName、LastName 和 City 列的值。

表 10-16 是 77 行中的前两行。

表 10-16　77 行中的前两行

| FirstName | LastName | City |
|-----------|----------|------|
| Filberte | Beurich | Metairie |
| Arvy | Zorn | Metairie |

10. 操作 9

对于 20 世纪 80 年代的客户，从 Client 中选择 FirstName、LastName 和 BirthDate。

表 10-17 是 72 行中的前两行。

表 10-17　72 行中的前两行

| FirstName | LastName | BirthDate |
|-----------|----------|-----------|
| Ingrid | Colquitt | 1982-11-11 |
| Son | Bullough | 1988-08-09 |

## 11. 操作 10

以不同的方式编写来自操作 9 的查询。

- 如果你用了 BETWEEN，则不能再使用它了。
- 如果你没有使用 BETWEEN，则使用它！

结果应该和操作 9 的查询一样，都是 72 行。

## 12. 操作 11

在 Login 表中，有多少行电子邮件地址包括.gov？

表 10-18 是 17 行中的前两行。

表 10-18 17 行中的前两行

| ClientId | EmailAddress | PasswordHash | FailedAttempts | IsLocked |
|---|---|---|---|---|
| 0d660a51-8a2b-4b8e-be88-65a99f7e0d74 | emaddoxcz@ whitehouse. gov | afgLBEMAuhNqCxkAaL97pzsc 42LOHkX4hvD2m9iXlQFTnE7zT m+bxi1bFnnKyYcmiZvwy97u33 ObyrPbppcOa8ePwR30Eufi/0J KFWDCvvqJ2HvqSwppRkvHJD wo9hRHCUxQCi+m7 | 0 | 0x00 |
| 2ab89d12-69ed-474b-ba1b-1241947566a7 | aryancw@cdc. gov | LzJOfgT0YnbK4Wh2rPaLgiK-WU2eD1FlPJXODqVpp3u77 NotImQnxTPWRV13qqRa8/ iC1q2rwB327v/SBflhcOd+ XBhqgqjI9J11XQuE | 0 | 0x00 |

## 13. 操作 12

在 Login 表中，有多少行电子邮件地址不包括.com？

表 10-19 是 122 行中的前两行。

表 10-19　122 行中的前两行

| ClientId | EmailAddress | PasswordHash | FailedAttempts | IsLocked |
|----------|--------------|--------------|----------------|----------|
| 03c203ea-d45d-4c35-8a04-150002ae8128 | bgreenless9k@jugem.jp | mzIW8boWO2yMJvr4RU/NKsH/UZrqKK04AHidPXSQMbYNym-2O/06jMEPi697BikSgIzSPOBxM9tBp7cn2t7uGcC9b1FbTmDsc4kY1YdfQwlrXbfuBE3viJ3uDyX | 0 | 0x00 |
| 054db61d-fd8d-4de8-b5f0-ade14ac29a20 | azorndu@arizona.edu | 5quwr0YUzldyEOEIYMCma2QbFXkScb+Hg7b8rx2aTQq3QhYwZCSi56TmEZh9LzO1db2BEhaHGf/lPTYwrv | 0 | 0x00 |

### 14. 操作 13

选择没有 BirthDate 信息的客户的姓氏和名字。

表 10-20 是 37 行中的前两行。

表 10-20　37 行中的前两行

| FirstName | LastName |
|-----------|----------|
| Andy | Sawell |
| Chantalle | MacGrath |

### 15. 操作 14

选择每个具有父类的 ExerciseCategory 记录的 Name 列值(ParentCategoryId 值不为 null)。

表 10-21 是 12 行中的前两行。

表 10-21　12 行中的前两行

| Name |
|------|
| Free Weights |
| Kettlebells |

### 16. 操作 15

选择 Workout 表中为 level 3 的记录中的 Name 和 Notes 列，并且在 Notes 列中包括关键字 you。

表 10-22 是 4 行中的前两行。

表 10-22 4 行中的前两行

| Name | Notes |
|---|---|
| Explosive Power: Contact Sports Training | Be the best version of yourself when you make contact |
| Body Sculpting | Name the shape and we'll help you achieve it. This program will make you the master of your body |

### 17. 操作 16

在 Client 表中，选择 LastName 以 L、M 或 N 开头，住在 LaPlace 的客户的 FirstName、LastName 和 City 列。

表 10-23 是 5 行中的前两行。

表 10-23 5 行中的前两行

| FirstName | LastName | City |
|---|---|---|
| Riannon | Larderot | LaPlace |
| Brody | Lorenc | LaPlace |

### 18. 操作 17

在 InvoiceLineItem 表中，选择 InvoiceId、Description、Price、Quantity、ServiceDate 和 lineitem 总数(计算值)，其中，lineitem 总数为 15~25 美元。

表 10-24 是 667 行中的前两行。

表 10-24 667 行中的前两行

| InvoiceId | Description | Price | Quantity | line_item_total |
|---|---|---|---|---|
| 1 | Individual Instruction | 75.0000 | 0.2500 | 18.75000000 |
| 4 | Equipment | 11.9700 | 2.0000 | 23.94000000 |

### 19. 操作 18

数据库中有客户 Estrella Bazely 的电子邮件地址吗？要回答这个问题，需要两个查询。

(1) 查找 Estrella Bazely 的客户记录，有这样的记录吗？

(2) 如果有，则从 Login 表中找到与 ClientId 匹配的记录。

### 20. 操作 19

查找 Name 为 This Is Parkour 的 Workout 表对应的 Goal 表信息？要回答这个问题，需要三个查询。

(1) 从 Workout 中选择 Name = 'This Is Parkour'的 WorkoutId(1 条记录)。

(2) 通过第一个查询得到的 WorkoutId，查找 WorkoutGoal 中的 GoalId(3 条记录)。

(3) 通过第二个查询得到的 GoalId，在 Goal 表中查找 Goal 的 Name(3 条记录)。

你得到的结果应该如下。

- Endurance。
- Muscle Bulk。
- Focus: Shoulders。

# 第 11 课

# 使用连接

关系数据库模型在数据中同时包括数据和关系,它们处理关系的方法很巧妙。

- 相关的内容不必存储在一起。
- 当你不需要相关数据时,可以忽略它。
- 当你需要相关数据时,可以进行快速检索。

到目前为止,你所创建的 SELECT 查询忽略了相关数据。它们一次仅从一个表中检索数据。单个表的 SELECT 查询功能强大,但并没有充分利用 SQL 的所有潜力。通过进行一些小的调整,添加一些 JOIN 语法,SELECT 查询可以从多个表中读取数据,并显式地表达数据之间的关系。

**本课目标**

完成本课后,你将掌握如下内容:

- 查看数据库关系图(又称实体-关系图)中表之间的关系。
- 理解 JOIN 关键字的用途。
- 使用 JOIN 关键字可以在单个查询中从两个或多个表中检索数据。
- 区分内连接、外连接、交叉连接和自连接。
- 使用 SQL 别名。

## 11.1　从 schema 开始

在本课中,将使用 TrackIt schema。你可以通过运行本书配套文件夹中(第

11 课中)的 trackit-schema-and-data.sql 脚本来创建此模式(schema)。

> **注意：** 如果你还没有下载这本书的配套文件，则可以在 www.wiley.com/ go/Job ReadySQL 上找到它们。对于本课，应该使用第 11 课(Lesson 11)文件夹中的脚本文件。

该脚本中包括本课所需的预定义数据集。该数据是为一家视频游戏公司 GameIt 所提供的，该公司的员工参与软件开发项目。在这个数据库中，具有以下术语：

- **Project(项目)**是一项大型工作，通常会产生可交付成果。项目可能需要数月，甚至数年才能完成。在本课的样本数据中，我们使用的是软件项目，主要是视频游戏。
- **Worker(工人)**是一个可用于参与项目工作的人员。
- **Task(任务)**是一个离散的工作块，可以在几个小时内完成。一个项目一次只完成一项任务。
- **TaskType(任务类别)**，每个任务有且只有一个类型，因此，TaskType 与 Task 是一对多的关系。
- **TaskStatus(任务状态)**，每个任务有且只有一个状态，因此，TaskStatus 与 Task 是一对多的关系。

TrackIt 的一些附加关系和规则如下：

- Project 与 Task 是一对多的关系。
- Project 与 Worker 是多对多的关系。
- Worker 与 Task 是一对多的关系。

一个 Task 可以与其自身建立一个可选的关系。这有什么意义呢？如果一个 Task 很大，则它可以被分成更小的 Task。通过在每个子行中包括父行的标识符来创建父子关系。在这个模式中没有对父子之间的层级进行限制，但是本课提供的样本数据只有两层深度。

TrackIt 数据库的表和关系可以通过实体-关系图(ERD)以图形方式表示，如图 11-1 所示。你应该查看前面的列表中所描述的关系，并查看它们如何在 ERD 中表示。

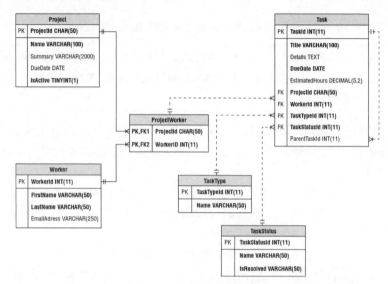

图 11-1　TrackIt 数据库的 ERD

此 ERD 表示数据库模式。你可能会发现，在本课中创建数据库的 JOIN 查询时参考此图表很有用，因为它会显示每个列所在的位置，以及表之间的关系。

## 11.2　从多个表中获取数据

假设你正在 GameIt 公司工作，你的经理要求提供一个任务已解决的任务列表。从一个表中生成这个列表是不可能的。要查找任务已解决的状态，你需要查看 TaskStatus 表。要先查找那些被标记为已完成的任务的 TaskStatusId，然后根据 TaskStatusId 在 Task 表中查找相关记录。

要完成这个任务，首先你需要 SELECT 解析已经完成的任务对应的 TaskStatusId，如代码清单 11-1 所示。

### 代码清单 11-1　使用 SELECT 解析任务状态

```
USE TrackIt;

SELECT *
  FROM TaskStatus
WHERE IsResolved = 1;
```

在 TrackIt 数据库上运行此查询将产生如表 11-1 所示的结果。

表 11-1　结果

| TaskStatusId | Name | IsResolved |
|---|---|---|
| 5 | Resolved | 1 |
| 6 | Resolved, Will Not Fix | 1 |
| 7 | Resolved, Duplicate | 1 |
| 8 | Closed | 1 |
| | classes | |

现在，可以使用这些 TaskStatusId 从 Task 表中获取任务(Task)。代码清单 11-2 显示了获取任务(Task)的代码。

**代码清单 11-2　检索 Task**

```
--因为TaskStatusId碰巧是按顺序排列的，所以我们可以使用BETWEEN。
--如果数据不是按顺序排列的，则我们可以使用IN (id1, id2, idN)。
SELECT *
FROM Task
WHERE TaskStatusId BETWEEN 5 AND 8;
```

因为 TaskStatusId 恰好按顺序 5~8 排列，所以可以使用 BETWEEN 来选择我们想要的那些值，在这种情况下使用的是 5~8 的值。如果结果不是按顺序排列(如 1、3、7 和 8)，则需要使用带有 IN 运算符的 WHERE 子句，如下所示：

```
WHERE TaskStatusId IN (1, 3, 7, 8);
```

当执行此查询时，应列出 276 个已解决的任务。表 11-2 是部分结果。

表 11-2　执行此查询时的部分结果

| TaskId | Title | EstimatedHours | ProjectId | TaskStatusId |
|---|---|---|---|---|
| 3 | Refactor service layer and classes | 4.75 | payroll | 6 |
| 5 | Refactor interface | 7.75 | payroll | 6 |
| 6 | Log out | 26.25 | payroll | 8 |
| 8 | Construct service layer and classes | 2.25 | payroll | 7 |

你找到了已经完成的任务，但结果不够稳定，考虑如下因素：

- 如果你想同时显示任务标题和状态名称，那么你必须手动合并这两个查询的结果。有 276 个任务，这需要进行大量的复制和粘贴操作。

- 第二个查询每次执行时都可能更改。如果解析状态发生更改，即添加、删除或编辑任务状态，则必须对查询进行更改。我们不能对于每次的查询都进行手工更改。

- 最糟糕的是，这种方法很容易出错。如果在复制时遗漏了一个状态 ID，或者包括了一个不属于它的 ID，则可能会发生什么？

# 11.3  使用 JOIN 子句

JOIN 子句是 SELECT 语句中的一个可选子句。它扩展了 SELECT，以便可以从多个表中检索结果，并表示行之间的关系。来自一个表的行与另一个表的行连接在一起，它们的值在一个结果中进行合并。

在 SELECT 语句中，JOIN 子句紧跟在 FROM 子句之后，并位于 WHERE 子句之前，其基本结构如下：

```
SELECT
    Table1.Column1,
    Table1.Column2,
    Table2.Column1,
    Table2.ColumnN
FROM Table1
[Join Type] JOIN Table2 ON [Relationship Condition]
WHERE [Filter Condition];
```

JOIN [Table2]将表 Table2 添加到查询中，并使其可用于检索和过滤。

ON [Relationship Condition](关系条件)定义了一个表中的行与另一个表中的行之间的关系。

JOIN 前面的[Join Type](连接类型)，它确定了如何处理未匹配的行。有效值包括以下内容：

- INNER。
- LEFT OUTER。
- RIGHT OUTER。
- FULL OUTER。

- CROSS。

这些都将在本课接下来的部分中进行介绍。

# 11.4　INNER JOIN

只有当两张表的行根据其关系条件匹配时，INNER JOIN 才会返回结果。从视觉上看，如果你有表 $A$ 和表 $B$，则查询结果是满足连接条件的行的交集，如图 11-2 所示。如果表 $A$ 中的一行与表 $B$ 中的一行不匹配，则不包括该行，反之亦然。

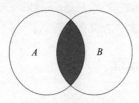

图 11-2　INNER JOIN

回到已解决的任务，一个 INNER JOIN 解决了原始方法的缺点。结果将任务标题和状态名称结合起来，并且使用一个查询即可完成，该查询可以只写一次，但可以反复使用。永远不需要去更改它。

考虑代码清单 11-3 中的每个关键字、表名和列名。它们是如何映射到基本的 JOIN 结构上的。特别注意 ON 条件。

### 代码清单 11-3　使用 JOIN

```
SELECT
    Task.TaskId,
    Task.Title,
    TaskStatus.Name
FROM TaskStatus
INNER JOIN Task ON TaskStatus.TaskStatusId = Task.TaskStatusId
WHERE TaskStatus.IsResolved = 1;
```

在这段代码中，可以看到从 TaskStatus 表中选择了 TaskId 和 Title 及 Name。使用 INNER JOIN 将 Task 表与 TaskStatus 表连接起来。当 TaskStatus 记录和 Task 记录匹配，并且具有相同的 TaskStatusId 时，将选择该记录。最后，根据 IsResolved 状态等于 1，对结果进行过滤。

当执行此脚本时，应该可以看到 276 行数据。表 11-3 是前四行结果的示例。

表 11-3 前四行结果

| TaskId | Title | Status (Name) |
|---|---|---|
| 3 | Refactor service layer and classes | Resolved, Will Not Fix |
| 5 | Refactor interface | Resolved, Will Not Fix |
| 6 | Log out | Closed |
| 8 | Construct service layer and classes | Resolved, Duplicate |

当然，你的前四行可能与此示例不同。这个示例有意地重复了之前使用的两段式查询方法所查询出来的 4 个任务(该结果与之前代码清单 11-2 结果相同)。你很快就会看到如何控制结果的顺序。

## 11.4.1 可选的语法元素

虽然省略一些 JOIN 语句中的一些内容(如表名、INNER 关键字等)不一定是推荐的，但是这是可以的。

### 1. 省略表名

如果仔细观察代码清单 11-3 中的查询，并将其与单表 SELECT 查询进行比较，则会注意到每个列名称都由包括该列的表名限定。

```
SELECT
    Task.TaskId,
    Task.Title,
    TaskStatus.Name
...
```

在处理一个表时，每个列的位置很明显，因此，限定每个列的名称是多余的。在创建引用两个或更多表的查询时,表名通常可以省略在 SELECT 子句中。比较代码清单 11-4 和代码清单 11-5 中的查询。

### 代码清单 11-4 查询 1

```
-- (没有表的名称):
SELECT
    TaskId,
    Title,
    `Name`
```

```
FROM TaskStatus
INNER JOIN Task ON TaskStatus.TaskStatusId = Task.TaskStatusId
WHERE TaskStatus.IsResolved = 1;
```

### 代码清单 11-5　查询 2

```
-- (包含表的名称)。
SELECT
    Task.TaskId,
    Task.Title,
    TaskStatus.Name
FROM TaskStatus
INNER JOIN Task ON TaskStatus.TaskStatusId = Task.TaskStatusId
WHERE TaskStatus.IsResolved = 1;
```

除了在语句的 SELECT 区域中使用表名，以上两个查询是等价的。它们的结果和性能相同。对于 SQL 引擎来说，它们是相同的查询。

注意，并不总是可以省略表名，比如，代码清单 11-6 中的查询。

### 代码清单 11-6　忽略表的名称

```
SELECT
    TaskId,
    Title,
    `Name`,
    TaskStatusId --这将引发问题。
FROM TaskStatus
INNER JOIN Task ON TaskStatus.TaskStatusId = Task.TaskStatusId
WHERE TaskStatus.IsResolved = 1;
```

当你执行此查询时，它会返回一个错误。

*Error Code: 1052. Column 'TaskStatusId' in field list is ambiguous*

TaskStatusId 是 TaskStatus 表和 Task 表中的一个列。如果在查询中不指定表名而包括该列，则 SQL 引擎将不知道使用哪一个表中的 TaskStatusId。在这种情况下，这并不重要，因为这些值是相同的。但是，SQL 引擎无法提前知道这一点，所以它会停止并警告我们。

作为一个经验法则，如果查询包括两个或多个表，则应为每个列名称加上适当的表名。在这种情况下，如果两个表中都存在相同的列，并且这些列表示一个主键及其相关的外键，则可以在技术上使用任何一个表名。但是，惯例是使用主表的名称，而不是相关表的名称。

同样地，在 INNER JOIN 子句中，列可以按任意顺序放置。但是，由于列具有相同的名称，因此，必须对它们进行限定。

### 2. 省略 INNER 关键字

关键字 INNER 也是可选的。如果省略 INNER 关键字，则 SQL 引擎将采用一个内连接。内连接是默认值，如代码清单 11-7 所示。

**代码清单 11-7　省略 INNER 关键字**

```
SELECT
    Task.TaskId,
    Task.Title,
    TaskStatus.Name
FROM TaskStatus
--下面省略了 INNER
JOIN Task ON TaskStatus.TaskStatusId = Task.TaskStatusId
WHERE TaskStatus.IsResolved = 1;
```

可以看到，在代码清单 10-7 中省略了 INNER 关键字。但是，它仍然可以正常运行。无论如何，都应该始终包括 INNER 关键字。当明确指出 INNER 时，意图就更加明确。防止由于省略关键字而选择了错误的连接类型。

## 11.4.2　多表连接

在工作中，你的数据库中可能包括数百甚至数千个表。在一条语句中连接多个表是很常见的，而 SQL 使这种操作变得很容易。一旦你理解了如何构建一个 JOIN 子句，添加其他的 JOIN 就很简单了——每个新关系都重复使用 JOIN 语法。

在一个多对多的关系中，一个 SELECT 语句中至少有三个表：一个"多"表、一个桥接表和另一个"多"表。在 TrackIt 数据库中，项目和工人之间存在多对多的关系。让我们使用这种关系来确定谁正在为"Who's a GOOD boy!?"游戏项目工作。

首先，在 FROM 子句中使用 Project 表。通过 INNER JOIN 添加桥接表 ProjectWorker。最后，使用 INNER JOIN 添加 Worker 表，如代码清单 11-8 所示。

**代码清单 11-8　省略 INNER 关键字**

```
SELECT
    Project.Name,
    Worker.FirstName,
    Worker.LastName
FROM Project
```

```
INNER JOIN ProjectWorker ON Project.ProjectId = ProjectWorker.ProjectId
INNER JOIN Worker ON ProjectWorker.WorkerId = Worker.WorkerId
WHERE Project.ProjectId = 'game-goodboy';
```

从这段代码中可以看到，这个脚本从表中选择了三个列：项目名称和工人的姓和名。可以看到，在第一个 INNER JOIN 中，通过使用他们的 ProjectId 列将 Project 表与 ProjectWorker 表连接起来；在第二个 INNER JOIN 中，ProjectWorker 表是通过 WorkerId 连接到 Worker 表的。最后，结果将只包括 ProjectId 等于 "game-goodboy" 的记录。

当你运行这个脚本时，应该会看到一个包括项目名称，以及姓和名的列表，如表 11-4 所示。

表 11-4　包含项目名称、姓和名的列表

| Name | FirstName | LastName |
| --- | --- | --- |
| Who's a GOOD boy!? | Vlad | Anfusso |
| Who's a GOOD boy!? | Ealasaid | Blinco |
| Who's a GOOD boy!? | Ardyce | Lewins |
| Who's a GOOD boy!? | Evita | Shepeard |
| Who's a GOOD boy!? | Philis | Marion |
| Who's a GOOD boy!? | Dannie | Bradly |
| Who's a GOOD boy!? | Winny | Lawles |

关于这个脚本，有几点需要注意。在第一个 INNER JOIN 子句之后，可以看到已添加第二个 INNER JOIN 子句。注意，两个子句之间没有逗号或分隔符。

此外，注意，你不必使用 FROM 或 JOIN 表中的列。FROM 和 JOIN 使表的列可用于检索或过滤，但你不必全部使用它们。在这个例子中，ProjectWorker 的列仅用于 ON 条件。它们在 SELECT 值列表和 WHERE 子句中被忽略。

要添加第四个表，请添加另一个 JOIN，并确定是否需要检索或过滤列。例如，如果我们想查看 "Who's a GOOD boy!?" 项目中每个任务的工作人员，则可以使用 INNER JOIN 将 Task 表连接起来，并检索 Task 表中的标题，如代码清单 11-9 所示。

### 代码清单 11-9 连接另一个表(Task 表)

```
SELECT
    Project.Name,
    Worker.FirstName,
    Worker.LastName,
    Task.Title
FROM Project
INNER JOIN ProjectWorker ON Project.ProjectId =
ProjectWorker.ProjectId
    INNER JOIN Worker ON ProjectWorker.WorkerId = Worker.WorkerId
    INNER JOIN Task ON ProjectWorker.ProjectId = Task.ProjectId
        AND ProjectWorker.WorkerId = Task.WorkerId
    WHERE Project.ProjectId = 'game-goodboy';
```

可以看到，在代码清单 11-9 中，添加了另一个 INNER JOIN 以连接 Task 表。在这种情况下，使用两个列进行连接，即 ProjectWorker.ProjectId 与 Task.ProjectId 相连，而 ProjectWorker.WorkerId 用于连接 Task.WorkerId。任何具有匹配 ProjectWorker 表中的两个列的 Task 记录都将被连接。结果应该显示 21 条记录，表 11-5 显示了其中的 5 条记录。

表 11-5 结果中的 5 条记录

| Name | FirstName | LastName | Title |
|------|-----------|----------|-------|
| Who's a GOOD boy!? | Vlad | Anfusso | Model scene rules and structure |
| Who's a GOOD boy!? | Vlad | Anfusso | Prototype front-end components |
| Who's a GOOD boy!? | Ealasaid | Blinco | Build Level 1 |
| Who's a GOOD boy!? | Ealasaid | Blinco | Model UI |
| Who's a GOOD boy!? | Ealasaid | Blinco | Add front-end components |

仔细查看代码清单 11-9 中的 INNER JOIN Task ON 条件。所使用的条件可以是任何布尔表达式，并且根据需要进行复杂化。在这种情况下，使用 AND 运算符匹配两个不同的列值。整个表达式可以使用包括 OR、AND、IS NULL、BETWEEN 等在内的任何布尔运算符。表达式还可以匹配列值或字面值。你会发现，使用 ON 与 WHERE 一样灵活。

> 经验之谈：包含 N 个表的 SELECT 语句应该有 N 1 个 JOIN 语句。例如，当使用两个表时，只需要一个 JOIN 即可。包括 4 个表的 SELECT 语句需要 3 个 JOIN 才能正确工作。每个 JOIN 都应该连接不同的一对表。

在使用多个 JOIN 时，会出现一些常见的问题。第一个问题是你只能在外键约束上进行 JOIN 吗？答案是否定的。ON 条件可以包括任何计算值为布尔值的内容。

第二个常见的问题是，JOIN 顺序是否重要？在这种情况下，答案是肯定的，也是否定的，但主要是否定的。只要你正确定义关系，SQL 引擎就会提出一个策略或查询计划来优化查询性能。在向其他开发人员表达意义方面，JOIN 顺序最为重要。从最重要的概念开始，并以最有意义的方式连接相关表。偶尔，SQL 引擎会出现混淆，并无法正确优化查询。在这种罕见的情况下，数据库管理员(DBA)将与你一起重写查询。这不是一个初级开发人员的任务。

要成功执行 JOIN 查询，必须首先确定 ON 语句中的表和条件。多花几分钟研究 JOIN 语句，将节省无数分钟的调试时间。

## 11.4.3　INNER JOIN 的限制

INNER JOIN 返回连接表之间的每行匹配的记录。当一个行存在于一个表中，但与另一个表中的一个行不匹配时，会发生什么？例如，获取所有 TrackIt 数据库中的任务：

```
SELECT * FROM Task;
```

此查询返回 543 行。现在，将每个任务 JOIN 到其状态：

```
SELECT *
    FROM Task
INNER JOIN TaskStatus ON Task.TaskStatusId = TaskStatus.TaskStatusId;
```

星号实际上包括了两个表中的所有列(包括重复的 TaskStatusID)，但第二个查询只返回了 532 行。这是怎么回事？

为了澄清，请执行如下查询：

```
SELECT *
FROM Task
WHERE TaskStatusId IS NULL;
```

该查询返回 11 行。这些是我们缺失的行！第二个查询的 532 个结果加上第三个查询的 11 个结果等于第一个查询显示的 543 个结果。

$532 + 11 = 543$

在 Task 状态查询中，对于没有 TaskStatusId 的 11 个任务，JOIN 条件 Task.TaskStatusId = TaskStatus.TaskStatusId 将失败。INNER JOIN 只显示匹配的记录，因此，这些任务被排除在结果之外。

有时候这是需要的，但有时候却不是。在某些情况下，无论每个任务的状态如何，每个任务都是必须显示的。要实现这一点，就需要使用新的 JOIN 类型。

# 11.5   OUTER JOIN: LEFT、RIGHT 和 FULL

OUTER JOIN 是宽容的。即使当连接表中的行不匹配时，它们也会返回一条记录，有三种类型。

- LEFT OUTER JOIN
- RIGHT OUTER JOIN
- FULL OUTER JOIN

左或右是指表出现在 JOIN 子句的左边还是右边。如果在 JOIN 之前提到了表(例如，在 FROM 子句中)，则它是 JOIN 的"左边"；如果在 JOIN 之后提到了表，则它是 JOIN 的"右边"。

考虑如下代码：

```
SELECT *
FROM A
[Join Type] OUTER JOIN B ON [Condition];
```

当[Join Type]为 LEFT 时，结果包括"表 A 中的所有内容和表 B 中匹配的内容"。RIGHT 结果包括"表 B 中的所有内容和表 A 中匹配的内容"。FULL OUTER JOIN 结果是"两个表中的所有内容，无论是否匹配"。表 11-6 提供了三个 OUTER JOIN 语句的视觉表示。

表 11-6　OUT JOIN 的可视化

| JOIN 类型 | 示意图 |
| --- | --- |
| LEFT (OUTER) JOIN | |
| RIGHT (OUTER) JOIN | |
| FULL (OUTER) JOIN | |

就像 INNER 一样，OUTER 关键字也是可选的。LEFT、RIGHT 和 FULL 关键字不是可选的(如果你省略了 LEFT 和 OUTER，SQL 引擎将采用 INNER JOIN)。

> 注意：MySQL 不支持 FULL OUTER JOIN。这里包括了 FULL OUTER，以便你了解此选项。其他许多数据库引擎都支持它。

要修复 Task 查询，请添加 LEFT OUTER JOIN，如代码清单 11-10 所示。由于使用了 LEFT OUTER JOIN，因此，在 JOIN 之前出现的表中的所有记录(在本示例中为 Task 表)都将包括在结果中。

**代码清单 11-10　添加 LEFT OUTER JOIN**

```
SELECT *
    FROM Task
LEFT OUTER JOIN TaskStatus
    ON Task.TaskStatusId = TaskStatus.TaskStatusId;
```

添加左外连接(LEFT OUTER JOIN)后，结果包括所有 543 条记录。即使其中有 11 条不包括状态值，情况也是如此。

### 使用函数 IFNULL()替换 NULL 值

NULL 值可能会带来麻烦。NULL 表示缺少值，因此，将其视为数字、字符串或日期都是不安全的。根据获取数据的方式(编程语言提供从数据库中获取数据的工具)，你将不得不单独处理 NULL 值，而不是与数字、字符串和日期的验证一起运行。通过使用函数 IFNULL( )来指定替换值通常更容易，如代码清单 11-11 所示。

### 代码清单 11-11 使用函数 IFNULL( )

```
SELECT
    Task.TaskId,
    Task.Title,
    IFNULL(Task.TaskStatusId, 0) AS TaskStatusId,
    IFNULL(TaskStatus.Name, '[None]') AS StatusName
FROM Task
LEFT OUTER JOIN TaskStatus
    ON Task.TaskStatusId = TaskStatus.TaskStatusId;
```

函数 IFNULL 接受两个参数。第一个参数是一个值，它可以是列、计算结果或字面值。如果列值不为空(IS NOT NULL)，则它会返回该值；否则，如果值为空(IS NULL)，则它会返回第二个参数。第二个参数可以是列、计算结果或字面值中的任意值。

IFNULL(Task.TaskStatusId, 0)是一个表达式，而不是一个列，因此，需要使用 AS 关键字来标记它。如果没有使用 AS，该列将以表达式作为标签，类似于 IFNULL(Task.TaskStatusId, 0)。这并不值 TaskStatusId 这样的标签清晰明了。

AS 关键字是可选的。可以在不使用 AS 的情况下设定别名：

```
IFNULL(TaskStatus.Name, '[None]') StatusName
```

显式地标记列称为别名(aliasing)。本课将在后面深入讨论别名。

### 1. "没有工人的项目"

让我们考虑另一个示例。在 TrackIt 数据库中，工人被分配到项目中(反之亦然)。是否有"没有工人的项目"或"没有项目的工人"？如何确定这一点？

首先，要调查没有工人的项目。需要一个 JOIN 语句，即使没有匹配的工人行，也要显示在项目表的结果中。更复杂的是，工人通过一个桥接表与 Project

表相连接。这意味着，至少需要两个 JOIN 操作。

如果将 Project 放入 FROM 子句中，则可以使用 LEFT OUTER 来确保每个项目行都被包括进来。LEFT OUTER 连接到 ProjectWorker。从那里，你可以连接到 Worker 表。同样，需要使用 LEFT OUTER。如果通过 INNER JOIN 将 ProjectWorker 表连接到 Worker 表，则它将取消 Project 到 ProjectWorker 的 LEFT OUTER 的查询计划。INNER JOIN 需要有一条来自 Worker 表的数据与其匹配，因此，整个查询的行为将类似于 INNER JOIN。代码清单 11-12 显示了这些连接的代码。

---

经验之谈：当你通过 JOIN 从一个相关表来到另一个相关表时，一旦你使用了一个 OUTER JOIN，你很可能总是需要继续使用 OUTER JOIN。

---

### 代码清单 11-12　找到"没有工人的项目"

```
SELECT
    Project.Name ProjectName, --使用别名可以使表达更加清晰。
    Worker.FirstName,
    Worker.LastName
FROM Project
LEFT OUTER JOIN ProjectWorker ON Project.ProjectId =
ProjectWorker.ProjectId
    LEFT OUTER JOIN Worker ON ProjectWorker.WorkerId = Worker.WorkerId;
```

在这个示例中，可以看到项目名称被选择，并设定了别名。同时，也选择了工人的名字和姓氏。这些信息是通过外连接(OUTER JOIN)从 Project 表中获取的。结果显示了 166 条记录，其中，包括没有工人的项目记录。表 11-7 是结果中的 5 条记录。

表 11-7　结果中的 5 条记录

| ProjectName | FirstName | LastName |
|---|---|---|
| GameIt Accounts Payable | Halli | Vel |
| GameIt Accounts Payable | Kenon | Kirkham |
| GameIt Accounts Payable | Ealasaid | Blinco |
| GameIt Accounts Payable | Zea | Irving |
| GameIt Accounts Payable | Cherri | Binden |

这个方法可以运行，但不是很理想。虽然有一个"没有工人的项目"，但

你必须在 166 条记录中滚动浏览才能找到它。你找到了吗？

如果只关心"没有工人的项目"，那么可以添加一个 WHERE 子句来排除"有工人的项目"。从某种程度上说，这是 INNER JOIN 的反面，它是内连接的负空间。从这个角度可以看出以下逻辑是正确的：

- INNER JOIN：关系必须存在。
- OUTER JOIN：关系是可选的。
- 带有过滤的 OUTER JOIN：关系必须不存在。

我们通过检测 NULL 来筛选缺失的关系，如代码清单 11-13 所示。

### 代码清单 11-13　删除带有工人的项目

```
SELECT
    Project.Name ProjectName,
    Worker.FirstName,
    Worker.LastName
FROM Project
LEFT OUTER JOIN ProjectWorker ON Project.ProjectId =
ProjectWorker.ProjectId
    LEFT OUTER JOIN Worker ON ProjectWorker.WorkerId = Worker.WorkerId
WHERE ProjectWorker.WorkerId IS NULL; --删除带有工人的项目。
```

通过添加 WHERE 语句，可以看到输出结果已经发生了更改。现在，只有一个"没有工人的项目"被显示出来，它的 ProjectId 为 **"game-smell"**，Name 为 **"Do you smell that?"**。

因为你并不关心工人，所以你可以简化查询，省略 Worker 表，如代码清单 11-14 所示。如果只检查工人是否"不存在"，那么就不用包括工人的信息。

### 代码清单 11-14　忽略 Worker 表

```
--没有工人的项目，你只需要通过桥接表来确认。
SELECT
    Project.Name ProjectName
    FROM Project
LEFT OUTER JOIN ProjectWorker ON Project.ProjectId =
ProjectWorker.ProjectId
WHERE ProjectWorker.WorkerId IS NULL;
```

这个示例与前一个示例的操作完全相同。但是，它更高效，因为不再包括不需要的 Worker 表的 LEFT OUTER JOIN。

### 2. "没有项目的工人"

还可以找到所有未分配到项目的工人，而不改变查询的顺序。如果将所有的 LEFT 改为 RIGHT，那么最后一个连接的 Worker 表，将始终把所有记录包括在内，而不管左边是什么。添加一个 NULL ProjectId 过滤器，就可以得到"没有项目的工人"。代码清单 11-15 显示了这些更改。

**代码清单 11-15　获取"没有项目的工人"**

```
SELECT
    Project.Name ProjectName,
    Worker.FirstName,
    Worker.LastName
FROM Project
RIGHT OUTER JOIN ProjectWorker ON Project.ProjectId =
ProjectWorker.ProjectId
RIGHT OUTER JOIN Worker ON ProjectWorker.WorkerId = Worker.WorkerId
WHERE ProjectWorker.ProjectId IS NULL;
-- WHERE ProjectWorker.WorkerId IS NULL; // 这也可以运行，为什么？
```

这段代码包括了所描述的更改。结果是 12 条"没有项目的工人"的记录。表 11-8 是其中的 5 条记录。

表 11-8　其中 5 条"没有项目的工人"的记录

| ProjectName | FirstName | LastName |
|---|---|---|
| | Nora | Riha |
| | Carny | Atton |
| | Renell | Cathel |
| | Viviana | Seabridge |
| | Tabbie | Toothill |

因为你知道这些工人没有与项目相连接，所以你知道项目名称将为空白。因此，你可以再次简化这个列表，省略 Project 表，如代码清单 11-16 所示。

**代码清单 11-16　通过删除项目名称，简化"没有项目的工人"的查询**

```
--没有项目的工人。
SELECT
    Worker.FirstName,
    Worker.LastName
FROM ProjectWorker
RIGHT OUTER JOIN Worker ON ProjectWorker.WorkerId = Worker.WorkerId
WHERE ProjectWorker.ProjectId IS NULL;
```

更好的做法是重新编写查询，将重要的概念"Worker"放在第一位。将

RIGHT OUTER JOIN 改为 LEFT OUTER JOIN，并重新排表的顺序，如代码清单 11-17 所示。

**代码清单 11-17　通过 LEFT OUTER JOIN 查询"没有项目的工人"**

```
SELECT
    Worker.FirstName,
    Worker.LastName
FROM Worker
LEFT OUTER JOIN ProjectWorker ON Worker.WorkerId =
ProjectWorker.WorkerId
WHERE ProjectWorker.WorkerId IS NULL;
```

在代码清单 11-16 和代码清单 11-17 中，这些查询的结果和性能特征是相同的，这是达到相同结果的两种不同方式。

> **经验之谈**：任何 RIGHT OUTER JOIN 都可以重写为 LEFT OUTER JOIN，并且当所有连接都按照相同的单一方向进行时，更容易对关系进行可视化。考虑将所有的 RIGHT OUTER JOIN 转换为 LEFT OUTER JOIN 以保持一致性。

## 11.6　SELF-JOIN 和别名

请仔细查看本课前面介绍的图 11-1 中的 Task 表中的外键 ParentTaskId。ParentTaskId 可为空，并引用 Task 表的主键 TaskId。Task 表具有自引用关系。通过将父任务的 TaskId 设置为子任务的 ParentTaskId 的值，任何单个任务都可以成为另一个任务的父任务。父子关系是可选的，因为 ParentTaskId 可为空。

自引用关系虽然不常见，但有时也会遇到。它们在组织层次结构中组织同类数据时非常有用。以下是一些示例：

- **文件系统中的文件夹**：每个文件夹都位于另一个文件夹中，根文件夹除外。
- **评论线程**：一条评论可能是对另一条评论的回应，而其他评论又可能是对该评论的回应。
- **软件界面菜单**：文件菜单打开一个菜单选项列表；选择其中一个选项，它会打开另一个菜单选项列表，依此类推。

你可以将一个表与自身进行 JOIN 吗？可以尝试如代码清单 11-18 所示的方式来实现这个操作。

### 代码清单 11-18　将表和自己进行连接

```
SELECT *
FROM Task
INNER JOIN Task ON Task.TaskId = Task.ParentTaskId;
```

在这个示例中，可以看到 Task 表中的所有列都被选择了。使用 INNER JOIN 将 TaskId 连接到 ParentTaskId。

如果执行这个查询，则会发现它不起作用，会得到如下错误：

```
Error Code: 1066. Not unique table/alias: 'Task'
```

SQL 引擎无法区分一个 Task 表和另一个 Task 表。需要有一种区分父 Task 表和子 Task 表的方式。之前你学到了如何使用列别名，其实还可以创建一个表的别名。语法类似：在表名后面立即标记表的别名，并在其他使用到该表名的地方用别名替换表名。代码清单 11-19 显示了使用表别名的示例。

### 代码清单 11-19　通过表的别名来区分父表和子表

```
SELECT
    parent.TaskId ParentTaskId,
    child.TaskId ChildTaskId,
    CONCAT(parent.Title, ': ', child.Title) Title
FROM Task parent
INNER JOIN Task child ON parent.TaskId = child.ParentTaskId;
```

在这个示例中，你可以看到为 Task 表添加了表别名。数据从一个被标记为 parent 的 Task 表中选择，然后与另一个被标记为 child 的 Task 表进行连接。接着，使用两个被标记为别名的表中的适当列来连接这些表。结果是通过以下格式显示了 416 条记录，表 11-9 显示了其中的 4 条记录。

表 11-9　其中的 4 条记录

| ParentTaskId | ChildTaskId | Title |
| --- | --- | --- |
| 1 | 2 | Log in: Refactor data store |
| 1 | 3 | Log in: Refactor service layer and classes |
| 1 | 4 | Log in: Create network architecture |
| 1 | 5 | Log in: Refactor interface |

在这个示例中，每条记录打印了三个值。前两个值是父 Task 表的 TaskId 和子 Task 表的 TaskId。但是，第三个值是一个通过父 Task 表和子 Task 表的

标题创建的值。可以看到，使用函数 CONCAT 将这两个值与冒号和空格连接起来，可以让结果更易于理解。

---

**SQL 表达式：**SQL 是一种丰富的编程语言。在 SELECT 值列表、WHERE 条件或 ON 条件中，不仅限于使用列值和字面值。可以结合使用函数(如 ISNULL 或 CONCAT)和值，以及运算符。唯一的限制是，最终表达式的结果必须为一个确切值。

---

别名不仅用于自引用连接。它们通常用于整理查询，并使其更简洁。代码清单 11-20 与代码清单 11-9 类似，它对多个表使用了别名。

### 代码清单 11-20   对多表使用别名的查询

```
SELECT
    p.Name ProjectName,
    w.FirstName,
    w.LastName,
    t.Title
FROM Project p
INNER JOIN ProjectWorker pw ON p.ProjectId = pw.ProjectId
INNER JOIN Worker w ON pw.WorkerId = w.WorkerId
INNER JOIN Task t ON pw.ProjectId = t.ProjectId
    AND pw.WorkerId = t.WorkerId
WHERE p.ProjectId = 'game-goodboy';
```

在这个示例中，列名是限定的，但每个表名都使用了别名。别名定义在每个表的名称之后：

```
FROM Project p
INNER JOIN ProjectWorker pw ON p.ProjectId = pw.ProjectId
INNER JOIN Worker w ON pw.WorkerId = w.WorkerId
INNER JOIN Task t ON pw.ProjectId = t.ProjectId
    AND pw.WorkerId = t.WorkerId
```

在某种程度上，这些别名感觉就像你在 Java 或其他编程语言中使用的变量，而在这些语言中，你必须在给变量赋值之前先定义一个变量。由于数据库引擎将整个查询作为一个单元执行，因此，它允许在使用别名之后再对其进行赋值。当数据库引擎遇到一个它不认识的限定符时，它会简单地读取查询的其余部分来解析它。别名在当前查询之外并不会持久存在，即使它们在同一个脚本中。一旦数据库引擎完成运行查询，别名就会被遗忘。

对许多团队来说，这种使用具体表名的版本比较啰唆，但是如果你有多个以相同字母开头的表，则使用单个字母作为别名可能会有些棘手。查看你的团队的编码规范。如果没有规范，则请进行协作并创建一个规范。一致的布局和别名将有助于提高代码的可读性。

## 11.7　CROSS JOIN

CROSS JOIN 不使用 ON 子句，因为它不基于条件进行匹配。相反，CROSS JOIN 创建了一个笛卡儿积，将连接的表之间的每个可能的行组合都包括在结果中。

假设你想看到 WorkerId 为 1 的 Inez Fanthome 与每个非游戏项目的组合。结果并不显示实际的关系，而是显示了每个可能的组合。代码清单 11-21 显示了这个查询的代码。

**代码清单 11-21　CROSS JOIN**

```
SELECT
    CONCAT(w.FirstName, ' ', w.LastName) WorkerName,
    p.Name ProjectName
FROM Worker w
CROSS JOIN Project p
WHERE w.WorkerId = 1
AND p.ProjectId NOT LIKE 'game-%';
```

我们有 6 个非游戏项目和 1 名工人，所以笛卡儿积由表 11-10 中的 6 种组合组成。

表 11-10　笛卡儿积组成

| WorkerName | ProjectName |
|---|---|
| Inez Fanthome | GameIt Accounts Payable |
| Inez Fanthome | GameIt Accounts Receivable |
| Inez Fanthome | GameIt Enterprise |
| Inez Fanthome | GameIt Human Resource Intranet |
| Inez Fanthome | GameIt HRIntranet V2 |
| Inez Fanthome | GameIt Payroll |

另一种想象 CROSS JOIN 的方法是想象一副扑克牌。如果一个表包括花色(红心、梅花、方块、黑桃)，另一个表包含牌值(2~10、J、Q、K、A)，那么花

色和牌值的 CROSS JOIN 将得到一副完整的扑克牌。

CROSS JOIN 在数据库处理过程中很少见，但在更高级的场景中可能会出现。

## 11.8　本课小结

JOIN 子句扩展了 SELECT 语句的功能。它允许从多个表中获取数据，并表示不同表中行之间的关系。JOIN 将多个表的值合并到一条记录中。

有几种 JOIN 类型，它们在处理相关表中缺失行的方式上有所不同。

- INNER JOIN：当连接条件的两端相匹配时，才返回这条记录。
- LEFT OUTER JOIN：将 INNER JOIN 的结果加上，左边表中不匹配连接条件的记录一起返回。
- RIGHT OUTER JOIN：将 INNER JOIN 的结果加上，右边表中不匹配连接条件的记录一起返回。
- FULL OUTER JOIN：将 INNER JOIN 的结果加上，左边表中不匹配连接条件的记录及右边表中不匹配连接条件的记录。需要注意的是，MySQL 不支持 FULL OUTER JOIN。
- CROSS JOIN：返回两个表中行的笛卡儿积。

本课还提到，自连接是指将表与自身相连接的 JOIN 操作。此外，我们还介绍了如何为列和表设定别名。别名有助于消除歧义，并使查询更简洁。

## 11.9　本课练习

以下练习旨在让你试验本课中介绍的概念。

练习 11-1：用户故事

练习 11-2：私人教练

> **注意**：这些练习旨在帮助你将本课中所学的知识应用到实践中。

练习 11-1：用户故事

编写一个单独的 SELECT 语句，可以在 TrackIt 数据库中显示所有的 User Story 任务。包括 TaskType 名称，以及任务所属的项目名称和该项目上的工作者的名字和姓氏。

### 练习 11-2：私人教练

通过使用 PersonalTrainer 数据库，在以下每个操作中完成一系列的 JOIN 查询。如果已经拥有 PersonalTrainer 数据库，则可以使用它；如果没有，则可以在本书配套文件中查找并运行 personaltrainer-schema-and-data.sql 脚本。这是第 10 课中使用过的数据库。

运行该脚本后，使用 MySQL Workbench 或 MySQL 命令行来查看数据库中的表和每个表中的列。你还可以参考图 11-3 中的 ERD 来识别表之间的关系。

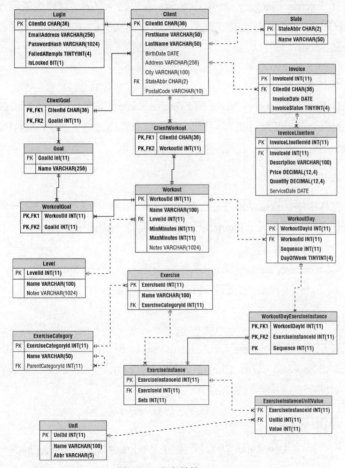

图 11-3　私人教练 schema

使用以下信息来编写下列操作中显示的查询。

- 运行每个查询，并根据预期的行数检查结果。
- 记住，在每个查询中包括适当的 USE 语句。
- 如果需要，可以使用别名，但这不是必需的，除非不用别名将导致歧义。
- 请验证结果是否只包括指令中所要求的列。
- 每个操作都显示了结果应包含的预期行数。

### 1. 操作 1(64 行)

选择 ExerciseCategory 表和 Exercise 表中的所有列。这两个表应该通过 ExerciseCategoryId 进行连接。此查询应该返回所有的 Exercise 及其相关的 ExerciseCategory。

### 2. 操作 2(9 行)

选择 ExerciseCategory.Name 和 Exercise.Name，其中，ExerciseCategory 没有 ParentCategoryId(为 null)。同样，将这两个表通过它们的共享键(Exercise CategoryId)进行连接。

### 3. 操作 3(9 行)

在操作 2 中，查询结果可能会有些混淆。如果使用了列名，则乍一看可能很难分辨哪个 Name 属于 ExerciseCategory，哪个 Name 属于 Exercise。使用别名重写查询：

- 将 ExerciseCategory.Name 的别名设定为 CategoryName。
- 将 Exercise.Name 的别名设定为 ExerciseName。

### 4. 操作 4(35 行)

选择 Client 表中的 FirstName、LastName 和 BirthDate 列，以及 Login 表中的 EmailAddress 列，其中，Client.BirthDate 在 20 世纪 90 年代。通过表的键关系连接这两个表。主外键关系是什么？

### 5. 操作 5(25 行)

查询客户的 LastName 以 C 开头的 Workout.Name、Client.FirstName 和 Client.LastName 信息。Client 表与 Workout 表之间存在怎样的关系？

6. 操作 6(78 行)

从 Workout 表和 Goal 表中选择名称。这是一个多对多的关系，需要使用桥接表。适当地使用别名，以避免结果中出现歧义。

7. 操作 7(200 行)

选择客户名称和电子邮件地址。从 Client 表中选择 FirstName 和 LastName，从 Login 表中选择 ClientId 和 EmailAddress。连接这两个表，但使 Login 成为可选的。这应该会产生 500 行结果。

以刚刚创建的查询为基础，选择 Login 表中没有记录的 Client。这应该会产生 200 行结果。

8. 操作 8(0 或 1 行)

客户 Romeo Seaward 是否有登录？使用单个查询进行判断。根据此查询的设置方式，它将返回 1 行或 0 行。

9. 操作 9(12 行)

选择 ExerciseCategory.Name 及其父级 ExerciseCategory 的名称。提示：这需要自连接。

10. 操作 10(16 行)

重写操作 9 中的查询，以便包括每个 ExerciseCategory.Name，即使它没有父级。

11. 操作 11(50 行)

是否有未注册锻炼(Workout)的客户？编写查询以确定答案。

12. 操作 12(6 行，唯一行数为 4)

哪些初级训练至少满足了 Shell Creane 的目标之一？注意，Goal 表是通过 ClientGoal 与 Client 表相连接的。此外，Goal 表是通过 WorkoutGoal 与 Workout 表相连接的。

### 13. 操作 13(26 个 Workout，3 个 Goal)

选择所有锻炼(Workout)。连接到 "Core Strength" 目标，但将其设为可选。注意，在编写主查询之前，可能需要查找 GoalId。

如果你在 WHERE 子句中过滤 Goal.Name，则会排除 Workout。为什么？

### 14. 操作 14(744 行)

Workout 表和 Exercises 表之间的关系是复杂的。Workout 表连接到 WorkoutDay (Workout 日程中的一天)，它又连接到 WorkoutDayExercise Instance(由于锻炼可以在一天中重复，因此，需要桥接表)，它还连接到 ExerciseInstance(由于锻炼可以使用不同的质量、重复次数、圈数等，因此，需要桥接表)，最后，连接到 Exercise 表。

选择与 Workout 表和 Exercise 表相连接的 Workout.Name 和 Exercise.Name。

# 第 12 课

# 对查询结果进行排序和过滤

随着行数的增加，对结果返回顺序的控制变得越来越重要。如果结果包括数百、数千甚至数百万条记录，那么最重要的记录应该第一个返回。用户没有耐心滚动查看记录来找到他们需要的内容，也不应该这样做。

当结果变得太大时，限制结果也很重要。如果用户只查看前 10 条记录，那么从数据库中获取 10,000 条记录是没有意义的。限制结果可以防止用户被数据淹没，同时节约资源。有限的结果降低了网络带宽的要求和服务器处理的压力。

**本课目标**

完成本课后，你将掌握如下内容：

- 使用 ORDER BY 子句对查询结果进行排序。
- 使用 LIMIT 控制返回的记录数。
- 使用 DISTINCT 只返回唯一的记录。

本课将再次使用第 11 课"使用连接"中的 TrackIt 数据库。如果你已经从早期的课程中复制得到了副本，则欢迎使用该副本；否则，你可以运行在本书下载文件中找到的 TrackIt.sql 脚本。这将允许你运行本课提供的查询，以查看结果。

# 12.1 使用 ORDER BY

你能够对从 SQL 查询中获得的输出进行排序。可以通过使用 ORDER BY 来实现这一点。ORDER BY 子句是 SELECT 语句的可选扩展。ORDER BY 关键字后面跟着一列或多列,查询的结果将根据列值进行排序。ORDER BY 子句还可以选择包括排序方向,其可以是升序或降序。默认方向为升序排列。

结果可以按任意列进行排序,而不仅是 SELECT 值列表中检索到的列。排序发生在 SELECT 值评估之前,因此,SQL 引擎可以访问所有列。

## 12.1.1 按照单个列排序

下面介绍按照单列排序。举个例子:使用 TrackIt 数据库的 Worker 表。从 Worker 表中选择所有列:

```
SELECT * FROM Worker;
```

使用这个标准的 SELECT 语句,结果按照自然顺序排序。在这种情况下,结果按照 Worker 的主键 WorkerId 升序排列。其中,有 100 个 Worker,因此,要找到一个特定的 Worker 并不容易。

为了确切地对结果进行排序,可以添加之前提到的 ORDER BY 子句。如果存在 WHERE 子句,则 ORDER BY 放在 WHERE 子句之后。此查询没有 WHERE 子句,因此,在 FROM 之后添加 ORDER BY,如代码清单 12-1 所示。

**代码清单 12-1  使用 ORDER BY**

```
SELECT *
    FROM Worker
ORDER BY LastName;
```

默认的排序方向是升序,因此,Worker 按照姓氏 Achromov 到 Zorzi 的顺序排列。要反转排序方向,必须更加明确。ASC 关键字表示按升序排序,而 DESC 关键字表示按降序排序。在代码清单 12-2 中,排序顺序按照 LastName 设置为了升序。

**代码清单 12-2  使用 ASC**

```
SELECT *
```

```
    FROM Worker
ORDER BY LastName ASC;
```

在代码清单 12-2 中，由于 ASC 是默认的排序方向，因此，并不是严格要求使用 ASC 的。因此，代码清单 12-2 的结果应该与代码清单 12-1 的结果相同。要将排序方向更改为按照 LastName 降序排序，可以使用 DESC 关键字，如代码清单 12-3 所示。

**代码清单 12-3　按降序排序**

```
SELECT *
    FROM Worker
ORDER BY LastName DESC;
```

对于 JOIN 查询，排序的使用方法也是一样的。当在 JOIN 表中进行排序时，应该使用表名或别名来限定排序列。代码清单 12-4 显示了按照 LastName 排序的 Worker 信息，其中，使用了限定符(表的别名)。

**代码清单 12-4　对 JOIN 表进行排序**

```
SELECT
    w.FirstName,
    w.LastName,
    p.Name ProjectName
FROM Worker w
INNER JOIN ProjectWorker pw ON w.WorkerId = pw.WorkerId
INNER JOIN Project p ON pw.ProjectId = p.ProjectId
ORDER BY w.LastName ASC;
```

使用此查询，将显示员工的名字、姓氏和项目名称。要同时获取工人名称和项目名称，需要连接 Worker 表、ProjectWorker 表和 Project 表。可以看到，每个连接表都具有限定符名称，以便于跟踪使用的列和表。在这种情况下，将 Worker 的别名设定为 w，然后使用 w.LastName 进行排序。

在对结果进行排序后，可以相对容易地浏览员工，并查看他们正在进行的项目。

## 12.1.2　按照多个列排序

有时，需要按照多个列排序。按一个列排序可能无法分出先后，因为它们在该列上可能具有相同的值。添加第二个排序列可以解决这个问题。这类似于电话簿或联系人列表中的排序顺序，其中，每个人的名字可能首先按姓氏排序，以创建具有相同姓氏的人的组(如 Smith 或 Jones)。然后你可以按名字排序,让 Bob Jones 出现在 Robert Jones 之前,但他们都会出现在任意一个姓 Smith 的人之前。

在 TrackIt 数据库中,一些工人被分配到许多项目中。在排序结果中,这些项目按自然顺序排序,因此,很难发现特定的项目,因为它们的顺序是混乱的。如果项目的顺序是明确的,那么对数据进行观察就会容易一些。

为了使顺序更易于使用并且更明确,首先按照工人姓氏排序,然后按照项目名称排序,如代码清单 12-5 所示。

### 代码清单 12-5　先按照姓氏排序,然后按照项目名称排序

```
SELECT
    w.FirstName,
    w.LastName,
    p.Name ProjectName
FROM Worker w
INNER JOIN ProjectWorker pw ON w.WorkerId = pw.WorkerId
INNER JOIN Project p ON pw.ProjectId = p.ProjectId
ORDER BY w.LastName ASC, p.Name ASC;
```

在代码清单 12-5 中,可以看到排序现在包括了来自 worker 表的 LastName 和来自 project 表的 Name。它们之间用逗号隔开。因此,结果按工人分组,每个工人组内的项目按字母顺序列出。表 12-1 是输出中的前 11 行。

表 12-1　按工人及项目字母的顺序排序示例

| FirstName | LastName | ProjectName |
| --- | --- | --- |
| Thorin | Achromov | It's the Economy, Stupid! |
| Ephrayim | Aleswell | It's the Economy, Stupid! |
| Dionisio | Allnatt | Midge |
| Vlad | Anfusso | GameIt Enterprise |
| Vlad | Anfusso | It's the Economy, Stupid! |
| Vlad | Anfusso | Who's a GOOD boy!? |
| Roshelle | Antoniades | Middle School Breakout |
| August | Arthurs | GameIt Human Resource Intranet |
| Dianemarie | Atley | CookerMaker |
| Dianemarie | Atley | Midge |
| Dianemarie | Atley | Midge II |

ORDER BY 中的每一列都有一个独立的排序方向。如果希望按照工人姓氏的降序排序，然后再按照项目名称的升序排序，则也可以轻松更改，如代码清单 12-6 所示。

### 代码清单 12-6　更改单个排序项的排序顺序

```
SELECT
    w.FirstName,
    w.LastName,
    p.Name ProjectName
FROM Worker w
INNER JOIN ProjectWorker pw ON w.WorkerId = pw.WorkerId
INNER JOIN Project p ON pw.ProjectId = p.ProjectId
ORDER BY w.LastName DESC, p.Name ASC;
```

当运行此查询时，可以看到姓氏是按照降序排序的。表 12-2 是输出中的前 11 行。可以看到第一行的姓氏是 Zorzi。

表 12-2　按照姓氏降序排序示例

| FirstName | LastName | ProjectName |
| --- | --- | --- |
| Tally | Zorzi | GameIt HR Intranet V2 |
| Tally | Zorzi | Grumps |
| Tally | Zorzi | Tic-Tac-Toga |
| Remington | Youell | Midge II |
| Inglis | Wilne | Horror in Iowa |
| Inglis | Wilne | Midge |
| Courtney | Wichard | CookerMaker |
| Courtney | Wichard | Postmodern Love Letter |
| Neddy | Wethered | Churlish Curling |
| Halli | Vel | GameIt Accounts Payable |
| Mari | Tootell | Horror in Iowa |

注意：默认排序方向是升序。如果省略了 ASC 或 DESC，则结果将按升序排序。

## 12.1.3 改变列的顺序

代码清单 12-5 列出了每个工人及其正在进行的项目。如果我们想要看到项目的列表，然后是每个项目的工作人员名单，该怎么办？可以对之前的查询进行一些简单的更改以获得此结果吗？请在继续之前尝试进行更改。表 12-3 是输出中的前 11 行，数据按项目排序，然后是工人的姓氏。

表 12-3　先按项目，再按工人姓氏进行排序的示例

| ProjectName | FirstName | LastName |
|---|---|---|
| Churlish Curling | Andrej | Fernao |
| Churlish Curling | Xavier | Gheorghescu |
| Churlish Curling | Cassandry | Hendin |
| Churlish Curling | Minna | Jonk |
| Churlish Curling | Rickie | Osgodby |
| Churlish Curling | Luci | Reeves |
| Churlish Curling | Alia | Rozycki |
| Churlish Curling | Neddy | Wethered |
| CookerMaker | Dianemarie | Atley |
| CookerMaker | Cherri | Binden |
| CookerMaker | Julia | Creenan |

代码清单 12-7 包括了更改后的查询。

**代码清单 12-7　将项目放在工人之前**

```
SELECT
    p.Name ProjectName,
    w.FirstName,
    w.LastName
FROM Worker w
INNER JOIN ProjectWorker pw ON w.WorkerId = pw.WorkerId
INNER JOIN Project p ON pw.ProjectId = p.ProjectId
ORDER BY p.Name ASC, w.LastName ASC;
```

代码清单 12-7 进行了两个基本更改。首先，将 SELECT 中列出的列顺序更改为将项目名称放在首位。这意味着，项目名称将显示在最前面。另一个更改是 ORDER BY 之后的两个排序项的顺序。同样，将项目名称移到首位，因

此，SQL 查询将先按照它进行排序并分组。

### 处理空值

尝试执行代码清单 12-8 中的查询。此查询将打印所有任务的标题及其状态的名称。

### 代码清单 12-8　打印带有状态的任务信息

```
SELECT
    t.Title,
    s.Name StatusName
FROM Task t
LEFT OUTER JOIN TaskStatus s ON t.TaskStatusId = s.TaskStatusId
ORDER BY s.Name ASC;
```

在返回的 543 行输出中，前 18 行输出如表 12-4 所示。

表 12-4　带有状态的任务信息示例

| Title | StatusName |
| --- | --- |
| Design domain services | null |
| Create physics engine | null |
| Construct user interface | null |
| Check service layer and classes | null |
| Model front-end components | null |
| Add vehicle, clothing, and building assets | null |
| Create service layer and classes | null |
| Extend service layer and classes | null |
| Profile domain rules and structure | null |
| Check front-end components | null |
| Implement character assets | null |
| Build 2D game models | Closed |
| Check level and scene services | Closed |
| Add an employee | Closed |
| Build UI | Closed |
| Prototype user interface | Closed |

(续表)

| Title | StatusName |
|---|---|
| Design UI | Closed |
| Log out | Closed |

注意，前 11 条记录的 StatusName 为 NULL。这有点奇怪。NULL 值应该出现在按字母顺序排序的第一个字符串值之前吗？这很难说。

换个角度思考，NULL 是否应该在按字母顺序排序的最后一个字符串值之后？这也有点奇怪。

MySQL 引擎必须做出选择。其选择将 NULL 放在第一位。如果你不喜欢 NULL 先出现，则可以通过添加 ORDER BY 条件来强制它们的顺序。代码清单 12-9 中的查询将 NULL 排在最后。

**代码清单 12-9　将 NILL 值排在最后**

```
SELECT
    t.Title,
    s.Name StatusName
FROM Task t
LEFT OUTER JOIN TaskStatus s ON t.TaskStatusId = s.TaskStatusId
ORDER BY ISNULL(s.Name), s.Name ASC;
```

可以看到，代码清单 12-9 在排序子句中添加了一个 ISNULL 调用。这意味着，第一个分组排序将是状态名称是否为 NULL。结果将以非空到空的顺序进行排序。一旦对空值排序，则名称将按升序排序。这将使空值位于输出的末尾。

正如代码清单 12-9 所示，ORDER BY 不仅限于列。可以按任何值进行排序。一个 ORDER BY 可以包括由函数、运算符、列值和字面值构建的表达式。

## 12.2　使用 LIMIT

本书中创建和执行的许多查询往往有数百个结果。有时你只想查看几个结果。LIMIT 子句是 SELECT 语句的可选扩展。它限制从查询中返回的记录，其基本形式如下：

```
LIMIT [Row offset], [Number of rows]
```

LIMIT 是 SELECT 语句中的最后一个语法元素。[Row offset]指数据库引擎应该从哪一行开始计数，而[Number of rows]指定要在结果中包括的行数。无论查询的复杂程度如何，LIMIT 都可以用于所有的 SELECT 查询。

再次考虑 Worker 表。在 TrackIt 数据库中有 100 名工人。如果你只想获取按照姓氏降序排序的前 10 名工人，则可以使用代码清单 12-10 中的代码。

**代码清单 12-10　查询有限多个工人信息**

```
SELECT *
FROM Worker
ORDER BY LastName DESC
LIMIT 0, 10;
```

代码清单 12-10 将返回名为 Zorzi 的工人，并按照姓氏降序排列。LIMIT 的第一个项目为 0，因此，没有偏移量(记住，程序从零开始计数)。接下来是 10，因此，会获取并返回 10 行记录。

行偏移量是可选的，并使用默认值 0。代码清单 12-10 中的查询也可以改为代码清单 12-11 中的写法。

**代码清单 12-11　不使用行偏移量进行查询**

```
SELECT *
FROM Worker
ORDER BY LastName DESC
LIMIT 10;
```

在这种情况下，可以看到 0 被省略了，并且 10 行是根据 ORDER BY 子句被简单地获取并返回的。

还可以选择从指定的偏移量开始选择记录。代码清单 12-12 中将偏移量设定为 10 行，然后再获取 10 行记录。

**代码清单 12-12　使用偏移量**

```
SELECT *
FROM Worker
ORDER BY LastName DESC
LIMIT 10, 10;
```

使用此代码，所选的记录不再从第一条记录开始，而是从第 10 条记录开始。因此，结果显示了工人 Steinhammer 到 Romainy 的记录。

我们知道 Worker 表有 100 行。如果将偏移量设置为超过可用记录的数量会发生什么？查看代码清单 12-13。

**代码清单 12-13 使用超出范围的偏移量**

```
SELECT *
FROM Worker
ORDER BY LastName DESC
LIMIT 200, 10;
```

当执行此查询时，没有出现错误。但是，结果为空，没有返回任何记录。

# 12.3 使用 DISTINCT

有时，不需要查看重复的记录，而只想简单地查看结果列表中的不同内容。例如，在 TrackIt 数据库中，你可能希望查看所有具有任务的项目。考虑代码清单 12-14。

**代码清单 12-14 列出所有具有任务的项目**

```
SELECT
    p.Name ProjectName,
    p.ProjectId
FROM Project p
INNER JOIN Task t ON p.ProjectId = t.ProjectId
ORDER BY p.Name;
```

此查询执行了 INNER JOIN 来将所有项目与其任务连接起来。当执行查询时，它返回了 543 条记录。ProjectId 和 ProjectName 值是重复的，对连接到项目的每个任务它们都会重复出现一次，但这些值并不是真正想要的结果。相反，这两项最好对于每个项目只显示一次。

DISTINCT 是可选的关键字，可能出现在 SELECT 值列表中。如果存在，则它将从查询结果中删除重复的记录。要删除代码清单 12-14 中的重复项，请像代码清单 12-15 那样添加 DISTINCT。

**代码清单 12-15 列出所有有任务的项目**

```
SELECT DISTINCT
    p.Name ProjectName,
    p.ProjectId
FROM Project p
INNER JOIN Task t ON p.ProjectId = t.ProjectId
ORDER BY p.Name;
```

可以看到，新查询只返回 26 条记录，每个项目有一个任务。表 12-5 是查询结果中的前 4 行。

表 12-5　代码清单 12-15 查询结果中的前 4 行

| ProjectName | ProjectId |
| --- | --- |
| Churlish Curling | game-churlish |
| CookerMaker | game-cooker |
| Diva Diva Diva | game-diva |
| Don't Eat The Cheese! | game-cheese |

## 12.4　本课小结

在本课中，你已经了解到可以对查询结果进行排序。还学习了 ORDER BY、LIMIT 和 DISTINCT。

ORDER BY 子句是 SELECT 语句的可选元素。它根据一个或多个列值或表达式对结果进行排序。LIMIT 是 SELECT 语句中的可选子句。它将结果记录限制为原始查询的一个子集。DISTINCT 允许只检索与请求匹配的唯一记录，而不包括重复的记录。

## 12.5　本课练习

在下练习旨在让你试验本课中介绍的概念。

练习 12-1：世界数据库中有什么

练习 12-2：人数较少的城市

练习 12-3：按地区划分的城市

练习 12-4：说法语的国家

练习 12-5：没有宣布独立日期的国家

练习 12-6：国家语言

练习 12-7：没有指定语言的国家

练习 12-8：城市人口

练习 12-9：平均城市人口

练习 12-10：国内生产总值

练习 12-11：首都城市

练习 12-12：国家与首都

注意：这些练习旨在帮助你将本课中所学的知识应用到实践中。

### 练习开始：世界数据库

本课中的练习将使用完整安装 MySQL 服务器附带的世界示例数据库。可以通过以下任意一个步骤来检查是否在 MySQL 服务器中拥有此数据库：

- 如果你正在使用 MySQL Workbench，则连接到服务器，并在左侧的导航窗口中查找 world schema，如图 12-1 所示。
- 如果你正在使用命令行界面，则连接到 MySQL 服务器，并在 mysql 提示符下运行 show databases；命令。在数据库列表中查找 world。

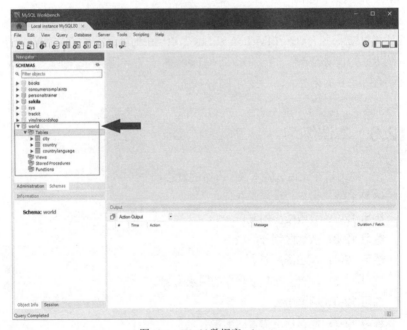

图 12-1　World 数据库 schema

检查模式是否包括以下三个表：city、country、countrylanguage。

如果 MySQL 服务器安装不包括此数据库，或者缺失任意表，可以下载并运行 SQL 脚本来进行创建。在 MySQL 页面的 Example Database 标题下，找到 world database，并单击超链接下载脚本：download.nust.na/pub6/mysql/doc/index-other.html。

**为 World 生成 ERD**

在本练习中创建查询时，也可以参考此网站的 ERD。在 MySQL Workbench 中验证数据库是否设置好后，可以使用以下步骤生成 ERD：

(1) 打开 Database 菜单，单击 Reverse Engineer(或使用快捷键 Ctrl+R)。

(2) 根据提示连接数据库，并选择 world schema。

(3) 接受所有其余步骤的默认选项。

MySQL Workbench 将创建一个 ERD，显示所有表、每个表中的列，以及表之间的关系。在完成本练习中的查询时，可以使用此 ERD 作为指南。

**说明**

下面的练习指出了你应该在结果中看到多少条记录，但检索特定数量的行或检索所有行的练习除外。注意，MySQL Workbench 默认限制为每个查询 1,000 行。可以在 SQL Editor 工具栏中更改此设置，但应该知道，对于超过 1,000 条记录的查询，可能不会看到所有结果。

**练习 12-1：世界数据库中有什么**

第一个练习首先仅查看每个表中的数据。使用 SELECT 查询来查看每个表中的前 10 行数据和三个表中的所有列。注意，表中包括的列及每个列中的数据是什么样的。

**练习 12-2：人数较少的城市(42 行)**

生成一个列表，其中，包括所有人口少于 1 万的城市。

- 在结果中包括 city 表中的所有列。
- 对结果进行排序，按照人口数的降序排序。

### 练习 12-3：按地区划分的城市(4,079 行)

生成一个按地区和国家分组的所有城市的列表。

- 只包括地区名、国家名和城市名。
- 按地区、国家和城市的字母顺序对结果进行排序。

### 练习 12-4：说法语的国家(22 行)

生成一个使用任意形式法语的所有国家的列表。

- 包括国家名称、语言和说该语言的人口比例。
- 按百分比排序数据，最大的值位于列表的顶部。
- 使用一个不带 OR 的 WHERE 语句。

### 练习 12-5：没有宣布独立日期的国家(47 行)

生成一个没有提供独立年份的国家的列表。

- 仅包括列表中每个国家名称、大洲和人口。
- 按国家名称的字母顺序排序。

### 练习 12-6：国家语言(990 行)

生成一个国家和每个国家使用的语言的列表。

- 只包括国家名称、大洲、语言和每个国家使用该语言的百分比。
- 包括所有国家，甚至是那些没有指定语言的国家。
- 按国家名称的字母顺序排序，然后按百分比排序，百分比最高的排在第一个。

### 练习 12-7：没有指定语言的国家(6 行)

生成一个没有指定语言的国家的列表。

- 只包括国家名称和大洲。
- 按大洲和国家名称的字母顺序排序。

### 练习 12-8：城市人口(232 行)

计算每个国家的城市人口总数。

- 在结果中包括国家名称和人口总数。

- 按人数总数排序，从最小值开始。

### 练习 12-9：平均城市人口(7 行)

计算每个大洲的平均城市人口。

- 在结果中包括所有大洲名称和平均人口。
- 按平均值排序，从最大值开始。

### 练习 12-10：国内生产总值

生成一个国内生产总值最高的 10 个国家的列表。

包括国家名称和 GNP。

### 练习 12-11：首都城市(4,079 行)

生成一个包括该国的首都人口和官方语言的列表。

- 包括城市名称、所在国家、城市人口和国家的官方语言。
- 使用有意义的名称来区分列标题。
- 按城市名称的字母顺序排序。

### 练习 12-12：国家与首都(239 行)

生成一个国家及其首都城市的列表。

- 在结果中包括国家名称和城市名称，并为每列使用一个有意义的名称。
- 包括没有首都的国家。
- 按国家名称的字母顺序排序。

# 第 13 课

# 分组和聚合

SQL 可以计算聚合值。聚合值就是由多个值计算得出的单个值。如果你有一个学生表，并且其中有学生的 GPA，则可以计算平均 GPA。这个平均值就是一个聚合值。同时，也可以计算出最低或最高的 GPA。两者都是聚合值。不管学生人数是多少，聚合值都会"汇总"或"归约"为一个值。

GROUP BY 子句允许进一步对结果进行分组，并计算每个分组的聚合值。使用 GROUP BY，可以按学生所在州计算平均 GPA，按专业计算最低 GPA 或计算每个学生完成的课程数量。

### 本课目标

完成本课后，你将掌握如下内容：

- 使用聚合函数：COUNT、SUM、AVG、MIN 和 MAX。
- 使用 Group BY 对数据进行分组。
- 使用 HAVING 子句过滤分组。
- 在同一个查询中使用多个聚合。

本课将再次使用 TrackIt 数据库和 schema。你需要安装好数据库才能运行在本课中提供的查询来查看结果。

## 13.1 聚合函数

由于使用的 SQL 数据库系统不同，因此，SQL 聚合函数有十几种或更多。

以下这些是最常见且普遍支持的函数：

- COUNT：计算集合中非空值的个数，适用于任何非空值。
- SUM：对集合中的值求和，值必须是数值类型。
- AVG：计算集合中值的平均值，值必须是数值类型。
- MIN：确定集合中的最小值，值必须是可比较的。
- MAX：确定集合中的最大值，值必须是可比较的。

聚合函数通常出现在 SELECT 值列表中。代码清单 13-1 显示了一个针对 TrackIt 数据库的简单查询，它计算了 TaskId 的数量。

### 代码清单 13-1　使用聚合函数进行计数

```
USE TrackIt;
--对 TaskIds 进行计数， 543 个值。

SELECT COUNT(TaskId)
FROM Task;
--计算总行数， 543 个值。
SELECT COUNT(*)
FROM Task;
```

代码清单 13-1 查询了 TrackIt 数据库，并计算 TaskId 的数量，然后计算 Task 中的记录总数。两个查询的输出结果都为 543 个值。

这 5 个聚合函数每个都需要一个参数：要聚合的值的来源。它可以是一个列，也可以是任意一个值的表达式。COUNT(*)中的*参数是特殊的。它告诉 SQL 引擎统计记录个数，而不是计算值。在代码清单 13-1 的查询中，结果是相同的，但情况并不总是这样。考虑如代码清单 13-2 所示的 TaskStatusId。

### 代码清单 13-2　对 TaskStatusId 进行计数

```
SELECT COUNT(TaskStatusId)
FROM Task;
```

此查询返回 532 个值。Task 表的记录数为 543，因此，TaskStatusId 的数量与 Task 表的记录数不匹配。这是因为聚合函数省略了 NULL 值。Task.TaskStatusId 可以为 NULL，在 543 条记录中，有 11 条为 NULL。

你可以聚合任意一个值。该值可以来自连接表，也可以来自用 WHERE 过滤的结果。代码清单 13-3 对完成的任务进行计数。

### 代码清单 13-3　对完成的任务进行计数

```
SELECT
    COUNT(t.TaskId)
FROM Task t
INNER JOIN TaskStatus s ON t.TaskStatusId = s.TaskStatusId
WHERE s.IsResolved = 1;
```

在代码清单 13-3 中，Task 表已经与 TaskStatus 表连接。然后，当且仅当
IsResolved 状态等于 1 时，才对 TaskId 进行计数。结果表明，共完成了 276 个
任务(如果之前添加、更新或删除了任务，则结果可能会有所不同)。

## 13.2　使用 GROUP BY

正如你所看到的，GROUP BY 是 SELECT 语句中的一个可选子句。它将
结果进行分组。GROUP BY 可以与聚合函数一起使用，来计算每个组的值，
而不是在整个结果上进行计算。

虽然可以编写不包括 GROUP BY 的 SELECT 语句，但如果 SELECT 语句
中同时包括聚合列与非聚合列，则 SELECT 语句必须包括 GROUP BY 子句。

如果不使用 GROUP BY 语句，则查询将不会对结果进行适当的分组。如
果存在 WHERE 子句，则 GROUP BY 子句放在 WHERE 后面、ORDER BY
之前。

在代码清单 13-4 中，任务按状态进行计数。在这种情况下，结果将按状
态进行分组，并计算与每个状态相关联的任务的数量。

### 代码清单 13-4　计算每个状态的任务数量

```
SELECT
    IFNULL(s.Name, '[None]') StatusName,
    COUNT(t.TaskId) TaskCount
FROM Task t
LEFT OUTER JOIN TaskStatus s ON t.TaskStatusId = s.TaskStatusId
GROUP BY s.Name
ORDER BY s.Name;
```

在代码清单 13-4 中，可以看到状态名称和 TaskId 的数量一起被选择。如
果状态名称为 NULL，则会将其归类在[None]下。使用 LEFT OUTER JOIN 将
Task 表与 TaskStatus 表连接，然后按 TaskStatus.Name 进行分组，并按

TaskStatus.Name 排序。当执行此查询时，最终输出结果如表 13-1 所示。

表 13-1　状态名称与任务数量表

| StatusName | TaskCount |
|---|---|
| [None] | 11 |
| Closed | 80 |
| In Progress | 64 |
| Parked | 64 |
| Pending Release | 65 |
| Resolved | 53 |
| Resolved, Duplicate | 62 |
| Resolved, Will Not Fix | 81 |
| Testing/Validation | 63 |

这个查询有几个细微的差别，如下所示：

- 注意，GROUP BY 语句引用 SELECT 语句中的非聚合列(s.Name)。如代码清单 13-5 所示，如果不包括 GROUP BY，则数据库引擎将计算所有记录的总 TaskCount，并与第一个 Task.Name 值一起显示。

**代码清单 13-5　删除 GROUP BY**

```
SELECT
IFNULL(s.Name, '[None]') StatusName,
COUNT(t.TaskId) TaskCount
FROM Task t
LEFT OUTER JOIN TaskStatus s ON t.TaskStatusId = s.TaskStatusId
ORDER BY s.Name;
```

表 13-2 为此查询更改后的输出。

表 13-2　查询更改后的输出

| StatusName | TaskCount |
|---|---|
| [None] | 543 |

- 使用 LEFT OUTER JOIN 可获取所有任务。INNER JOIN 将消除值为 NULL 的 TaskStatusId。

- 依据 s.Name 排序，因为它是 IFNULL(s.Name, '[None]')的值。也可以按照 COUNT(s.TaskId)排序。
- 因为 s.Name 可以为 NULL，所以提供了一个替换值，这样就可以很容易地显示 NULL 状态。
- 别名为聚合值提供有意义的名称。

## 13.2.1 分组和多列

如果你想知道一个状态是否已解决，以及它的名称是什么时，该怎么办？如代码清单 13-6 所示，在添加 TaskStatus.IsResolved 列时，会发生什么？

### 代码清单 13-6 添加 IsResolved 列

```
--这个脚本无法运行。
SELECT
IFNULL(s.Name, '[None]') StatusName,
s.IsResolved,
COUNT(t.TaskId) TaskCount
FROM Task t
LEFT OUTER JOIN TaskStatus s ON t.TaskStatusId = s.TaskStatusId
GROUP BY s.Name
ORDER BY s.Name;
```

代码清单 13-6 无法正常运行。但是，在使用 MySQL 时，应该创建如表 13-3 所示的结果。

表 13-3 添加 IsResolved 列结果示例

| StatusName | IsResolved | TaskCount |
|---|---|---|
| [None] | Null | 11 |
| Closed | 1 | 80 |
| In Progress | 0 | 64 |
| Parked | 0 | 64 |
| Pending Release | 0 | 65 |
| Resolved | 1 | 53 |
| Resolved, Duplicate | 1 | 62 |
| Resolved, Will Not Fix | 1 | 81 |
| Testing/Validation | 0 | 63 |

应该注意，并不是所有的关系数据库管理系统(RDBMS)都如此宽容。例如，在 Oracle 或 SQL 服务器中，可能会收到如下消息：

```
Error Code: 1055. Expression #2 of SELECT list is not in GROUP BY clause and
contains nonaggregated column 'trackit.s.IsResolved' which is not functionally
dependent on columns in GROUP BY clause; this is incompatible with
sql_mode=only_full_group_by
```

这个错误能发生是因为在核心 SQL 中，SELECT...GROUP BY 不能选择一个非聚合值或组的一部分的值。这是有道理的。如果选择值会创建新组，那么原始组会发生什么，聚合应该如何表现呢？

例如，如果将 Task.TaskId 添加到 SELECT 列表中，会发生什么？结果是否会按 TaskId 分组？如果结果是按 TaskId 分组，则任务计数会很无聊。每个 TaskId 只有一个唯一的任务；如果结果不是按 TaskId 分组，那又会怎样？

不用担心。尽管此查询在 MySQL 中有效，刻意地且正确地编写查询是很好的实践，尤其是当相同的查询可能在不同的系统中使用时。

要添加 TaskStatus.IsResolved，请将其作为 SELECT 列表的一部分加入 GROUP BY 子句中，如代码清单 13-7 所示。从概念上讲，这将按 TaskStatus.Name 和 TaskStatus.IsResolved 对结果进行分组。实际上，它不会改变原始组。你能看出为什么这是正确的吗？

### 代码清单 13-7　在分组中添加 TaskStatus.IsResolved

```
SELECT
    IFNULL(s.Name, '[None]') StatusName,
    IFNULL(s.IsResolved, 0) IsResolved,
    COUNT(t.TaskId) TaskCount
FROM Task t
LEFT OUTER JOIN TaskStatus s ON t.TaskStatusId = s.TaskStatusId
GROUP BY s.Name, s.IsResolved -- isresolve 现在是组的一部分。
ORDER BY s.Name;
```

在代码清单 13-7 中，可以看到 IsResolved 被添加到 SELECT 中，并包括一个检查其是否为 null 的条件。如果 IsResolved 为 Null，则它将包括在一个标识为 0 的分组中。还可以看到，IsResolved 也在 GROUP BY 子句中。这个查询的输出与代码清单 13-6 相同，只是第一行显示的 IsResolved 的值为 0，而不是 Null，如表 13-4 所示。

表 13-4　向分组中添加 TaskStatus.IsResolved 后的输出示例

| StatusName | IsResolved | TaskCount |
|---|---|---|
| [None] | 0 | 11 |
| Closed | 1 | 80 |
| In Progress | 0 | 64 |
| Parked | 0 | 64 |
| Pending Release | 0 | 65 |
| Resolved | 1 | 53 |
| Resolved, Duplicate | 1 | 62 |
| Resolved, Will Not Fix | 1 | 81 |
| Testing/Validation | 0 | 63 |

## 13.2.2　添加 DISTINCT

DISTINCT 的大多数用途都可以通过使用 GROUP BY 对数据进行分组来实现。实际上，MySQL 使用 GROUP BY 优化来优化 DISTINCT 查询。如果 GROUP BY 更合适，则考虑使用 GROUP BY，并且通常情况下它都更合适。

例如，可以使用如代码清单 13-8 所示的代码来获取唯一项目名称的列表。

**代码清单 13-8 获取唯一所示项目名称的列表**

```
SELECT DISTINCT
    p.Name ProjectName,
    p.ProjectId
FROM Project p
INNER JOIN Task t ON p.ProjectId = t.ProjectId
ORDER BY p.Name;
```

代码清单 13-8 将生成一个包括 26 个唯一项目名称的列表。如表 13-5 所示是输出的前几项。

表 13-5　唯一项目名称的列表示例

| ProjectName | ProjectId |
|---|---|
| Churlish Curling | game-churlish |
| CookerMaker | game-cooker |

（续表）

| ProjectName | ProjectId |
|---|---|
| Diva Diva Diva | game-diva |
| Don't Eat The Cheese! | game-cheese |
| GameIt Accounts Payable | accounts-payable |

虽然此列表显示了一个不同的项目名称的列表，但也可以通过使用
GROUP BY Project.Name 来实现相同的效果，如代码清单 13-9 所示。

**代码清单 13-9　使用 GROUP BY 获取唯一项目名称的列表**

```
SELECT
    p.Name ProjectName,
    p.ProjectId
FROM Project p
INNER JOIN Task t ON p.ProjectId = t.ProjectId
GROUP BY p.Name, p.ProjectId
ORDER BY p.Name;
```

代码清单 13-8 和代码清单 13-9 得到的结果是一样的。代码清单 13-9 中的
GROUP BY 提供了与 DISTINCT 相同的结果。

# 13.3　使用 HAVING

还有另一个可以与 SELECT 一起使用的子句，称为 HAVING。HAVING
子句与 GROUP BY 一起使用，并允许根据定义的条件对数据进行过滤。它将
指定构成分组或聚合的条件。

对于 TrackIt 数据库，下一个目标是获取分配给工人的任务的预计工时数，
计算每个工人的总工时数，并找出总工时数超过 100h 的所有工人。这需要使
用三个表：Worker 表、ProjectWorker 表和 Task 表。INNER JOIN 可以在所有
的关系中使用。只保留匹配的记录。

确定组和选定的值。我们对每个工人的总工时数很感兴趣，因此，应选择
工人的姓名。为了谨慎起见，可以将 WorkerId 添加到分组中。这样可以确保
如果多个工人具有相同的姓名，那么他们也不会被视为一个工人，因为每个工
人都有唯一的 WorkerId。代码清单 13-10 显示了该查询的初稿。

### 代码清单 13-10　过滤查询的初稿

```sql
SELECT
    CONCAT(w.FirstName, ' ', w.LastName) WorkerName,
    SUM(t.EstimatedHours) TotalHours
FROM Worker w
INNER JOIN ProjectWorker pw ON w.WorkerId = pw.WorkerId
INNER JOIN Task t ON pw.WorkerId = t.WorkerId
    AND pw.ProjectId = t.ProjectId
GROUP BY w.WorkerId, w.FirstName, w.LastName;
```

此查询选择了工人的姓名，从而将名字和姓氏连接起来，并在它们之间添加一个空格进行显示。它还显示了预计工时数的聚合总和。这是根据项目工时数为每个工人计算出的。然后把数据按照 WorkerID 进行分组，并且将名字和姓氏作为 GROUP BY 的一部分。

执行这个查询将显示 88 条记录。前 5 条记录可能如表 13-6 所示。

表 13-6　工人总工时数示例

| WorkerName | TotalHours |
|---|---|
| Inez Fanthome | 65.50 |
| Lindy Chattoe | 67.75 |
| Thorin Achromov | 45.50 |
| Rickie Osgodby | 24.25 |
| Andriette Dimsdale | 168.50 |

聚合值不能使用 WHERE 子句进行过滤。WHERE 子句将在聚合函数之前对数据进行过滤。相反，可以使用 HAVING 子句。如前所述，HAVING 是 SELECT 语句中的可选子句，只有在存在 GROUP BY 子句时才能包括它。HAVING 后面跟着一个计算结果为布尔值的表达式，就像 WHERE 子句一样，但该表达式包括对聚合值的比较。

为了排除小于 100h 的总工时数，在代码清单 13-10 中添加一个 HAVING 子句。HAVING 子句放置在 GROUP BY 之后和 ORDER BY 之前，如代码清单 13-11 所示。

### 代码清单 13-11　添加 HAVING

```sql
SELECT
    CONCAT(w.FirstName, ' ', w.LastName) WorkerName,
```

```
        SUM(t.EstimatedHours) TotalHours
FROM Worker w
INNER JOIN ProjectWorker pw ON w.WorkerId = pw.WorkerId
INNER JOIN Task t ON pw.WorkerId = t.WorkerId
AND pw.ProjectId = t.ProjectId
GROUP BY w.WorkerId, w.FirstName, w.LastName
HAVING SUM(t.EstimatedHours) >= 100;
```

在代码清单 13-11 中，可以看到已添加了 HAVING 语句。它使用聚合函数 SUM 来确定 EstimateHours 总数大于或等于 100 的记录，并仅包括这些结果。通过添加 HAVING 语句，新的结果只显示了 9 条记录，如表 13-7 所示。

表 13-7　添加 HAVING 后的查询结果

| WorkerName | TotalHours |
|---|---|
| Andriette Dimsdale | 168.50 |
| Vlad Anfusso | 153.50 |
| Karlen Egalton | 116.75 |
| Kenon Kirkham | 218.00 |
| Luci Reeves | 132.25 |
| Ealasaid Blinco | 136.50 |
| Juliet Strivens | 114.25 |
| Winston Marien | 105.50 |
| Danyelle O'Hanley | 125.50 |

注意：可以在代码清单 13-11 中添加 ORDER BY 语句，并调用聚合函数 SUM 来按工时对工人排序。在最后一行添加如下代码：

```
ORDER BY SUM(t.EstimatedHours) DESC;
```

# 13.4　SELECT 语句运行的顺序

SELECT 语句的求值有一个顺序。具体来说，SELECT 语句中的关键字按以下顺序求值：

(1) FROM：确定从哪里开始。

(2) JOIN ON：连接其他表，并设定表之间的关系。

(3) WHERE：对表中的行进行过滤。

(4) GROUP BY：按照列，对数据进行分组，并计算聚合。

(5) HAVING：按聚合方式对分组后的结果进行过滤。

(6) SELECT：决定最终结果的组成部分。

(7) DISTINCT：从结果中删除重复项。

(8) ORDER BY：对最终结果进行排序。

(9) LIMIT：返回最终结果的一个子集。

这个顺序说明了为什么不能在 WHERE 子句中过滤聚合后的结果，但可以使用 ORDER BY 按聚合值排序。

# 13.5　其他示例

从项目的角度考虑任务。通过获取项目的任务并找到其最早截止日期，可以了解每个项目真正开始的时间。这将说明第一个具体任务的项目的截止日期，而具体指派的任务可能比理想化的时间表更可靠。

严格来说，只需要两个表：Project 表和 Task 表。在工人查询中，还包括 ProjectWorker 表，但实际上这并不是必要的。你能看出为什么吗？Task 表包括 ProjectWorker 表的主键 ProjectId 和 WorkerId 作为外键。这确保在 Task 表中不能创建无效的 ProjectId 和 WorkerId 的组合。例如，一个项目的任务不能被分配给未被分配到该项目的工人。这非常好。有了这个保证，就可以安全地忽略 ProjectWorker 表。JOIN 操作将在没有它的情况下正常工作，如代码清单 13-12 所示。

**代码清单 13-12　查询任务的最早截止日期**

```
SELECT
    p.Name ProjectName,
    MIN(t.DueDate) MinTaskDueDate
FROM Project p
INNER JOIN Task t ON p.ProjectId = t.ProjectId
WHERE p.ProjectId LIKE 'game-%'
    AND t.ParentTaskId IS NOT NULL
GROUP BY p.ProjectId, p.Name
ORDER BY p.Name;
```

这个查询将返回 20 条记录。表 13-8 所示是前 5 条记录。

表 13-8　任务的最早截止日期示例

| ProjectName | MinTaskDueDate |
| --- | --- |
| Churlish Curling | 2000-09-13 |
| CookerMaker | 2000-05-05 |
| Diva Diva Diva | 2002-08-16 |
| Don't Eat The Cheese! | 2000-03-24 |
| Grumps | 2000-01-15 |

代码清单 13-12 使用函数 MIN 与 DueDate。值得注意的是，函数 MIN 和 MAX 适用于任何一个可以进行比较和排序的数据类型。它们适用于数字，但也适用于日期、时间和字符串。

如果需要每个项目的概览：第一个和最后一个任务的截止日期、预计总工时、任务总数和任务平均预计工时，可以在一个查询中完成，如代码清单 13-13 所示。

一旦定义了一个组，就可以对其进行任意数量的聚合计算。为了增加一些趣味性，代码清单 13-13 排除了少于 10 个任务的项目。

### 代码清单 13-13　包括 10 个或更多任务的项目概述

```
SELECT
    p.Name ProjectName,
    MIN(t.DueDate) MinTaskDueDate,
    MAX(t.DueDate) MaxTaskDueDate,
    SUM(t.EstimatedHours) TotalHours,
    AVG(t.EstimatedHours) AverageTaskHours,
    COUNT(t.TaskId) TaskCount
FROM Project p
INNER JOIN Task t ON p.ProjectId = t.ProjectId
WHERE t.ParentTaskId IS NOT NULL
GROUP BY p.ProjectId, p.Name
HAVING COUNT(t.TaskId) >= 10
ORDER BY COUNT(t.TaskId) DESC, p.Name;
```

应该能够理解代码清单 13-13 的每一行，它使用了本课开头提到的聚合函数。在进行查询时，要特别注意每个子句在 SELECT 语句中的位置。正如你所看到的，该查询已经使用了所有可用的内容。表 13-9 所示是返回的 21 条记录中的 4 条记录。

表 13-9 包括 10 个或更多任务的项目概述示例

| ProjectName | MinTaskDue-Date | MaxTaskDue-Date | Total-Hours | AverageTask-Hours | Task-Count |
|---|---|---|---|---|---|
| Gametic Enterprise | 2000-01-06 | 2019-11-22 | 205.75 | 5.143,750 | 40 |
| GameIt Accounts Receivable | 2001-03-23 | 2018-11-02 | 129.00 | 5.375,000 | 24 |
| GameIt HR Intranet V2 | 2000-08-10 | 2018-12-26 | 122.25 | 5.093,750 | 24 |
| GameIt Payroll | 2000-03-23 | 2019-07-03 | 137.25 | 5.718,750 | 24 |

从结果来看，当允许非游戏项目时，它们显然在总工时和任务数量上占据主导地位(在我们的模拟数据中)。

## 13.6  本课小结

聚合函数从多个值中计算出一个单一的结果。源值来自列和其他计算。单独使用时，聚合函数为每个查询结果计算一个值。常见的聚合函数包括COUNT、SUM、MIN、MAX 和 AVG。

GROUP BY 子句是 SELECT 语句的可选扩展。它将结果分为不同的组。聚合函数可以对组进行操作，并为每个组提供一个计算出的单一值。

HAVING 子句是 SELECT 语句的可选扩展。它仅当 SELECT 语句包括GROUP BY 子句时才有效。HAVING 使用聚合值来计算布尔表达式。与WHERE 子句类似，如果表达式计算结果为真，则包括该记录；否则，将排除该记录。不能在 WHERE 子句中过滤聚合值。因为聚合函数在 WHERE 子句计算完毕后才进行计算。

# 13.7　本课练习

以下练习旨在让你试验本课中介绍的概念。

练习 13-1：客户的数量

练习 13-2：计算客户的出生日期

练习 13-3：按城市统计客户

练习 13-4：发票总金额

练习 13-5：超过 500 美元的发票

练习 13-6：计算平均值

练习 13-7：支付超过 1,000 美元的客户

练习 13-8：按类别计数

练习 13-9：锻炼

练习 13-10：客户的出生日期

练习 13-11：客户目标统计

练习 13-12：对运动的"单位"值进行统计

练习 13-13：对练习单位值进行分类

练习 13-14：年龄水平

> **注意**：这些练习旨在帮助你将本课中所学的知识应用到实践中。

对于本课中的练习，将使用在第 11 课中所使用的 PersonalTrainer 数据库和 schema。如果已经拥有 PersonalTrainer 数据库，则可以使用它；如果没有，则可以在本书配套文件中找到并运行 personaltrainer-schema-and-data.sql 脚本。可下载的文件在 www.wiley.com/go/jobreadysql。

运行该脚本后，使用 MySQL Workbench 或 MySQL 命令行来查看数据库中的表和每个表中的列。还可以参考图 13-1 中的 ERD 来识别表之间的关系。

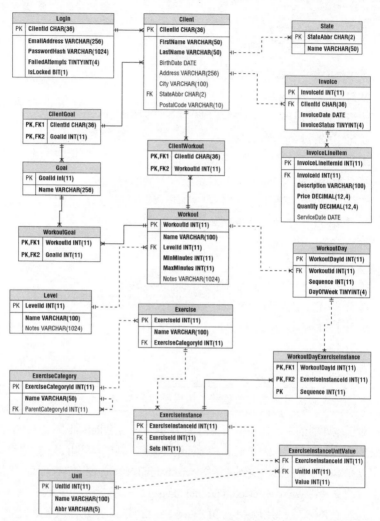

图 13-1 The PersonalTrainer 数据库的 schema

注意：使用图 13-1 中 schema 的信息来编写以下练习的查询。运行每个查询，并检查结果是否与预期的行数匹配(预期的行数写在每个练习的标题中)。记住，在每个查询中包括适当的 USE 语句。还应该验证结果是否包括且仅包括指令中请求的列。

### 练习 13-1：客户的数量(1 行)

使用聚合来计算客户的数量。

### 练习 13-2：计算客户的出生日期(1 行)

使用聚合来计算 Client.BirthDate 的数量。其结果与之前的客户数量不同，为什么？

### 练习 13-3：按城市统计客户(20 行)

将客户按城市分组并统计。

- 按照客户数量降序排序。
- 在结果中包括城市和客户数量。

表 13-10 是示例结果。

表 13-10　按城市统计客户示例

| city | client_count |
|------|--------------|
| NewOrleans | 105 |
| Jefferson | 30 |

### 练习 13-4：发票总金额(1,000 行)

仅使用 InvoiceLineItem 表计算每张发票的总金额。

- 按 InvoiceId 分组。
- 你需要一个总价表达式：Price * Quantity。
- 使用 SUM 对每组进行聚合。

表 13-11 是示例结果。

表 13-11　发票总金额示例

| invoiceid | invoice_total |
|-----------|---------------|
| 1 | 283.125,000,00 |
| 2 | 105.000.000,00 |

### 练习 13-5：超过 500 美元的发票(234 行)

更改练习 13-4 中的查询，得到如下结果。

- 只包括超过 500.00 美元的总金额。
- 从低到高排序。

表 13-12 是示例结果。

表 13-12 超过 500 美元的发票示例

| invoiceid | invoice_total |
| --- | --- |
| 368 | 502.500,000,00 |
| 557 | 502.500,000,00 |

### 练习 13-6：计算平均值(3 行)

按 InvoiceLineItem.Description 分组，计算发票的平均值。

示例结果如表 13-13 所示。

表 13-13 计算平均值示例

| description | invoice_average |
| --- | --- |
| Individual Instruction | 160.502,717,391,304 |
| Group Instruction | 25.482,495,511,670 |

### 练习 13-7：支付超过 1,000 美元的客户(146 行)

对于支付总额超过 1,000 美元的客户，从 Client 表中选择 ClientId、FirstName 和 LastName。

- Invoice.InvoiceStatus = 2 表示已经支付。
- 先按姓排序，再按名排序。

示例结果如表 13-14 所示。

表 13-14 支付超过 1,000 美元的客户示例

| ClientId | FirstName | LastName | Total |
| --- | --- | --- | --- |
| bcf40948-b93b-4c1f-b1c7-ee10c05b9faf | Randal | Aberkirdo | 1,540.995,000,00 |
| d0a2212e-6332-4541-9e00-116ddf88fe45 | Phyllys | Acome | 1,115.625,000,00 |

## 练习 13-8：按类别计数(13 行)

按类别对锻炼进行统计。

- 按 ExerciseCategory.Name 分组。
- 按锻炼次数降序排序。

示例结果如表 13-15 所示。

表 13-15 按类别对锻炼统计示例

| CategoryName | ExerciseCount |
|---|---|
| Bodyweight | 11 |
| Flexibility | 9 |

## 练习 13-9：锻炼(64 行)

选择 Exercise.Name，以及 ExerciseInstance.Sets 的最小值、最大值和平均值。按 Exercise.Name 对结果排序。

示例结果如表 13-16 所示。

表 13-16 锻炼示例

| ExerciseName | MinSets | MaxSets | AvgSets |
|---|---|---|---|
| Air squats | 1 | 2 | 1.250,0 |
| Ananda Balasana | 1 | 10 | 3.500,0 |

## 练习 13-10：客户的出生日期(26 行)

按照 workout 进行分组，获取每组中 Client.BirthDate 的最大值和最小值，并按照 workout 的名称对结果排序。

示例结果如表 13-17 所示。

表 13-17 客户的出生日期示例

| WorkoutName | EarliestBirthDate | LatestBirthDate |
|---|---|---|
| 3, 2, 1… Yoga! | 1928-04-28 | 1993-02-07 |
| Agility Training | 1935-05-11 | 2004-02-28 |

### 练习 13-11：客户目标统计(500 行，50 行没有目标)

统计客户目标的数量。注意，不要排除没有目标的客户的行。你的示例结果应包括如表 13-18 所示的内容。

表 13-18 客户目标统计示例

| ClientId | GoalCount |
|---|---|
| 00268ec4-cdb6-4643-8e94-3aa467419af6 | 0 |
| 04971685-17d8-4973-bf35-42e8a2d4810c | 0 |

### 练习 13-12：对运动的"单位"值进行统计(82 行)

选择 Exercise.Name、Unit.Name，以及带有 ExerciseInstanceUnitValue 的每种运动的 ExerciseInstanceUnitValue.Value 的最大值和最小值。对结果先按照 Exercise.Name 排序，然后再按照 Unit.Name 排序。

示例结果如表 13-19 所示。

表 13-19 对运动的"单位"值统计示例

| ExerciseName | UnitName | MinValue | MaxValue |
|---|---|---|---|
| Air squats | Repetitions | 25 | 150 |
| Ananda Balasana | Minutes | 5 | 25 |

### 练习 13-13：对练习单位值进行分类(82 行)

修改练习 13-12 中的查询，包括 ExerciseCategory.Name。对输出先按 ExerciseCategory.Name 排序，再按 Exercise.Name 排序最后按 Unit.Name 排序。

示例结果如表 13-20 所示。

表 13-20 对练习单位值进行分类示例

| CategoryName | ExerciseName | UnitName | MinValue | MaxValue |
|---|---|---|---|---|
| Biking | Street ride | Miles | 5 | 40 |
| Biking | Trail ride | Miles | 5 | 40 |

练习 13-14：年龄水平(4 行)

选择每个 Level 的最小年龄和最大年龄。计算年龄，要使用 MySQL 函数 DATEDIFF(请在网上进行研究以了解此函数的工作方式，可以参考 dev.mysql.com/doc/refman/8.0/en/date-and-time-functions.html)。

示例结果如表 13-21 所示。

表 13-21　年龄水平的示例

| LevelName | MinAge | MaxAge |
|-----------|--------|--------|
| Beginner | 15.046,6 | 94.211,0 |
| Intermediate | 14.032,9 | 95.257,5 |

# 第 14 课

# 动手练习：向黑胶唱片商店
# 数据库添加数据

在本课中，你将把你学到的知识整合到一个应用程序中。具体来说，你将返回到第 4 课和第 8 课中介绍过的黑胶唱片商店数据库。本课中，将在数据库中为商店添加并管理数据。

**本课目标**

完成本课后，你将掌握如下内容：

- 向黑胶唱片商店数据库添加数据。
- 描述一个普通文件和一个 CSV 文件。
- 使用 INSERT 手动向数据库添加数据。
- 解释从 CSV 文件导入数据之前需要做什么。
- 将现有文件中的数据导入数据库。
- 创建一个脚本将数据加载到数据库中。

在开始之前，请执行 vinylerecordshop-schema.sql 脚本，该脚本可以在本书的配套文件中找到，也可从 wiley.com/go/jobreadysql 网站下载。该脚本将提供用于存储数据的表。它们是本课所需的表和列。

即使在本书的早期阶段已构建了数据库，也应该运行此脚本。如果出于某种原因想重新开始本课，可以再次运行该脚本。注意，运行该脚本将覆盖名为 vinylrecordshop 的数据库。

还将使用本书配套的数据文件。这些数据文件的压缩包存储在名为 vinylrecordshop-data 的文件夹中。将此文件保存到计算机上，并提取其中包括的.csv 文件。

> **重要提示！** 如果系统上已存在名为 vinylrecordshop 的数据库，则此脚本将删除该数据库。如果你有自己的版本，并且希望将其保留用于其他目的，则应该在运行新脚本之前在 MySQL 中重命名该数据库，或者确保你有一个重新构建数据库的脚本。

## 14.1　组织表

使用该脚本，可以创建一个规范化的数据库，如图 14-1 所示的 ERD。

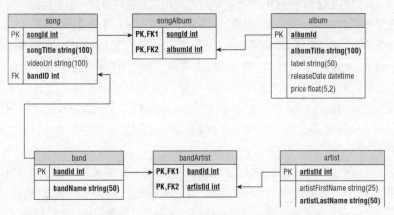

图 14-1　VinylRecordShop 数据库的 ERD

参照完整性要求在向外键列添加任意一个值之前，该值必须首先存在于相关的主键列中。这意味着，当数据添加到数据库时，该数据必须首先添加到主要表(不依赖其他表的表)中，然后才能添加到相关表中。

通过查看数据库的 ERD，可以看到以下表是主要表：

- band
- album
- artist

其他三个表至少包括一个外键列：

- song 引用了 band
- bandArtist 引用了 band 和 artist
- songAlbum 引用了 song 和 album

对于主要表，表的创建顺序并不是很重要。最重要的是，要确保与外键相关的任意一个主键在它的相同值被用作外键之前都有数据。为此，必须在创建 songAlbum 表之前创建 song 表。

## 14.2 创建脚本文件

我们将创建一个 SQL 脚本，其可以根据需要重置数据库中的数据。假设使用此脚本的人已经可以访问数据库中的相应 schema，并且将在此代码中创建一个单独的数据脚本。如果我们希望有一个可以同时重建结构和重置数据的单一脚本，则另一个选择是，将 INSERT 语句添加到现有的 schema 脚本中。

在代码编辑器或文本编辑器中创建一个新文件，并将该文件保存为 vinylrecordshopdata.sql。".sql"扩展名用于 SQL 脚本。关系数据库管理系统(如 MySQL Workbench)可以识别这些文件并自动打开它们。注意，在文件名中使用了 "data" 一词来区分它与 schema 脚本。

在脚本文件中，将你的姓名添加为注释的第一行，并在第二行添加当前日期。添加此类信息是一个良好的习惯，以便于知道是谁创建了文件及创建的日期。在向表添加数据之前，还需要添加如下指令，以使用正确的数据库：

```
USE vinylrecordshop;
```

可以看到，在这种情况下，使用的是 vinylrecordshop 数据库。在设置好数据库后，就可以添加数据了。

## 14.3　插入数据

一般来说，向数据库添加数据有两种方式。第一种方式是手动输入每条记录。我们将以这种方式添加一些记录，来展示它是如何工作的。但是这种方式相对较慢，并且可能会因为输入错误而导致数据库中出现许多错误。

幸运的是，我们可能想要添加到数据库中的大多数数据已经以电子格式存在，例如，从网页复制数据、从服务器下载数据集或从平面文件(如 Excel 工作表或.csv 文件)导入数据。当数据已经以电子格式存在时，通常可以更快地导入数据，且降低在数据中引入错误的风险。

### 14.3.1　什么是平面文件

根据定义，关系数据库是三维的。数据存储在二维表中，但是表之间的关系添加了第三个维度，使我们能够优化数据并最小化数据冗余。

然而，存在着大量以所谓的平面文件存储的各种主题的数据。它们称为平面文件，因为它们只有二维的特点。例如，Excel 工作表只包括列和行。数据也可以以文本分隔的格式存储，其中，记录作为单独的行存储，每条记录内的各个值由一个定义的字符(如逗号或竖线 "|" )分隔。以逗号分隔的文件(使用逗号来分隔各个值)非常常见，并且所有数据库管理系统(DBMS)都对其提供良好的支持。这些文件通常使用扩展名 .csv，表示"逗号分隔的值"(comma-separated values)的英文缩写。

平面文件通常包括大量冗余数据，但它们允许用户将大量数据存储在单个文件中。与关系数据库管理系统(RDBMS)相比，它们对用户更加友好，因此，企业通常依赖 Excel 或类似的电子表格应用程序，即使关系数据库可能更合适。

在本课中，将有机会使用平面文件。更重要的是，将有机会直接处理 CSV 文件。但是，现在先介绍如何直接向 vinylrecordshop 数据库添加数据。

### 14.3.2　通过 SQL 插入数据

在第 6 课 "深入了解 SQL" 的学习中了解到，当使用 SQL 直接向表中添加数据时，将会使用 INSERT 语句。对于 vinylrecordshop 数据库，则首先从 album

表开始。表 14-1 显示了 album 表中的列是如何在 SQL 中定义的。

表 14-1　album 表的定义

| 列 | 数据类型 | 是否可以为空 | 键 | 默认值 | 其他 |
|---|---|---|---|---|---|
| albumId | int | NO | PRI | NULL | 自动增加 |
| albumTitle | varchar(100) | NO | | NULL | |
| Label | varchar(50) | YES | | NULL | |
| releaseDate | date | YES | | NULL | |
| Price | decimal(5,2) | YES | | NULL | |

表 14-2 包括可以添加的样本数据集。

表 14-2　album 表中的样本数据

| albumId | albumTitle | releaseDate | price | label |
|---|---|---|---|---|
| 1 | Imagine | 9/9/1971 | 9.99 | Apple |
| 2 | 2525 (Exordium & Terminus) | 7/1/1969 | 25.99 | RCA |
| 3 | No One's Gonna Change Our World | 12/12/1969 | 39.35 | Regal Starline |
| 4 | Moondance Studio Album | 8/1/1969 | 14.99 | Warner Bros |
| 5 | Clouds | 5/1/1969 | 9.99 | Reprise |
| 6 | Sounds of Silence Studio Album | 1/17/1966 | 9.99 | Columbia |
| 7 | Abbey Road | 1/10/1969 | 12.99 | Apple |
| 9 | Smiley Smile | 9/18/1967 | 5.99 | Capitol |

对于这些表，有以下两点需要注意：

- 列在数据集中出现的顺序与在表中出现的顺序不同。当将数据从数据集中添加到表中时，需要考虑到这一点。
- 表 14-2 中数据集的日期格式为 m/d/yyyy，MySQL 默认的日期格式为 yyyy-mm-dd。

这两个都不是问题，但是在尝试向表中添加数据之前，你需要了解这些内容。

### 1. 按照建表时列的顺序插入值

当使用 INSERT INTO 语句时，可以选择按照列在表中出现的顺序从左到右添加数据。第一条记录如下：

```
INSERT INTO album
VALUES (1,'Imagine','Apple','1971-9-9',9.99);
```

在这个 INSERT 语句中，有几个需要注意的地方。首先，尽管 albumId 列设置为在记录添加到表中时自动编号，但在这个语句中必须包括一个值，因为没有使用任何列名。如果省略 albumId 的值，则 MySQL 将假定专辑标题（"Imagine"）应该放在第一个列中，并抛出一个错误。

其次，还应该注意到，在添加到数据库中的字符串值都包括在引号中。这是一个要求：字符串必须用引号括起来。你可以使用双引号或单引号，只要对于每个值使用相同的引号即可。

最后，应该注意到，日期必须按照 "yyyy-mm-dd" 的预期格式显现。如果不使用这个格式，则 MySQL 将无法将其识别为日期。还要注意，日期必须用引号括起来，就像一个字符串值一样。MySQL 将识别它为日期，并在内部进行转换。

> **注意：** MySQL 使用的日期格式是 "yyyy-mm-dd"。然而，它通常也会接受单个数字表示的月份和日期，以及带有前导零的月份和日期。以下所有格式都是有效的："2023-01-09" "2023-01-9" "2023-1-09" 和 "2023-1-9"。无论使用的是哪种格式，MySQL 都会将其视为 "2023-01-09"。

### 2. 在添加数据时使用列名称

如果不想按照建表时各个列的排列顺序添加数据，可以更改 INSERT 语句来指定要添加数据的列。例如，以下示例将添加来自表 14-2 的第二行数据：

```
INSERT INTO album (albumTitle, releaseDate, price, label)
VALUES ('2525 (Exordium & Terminus)', '1969-7-1', 25.99, 'RCA');
```

在这个语句中，可以看到 INSERT 语句包括将要添加的列的列表
(albumTitle、releaseDate、price 和 label)。紧接着是要添加到每个列的值列表。
值列表必须从左到右与列的列表相匹配，但两个列表不必与表 14-2 中定义的
列的顺序相匹配。这为原始数据集中的列与 MySQL 表中的列不匹配的情况提
供了更大的灵活性。值得注意的是，albumId 没有包括在列的列表中。因为
albumId 是主键，并且没有包括在列表中，MySQL 将自动为其编号。

在添加完新的记录后，可以使用以下语句验证是否已添加了正确的值，如
日期和 albumId 等：

```
SELECT * FROM album;
```

这个命令的结果应该如表 14-3 所示。

表 14-3  验证结果

| albumId | albumTitle | label | releaseDate | price |
|---------|------------|-------|-------------|-------|
| 1 | Imagine | Apple | 1971-09-09 | 9.99 |
| 2 | 2525 (Exordium & Terminus) | RCA | 1969-07-01 | 25.99 |

我们可以通过定义单独的行，在一个语句中添加多条记录。下面的语句使
用与上一个 INSERT 语句相同的语法，但其包括了两个独立的数据行：

```
INSERT INTO album (albumTitle, releaseDate, price, label)
VALUES
ROW ("No One's Gonna Change Our World", '1969-12-12', 39.95,'Regal
Starline'),
ROW ('Moondance Studio Album', '1969-8-1',14.99,'Warner Bros');
```

注意以下事项：

- 没有提供 albumID 的值，因此，允许数据库引擎自动对记录进行编号。
- 每行用 ROW 关键字标识、用逗号分隔。可以使用相同的模式包括任意
  数量的行。
- 专辑标题 "No One's Gonna Change Our World" 中包括了一个单引号作
  为所有格标记。这意味着，该值本身必须位于双引号内。这是在导入
  数据时需要考虑到的问题。

在运行新的 INSERT 语句后，使用 SELECT 查询来检查是否所有的值都已
添加到表中。检查结果应该如表 14-4 所示。

表 14-4　检查结果

| albumId | albumTitle | label | releaseDate | price |
|---|---|---|---|---|
| 1 | Imagine | Apple | 1971-09-09 | 9.99 |
| 2 | 2525 (Exordium & Terminus) | RCA | 1969-07-01 | 25.99 |
| 3 | No One's Gonna Change Our World | Regal Starline | 1969-12-12 | 39.95 |
| 4 | Moondance Studio Album | Warner Bros | 1969-08-01 | 14.99 |

### 3. 自己动手插入数据

使用到目前为止提供的模式，编写一条 INSERT 语句，将表 14-2 中剩余的 4 条记录添加到 album 表中。这些记录如表 14-5 所示。

表 14-5　表 14-2 中剩余未添加的 4 条记录

| albumTitle | releaseDate | price | label |
|---|---|---|---|
| Clouds | 5/1/1969 | 9.99 | Reprise |
| Sounds of Silence Studio Album | 1/17/1966 | 9.99 | Columbia |
| Abbey Road | 1/10/1969 | 12.99 | Apple |
| Smiley Smile | 9/18/1967 | 5.99 | Capitol |

在添加完剩余的记录后，再次使用 SELECT 语句来验证 album 表是否包括所有 8 条样本数据记录。album 表应该包括如表 14-6 所示的内容。

表 14-6　album 表应有内容

| albumId | albumTitle | label | releaseDate | price |
|---|---|---|---|---|
| 1 | Imagine | Apple | 1971-09-09 | 9.99 |
| 2 | 2525 (Exordium & Terminus) | RCA | 1969-07-01 | 25.99 |
| 3 | No One's Gonna Change Our World | Regal Starline | 1969-12-12 | 39.95 |
| 4 | Moondance Studio Album | Warner Bros | 1969-08-01 | 14.99 |
| 5 | Clouds | Reprise | 1969-05-01 | 9.99 |
| 6 | Sounds of Silence Studio Album | Columbia | 1966-01-17 | 9.99 |
| 7 | Abbey Road | Apple | 1969-01-10 | 12.99 |
| 8 | Smiley Smile | Capitol | 1967-09-18 | 5.99 |

### 14.3.3 更新记录

如果在添加记录时遇到问题，那么可能会注意到 albumId 的值不再是从 1 到 8 连续递增的。因为这是一个自动递增的列，所以数据库引擎不会重用已删除或跳过的值。相反，它将始终查找该列中现有的最大值，并将该值递增 1 来为每条新记录赋值。

可以通过使用以下语句删除其中一条记录来查看它是如何工作的：

```
DELETE FROM album
WHERE albumID = 5;
```

此语句只是删除 albumId 为 5 的记录。在删除该记录后，可以使用 INSERT 语句将其重新添加到数据库中，如下所示：

```
INSERT INTO album (albumTitle, releaseDate, price, label)
VALUES ("Clouds", '1969-5-1', 9.99,'Reprise');
```

如果对 album 表执行 SELECT 语句，将看到添加的记录，但 albumId 为 9，而不是缺失值 5，如表 14-7 所示。

表 14-7 删除并重新添加原 albumId 为 5 的记录的结果

| albumId | albumTitle | label | releaseDate | price |
|---|---|---|---|---|
| 1 | Imagine | Apple | 1971-09-09 | 9.99 |
| 2 | 2525 (Exordium & Terminus) | RCA | 1969-07-01 | 25.99 |
| 3 | No One's Gonna Change Our World | Regal Starline | 1969-12-12 | 39.95 |
| 4 | Moondance Studio Album | Warner Bros | 1969-08-01 | 14.99 |
| 6 | Sounds of Silence Studio Album | Columbia | 1966-01-17 | 9.99 |
| 7 | Abbey Road | Apple | 1969-01-10 | 12.99 |
| 8 | Smiley Smile | Capitol | 1967-09-18 | 5.99 |
| 9 | Clouds | Reprise | 1969-05-01 | 9.99 |

因为主键值将在 songAlbum 表中用作外键值，所以必须确保每条记录都使用正确的主键值。如代码清单 14-1 所示，使用 UPDATE 语句将 Clouds 的 albumID 更改为 5。

### 代码清单 14-1　更新 albumID

```
USE vinylrecordshop;
UPDATE album
    SET albumId = 5
WHERE albumTitle = 'Clouds';
```

可能也注意到，在表 14-2 中的原始数据集内，最后一张专辑"Smiley Smile"的 albumId 为 9。所以，应该使用 UPDATE 语句来更正该值，如代码清单 14-2 所示。

### 代码清单 14-2　更新 Smiley Smile 的 albumId

```
USE vinylrecordshop;
UPDATE album
    SET albumId = 9
WHERE albumTitle = 'Smiley Smile';
```

检查表中的记录，确保每条记录都分配了正确的主键。可以参考表 14-2 或本课数据文件中的 album.csv 文件。

## 14.4　导入 CSV 数据

在完成 14.3 节时，你基本上是在手动将数据输入到数据库中的，并且你可能会遇到一些与打字错误相关的问题。实际上，即使你最终的 INSERT 语句成功添加了所有的 8 条记录，数据本身可能仍然存在打字错误。

虽然了解如何手动输入数据很重要(如果将 SQL 数据库用作 Java 或 C#应用程序的后端，则可以利用这些过程)，但在许多情况下，你可能已经有了另一种格式的数据副本，如 Excel 文件或文档中的表。一般而言，将已经以数字格式存在的数据导入数据库，要比手动重新输入数据好得多。

下一步，将向另一个主要表 artist 表添加数据。表 14-8 根据本课提供的 schema 脚本，包括 MySQL 中 artist 表的列定义的信息。表 14-9 包括数据的前几行。

表 14-8 MySQL 中的 artist 表

| 列 | 数据类型 | 是否可以为空 | 键 | 默认值 | 其他 |
|---|---|---|---|---|---|
| artistId | int | NO | PRI | NULL | 自动增加 |
| fname | varchar(25) | NO | | NULL | |
| lname | varchar(50) | NO | | NULL | |
| isHallOfFame | tinyint(1) | NO | | NULL | |

表 14-9 artist 表中的前几行数据

| artistId | Fname | lname | isHallOfFame |
|---|---|---|---|
| 1 | Lennon | John | TRUE |
| 2 | McCartney | Paul | TRUE |
| 3 | Harrison | George | TRUE |
| 4 | Starr | Ringo | TRUE |
| 5 | Zager | Denny | FALSE |

在将.csv 文件中的数据导入 MySQL 之前，必须进行以下检查，并根据需要更新.csv 数据：

- 从.csv 文件中删除标题行(如果存在)。这一行很容易识别，因为它包括的是列名称，而不是数据。
- 验证源文件(在本例中是.csv 文件)是否包括与目标 MySQL 表相同的列。
- 验证源文件中的列是否与表中的列的顺序一致。
- 验证.csv 文件中的所有列是否与 MySQL 中定义的数据类型兼容。例如，数字周围不应该有引号，而字符串应该有引号。

## 14.4.1 设置 MySQL

默认情况下，MySQL 被设置为阻止用户从外部文件导入数据，作为一项安全措施。在正常的数据库使用中，只有管理员才会执行这些任务，但在这里，你使用的是本地服务器。无论如何即使你不可能经常使用它们，了解这些步骤也是有帮助的。

MySQL 有一个外部配置文件，其中，包括启动服务器的选项。这是一个纯文本文件，可以根据需要进行编辑，以更改配置。将编辑此文件来更改启动选项。

　　首先，关闭并停止 MySQL 服务器。关闭任何连接到 MySQL 的窗口或客户端，并使用通知面板中的 MySQL Notifier 图标(在 Windows 10 或 Windows 11 桌面的右下角)来停止服务器。可以通过以下三个步骤完成此操作：

(1) 展开 notifications 面板，并找到 MySQL 图标。

(2) 右击图标，并指向 MySQL80 - Running。

(3) 单击子菜单中的 Stop 选项，如图 14-2 所示。

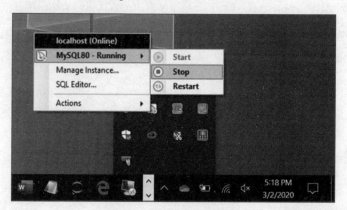

图 14-2　停止 MySQL 服务

> 注意：第 5 课介绍了如何在查找或使用 MySQL 服务器时安装 MySQL Notifier。

　　在停止服务后，使用文件资源管理器查找 MySQL 的配置文件。在 Windows 中，该文件名为 my.ini，并且其应该位于 C:\ProgramData\MySQL\MySQL Server 8.0 中。更改此文件可能会导致 MySQL 无法正确运行。应该创建一个备份副本，以便在遇到问题时可以恢复现有的设置。

　　使用任意一个文本编辑器打开该文件，并搜索条目[mysql]。如果其存在，则将以下代码添加到该条目的任意一条现有设置底部：

```
local-infile
```

例如，可能找到以下信息：

```
[mysql]
no-beep
```

在 no-beep 选项下添加新设置，如下所示：

```
[mysql]
no-beep
local-infile
```

如果你根本找不到[mysql]，则将其与 local-infile 设置一起添加到文件的底部。

对条目[mysqld]重复这些步骤。搜索并更新它(如果存在的话)，或者创建一个新的条目(如果找不到的话)。在完成后，应该在更改后的文件中包括以下两个设置，尽管它们可能不一致，而且每个条目可能有这里没有列出的其他设置：

```
[mysqld]
local-infile
[mysql]
local-infile
```

保存修改、关闭文件，并重启 MySQL，步骤与关闭服务器的步骤类似。当重启服务器时，local- infile 选项将生效，允许将外部文件导入现有数据库中。

## 14.4.2 准备 CSV 文件

现在更新了配置文件，是时候查看.csv 文件本身了。artist.csv 文件包括在本课开始时提到的数据文件中。

我们可以使用许多不同类型的应用程序打开 CSV 文件来查看其内容。它实际上只是一个文本文件，其中，每一行都是一个独立的文本行，并且各个值用逗号进分分隔。

如果在记事本或类似的文本编辑器中打开 artist.csv 文件，则将看到文件的纯文本样式，如图 14-3 所示。

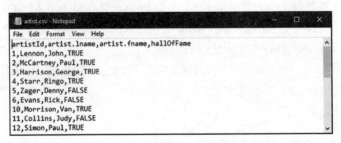

图 14-3　在记事本中打开 artist.csv 文件

虽然这是查看数据外观的一种有效方式，但在电子表格应用程序(如 Excel、Numbers 或 Google Sheets)中打开文件还可以提供一些工具，让你可以操作数据。实际上，如果计算机已经安装了电子表格应用程序，则它很可能是 CSV 文件的默认应用程序。

以下步骤使用的是 Microsoft Excel，但在任何电子表格应用程序中的步骤都是类似的。你可能会看到一个数据可能丢失的警告，这是 Excel 显示的，因为数据是以 CSV 格式，而不是 Excel XLSX 格式保存的。如果看到此警告，则可以忽略或关闭它。

如果在文本编辑器中打开了 artist.csv 文件，则请立即关闭它。然后，使用电子表格应用程序重新打开它，如图 14-4 所示。在此视图中，可以更轻松地查看和操作列。

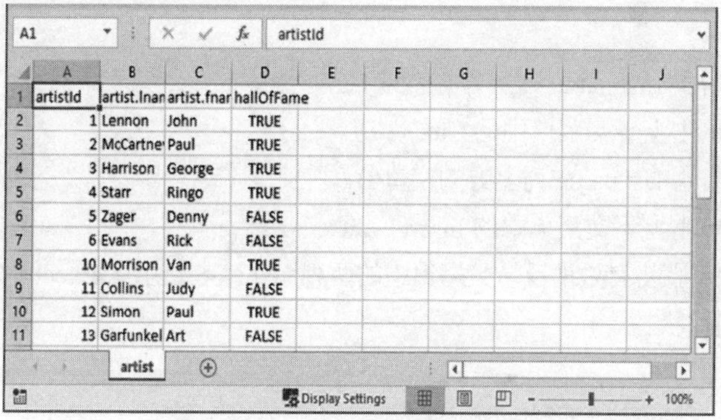

图 14-4　在 Excel 中打开 artist.csv 文件

在将数据导入到 MySQL 时，CSV 文件中的所有内容都将被视为数据。因此，首先，需要删除包括列名的标题行。通过以下步骤删除整行，而不仅是单元格中的值：

(1) 右击表格左边的数字 1，其在图 14-4 中 artistId 的左边。

(2) 单击上下文菜单中的 Delete，以删除整行记录。

(3) 确认 John Lennon 的记录是否出现在工作表的第 1 行上，如图 14-5 所示。

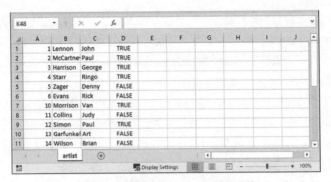

图 14-5 删除标题行后的 artist.csv 文件

接下来，需要确保 CSV 文件中的列与 MySQL 表中的列的顺序一致。在本例中，名和姓列颠倒了，因此，需要修复这个问题。在 Excel 中进行更改的步骤如下：

(1) 右击 first name 列上方的字母 C。

(2) 单击上下文菜单中的 Cut。

(3) 右击 last name 列上方的字母 B。

(4) 单击上下文菜单中的 Insert Cut Cells。

这些步骤将有效地反转数据集中的两列。图 14-6 显示了 Excel 电子表格中数据的当前状态。

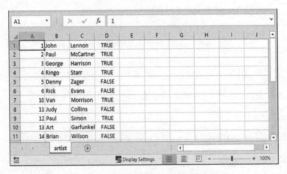

图 14-6 更改后的 artist.csv 文件

最后要检查的是每列中的数据是否适用于 MySQL 中定义的数据类型。artist 表的描述如表 14-10 所示。

表 14-10　artist 表中的列定义

| 列 | 数据类型 | 是否可以为空 | 键 | 默认值 | 其他 |
|---|---|---|---|---|---|
| artistId | int | NO | PRI | NULL | 自动增加 |
| fname | varchar(25) | NO | | NULL | |
| lname | varchar(50) | NO | | NULL | |
| isHallOfFame | tinyint(1) | NO | | NULL | |

现在，我们来看一下 CSV 文件。需要对其逐列检查，以确保数据类型与
MySQL 表中的数据描述一致。

第一列只包括整数，所以对于 artistId 来说是没问题的。由于数据集已经创
建，因此，我们可以看到并知道 A 列中的每个值都是唯一的。在其他情况下，
你可能希望从数据中删除该列(并允许数据库引擎在导入数据时添加自动递增
值)，或者验证计划用作主键的列中没有重复值。

接下来的两列包括名字和姓氏，且其都是字符串值。它们已经以文本形
式显示，所以不需要进行额外的更改。

isHallOfFame 列在 CSV 文件中使用 TRUE/FALSE，但在 MySQL 表中它
被定义为 TINYINT(1)。由于它们是不同的，因此，需要进行仔细检查。

最后一列是一个布尔值的列，它可以包括两个可能的值中的一个。但是，
布尔值可以用多种方式表示，包括 TRUE/FALSE、YES/NO 和 ON/OFF。最基
本的选项是使用 1 或 0，其中，1 表示 TRUE，0 表示 FALSE。

在 MySQL 中，可以使用 1 位数字来表示布尔值，因此，该列的数据类型
为 tinyint(1)。TRUE 和 FALSE 这两个单词似乎更像是字符串值，而不是数字，
并且它们包括多个字符。

如果使用 INSERT 语句向该列添加数据，则可以在 MySQL 中使用 TRUE
和 FALSE，只要不将这些值(单词)放在引号中。例如，下面的语句将添加第一
条记录到该表中：

```
INSERT INTO artist VALUES (1, 'John', 'Lennon', TRUE);
```

如果执行此语句来添加该记录，则可以后续使用 SELECT 语句来查看结
果。可以发现，MySQL 会自动将 TRUE 转换为 1。查看结果的 SELECT 语句
如下所示：

```
SELECT * FROM artist;
```

这将产生如表 14-11 所示的输出。

表 14-11    TRUE 转化为 1 示例

| artistId | fname | lname | isHallOfFame |
|---|---|---|---|
| 1 | John | Lennon | 1 |

从外部文件导入数据比较棘手，因为每个列被视为一个字符串或一个数字。因此，在从 CSV 文件导入数据之前，所有的 TRUE 值都应该替换为 1，所有的 FALSE 值都应该替换为 0。

在 Excel 中打开该文件后，单击列字母 D 以选择该列的内容。应该看到整个列被高亮显示，如图 14-7 所示。

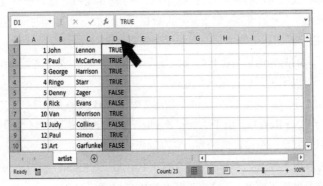

图 14-7    在 Excel 中选择列

通过在主页选项卡的编辑组中选择 Find & Select，然后是 Replace，或者使用快捷键 Ctrl+H，打开 Find and Replace 对话框。将 Find what 选项设置为 TRUE，将 Replace with 选项设置为 1，如图 14-8 所示。单击 Replace All 按钮。

图 14-8    Excel 中的 Find and Replace 对话框

这将把所有的 TRUE 值替换为数字 1。重复此过程，将所有的 FALSE 值替换为数字 0。在完成后，在第 4 列中应该只能看到 1 和 0，如图 14-9 所示。

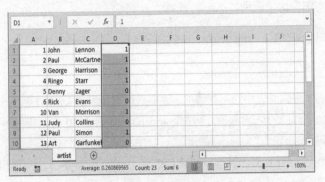

图 14-9　更新后的列中只包括 1 和 0

对更改后的文件进行保存(不更改文件类型)并关闭 Excel。现在已经更新了 CSV 文件，为导入做好了准备。

## 14.4.3　导入文件

此时，应该再次检查以下内容：

- CSV 文件中的列与 MySQL 表中的列的顺序相同。
- 已经有了 CSV 文件的路径(包括文件名)。
  - ◆ 在这里的示例中，该文件位于 Windows 文档库中，对应的用户名为 user。你需要根据你的文件更新相应的路径。
  - ◆ 如果有必要，则请更新斜杠以使用正斜杠(Mac 和 Linux 标准)，而不是反斜杠(Windows 标准)。
- CSV 文件已关闭。

即使 CSV 文件是打开的，也可以导入该文件，但只会导入最近保存的文件版本。关闭文件是一种很好的做法，因为这样可以更加确定所有更改都已保存。

### 1. 使用命令行导入

要从命令行导入，首先打开 MySQL 命令窗口，然后连接到 MySQL。如果在本课前面添加了 John Lennon 的记录，那么需要从数据库的 artist 表中删除它。这样做是因为 John Lennon 的记录也在 CSV 文件中。运行代码清单 14-3 中的脚本删除这条记录。

### 代码清单 14-3  删除 artist 表中的记录

```
USE vinylrecordshop;
DELETE FROM artist WHERE artistId < 30;
```

此脚本将删除表中的所有数据。它假设所有记录的 artistID 都小于 30。如果你添加了自己的记录或添加了一个 artistID 大于等于 30 的记录，则可能需要调整代码。

在清空 artist 表后，就可以加载 CSV 文件了。在 MySQL 提示符下，输入代码清单 14-4 中的命令。

### 代码清单 14-4  载入 artist.csv 文件

```
LOAD DATA LOCAL INFILE 'C:/Users/user/Documents/artist.csv'
INTO TABLE vinylrecordshop.artist
FIELDS TERMINATED BY ',';
```

此命令将加载 CSV 文件。我们有必要了解一下这个脚本运行的细节：

- LOCAL INFILE 指示 MySQL 在本地文件中查找数据。如果没有设置 MySQL 允许对 mysqld(数据库服务器)和 mysql(客户端界面)进行本地数据导入，则此命令将无法工作。
- 表名被限定为包括数据库名：vinylrecordshop.artist。这比使用 USE 命令更可靠，可以确保数据加载到正确的表中。
- 该命令指定该文件使用逗号来对数值进行分隔。这里使用的是逗号分隔的文件，但也可以使用其他字符(如制表符或竖线)实现相同的目的。

运行此命令后，将看到类似下面的响应：

```
Query OK, 23 rows affected (0.00 sec)
Records: 23 Deleted: 0 Skipped: 0 Warnings: 0
```

使用下面的命令确认所有记录都已经成功添加到表中：

```
SELECT * FROM artist;
```

这将产生如表 14-12 所示的结果。

表 14-12　载入 artist.csv 文件后查询的结果

| artistId | fname | lname | isHallOfFame |
|---|---|---|---|
| 1 | John | Lennon | 1 |
| 2 | Paul | McCartney | 1 |
| 3 | George | Harrison | 1 |
| 4 | Ringo | Starr | 1 |
| 5 | Denny | Zager | 0 |
| 6 | Rick | Evans | 0 |
| 10 | Van | Morrison | 1 |
| 11 | Judy | Collins | 0 |
| 12 | Paul | Simon | 1 |
| 13 | Art | Garfunkel | 0 |
| 14 | Brian | Wilson | 0 |
| 15 | Dennis | Wilson | 0 |
| 16 | Carl | Wilson | 0 |
| 17 | Ricky | Fataar | 0 |
| 18 | Blondie | Chaplin | 0 |
| 19 | Jimmy | Page | 0 |
| 20 | Robert | Plant | 0 |
| 21 | John Paul | Jones | 0 |
| 22 | John | Bonham | 0 |
| 23 | Mike | Love | 0 |
| 24 | Al | Jardine | 0 |
| 25 | David | Marks | 0 |
| 26 | Bruce | Johnston | 0 |

## 2. 使用 MySQL Workbench 导入数据

前面的命令也可以在 MySQL Workbench 的 SQL 编辑窗口中运行，但 SQL Workbench 还包括一个导入向导。使用这个向导来导入第三个主要表：band 表。

使用 LOAD DATA 导入数据时，必须确保数据中没有标题行，并且 CSV

文件中的列与相应的 MySQL 表中的列的顺序相同。MySQL Workbench 的数据导入向导更加灵活，它会识别和跳过列标题，并允许你将数据集中的列映射到表中，这意味着，列的顺序可以不同。你甚至可以选择跳过 CSV 文件中的列，使其不被加载到数据库中。

如果打开数据库文件中的 band.csv 文件，则会看到它包括一个名为 year_founded 的列，该列在数据库中不存在，如图 14-10 所示。

| | A | B | C | D |
|---|---|---|---|---|
| 1 | id | band_name | year_founded | |
| 2 | 1 | The Beatles | 1957 | |
| 3 | 2 | Zager and Evans | 1969 | |
| 4 | 3 | Van Morrison | 1958 | |
| 5 | 4 | Judy Collins | | |
| 6 | 5 | Simon and Garfunkel | 1963 | |
| 7 | 7 | Beach Boys | 1961 | |
| 8 | 8 | Led Zeppelin | 1968 | |
| 9 | | | | |

图 14-10 band.csv 文件

如果想使用 LOAD DATA 导入这些数据，需要在导入之前删除列标题行和额外的 year_founded 列。但如果使用 MySQL Workbench，则无需对文件进行更改。

使用 MySQL Workbench 导入 band 数据，步骤如下：

(1) 打开 MySQL Workbench，并连接到 MySQL。

(2) 右击 vinylrecordshop 数据库，并单击 Table Data Import Wizard，如图 14-11 所示。

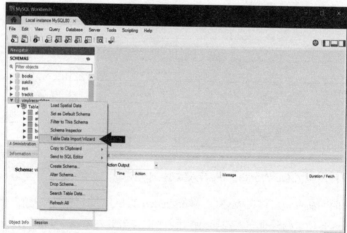

图 14-11 在 MySQL Workbench 中启动表数据导入向导

(3) 输入路径或浏览来查找 band.csv 文件，如图 14-12 所示，然后单击 Next
按钮。

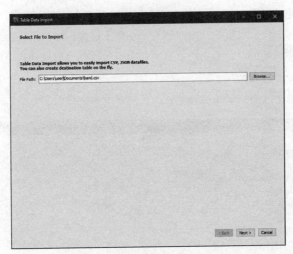

图 14-12　输入要导入的文件名称

(4) 设置选项以使用现有的 vinylrecordshop.band 表。如图 14-13 所示，然
后单击 Next 按钮。

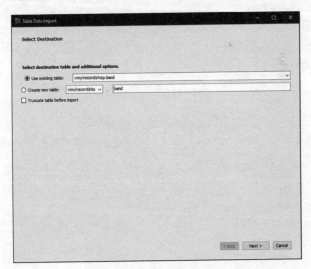

图 14-13　选择要使用的表

(5) 下一个窗口显示导入设置，如图 14-14 所示。注意以下内容，然后单击 Next 按钮。

- 该向导将识别 CSV 文件中的列标题，并将它们列为源列。
- 该向导将数据集的列映射到表列。在本例中，映射是正确的，但如果需要，则可以对不同的数据集和表更改这些设置，使列可以通过不同的顺序排列。
- 可以不选中 year_founded 列，这样它就不会导入。

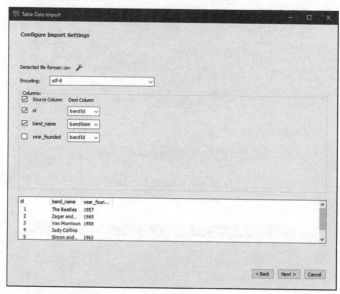

图 14-14  数据导入设置

(6) 最后一个窗口要求确定导入，如图 14-15 所示。然后单击 Next 按钮。

(7) 导入过程应该没有错误，并且每一步都将被检查。如果数据被正确导入，则向导会显示一个确认信息，如图 14-16 所示。你需要单击 Next 按钮才能继续。

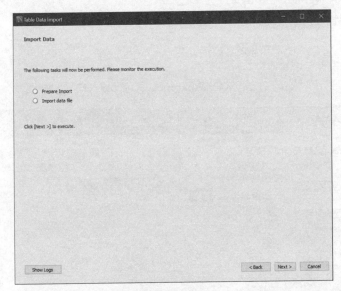

图 14-15 确定导入

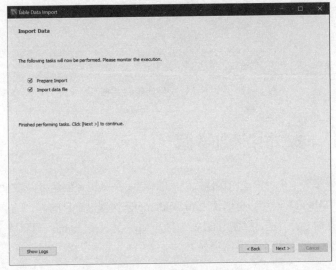

图 14-16 确认数据导入完成

(8) 最后一个窗口将确认已导入了 7 条记录。单击 Finish 按钮关闭该向导。
你可以通过在 SQL 编辑器窗口中运行如下 SELECT 命令来验证数据是否

已正确导入：

```
USE vinylrecordshop;
SELECT * FROM band;
```

图 14-17 显示了在 MySQL Workbench 中运行导入向导的结果。

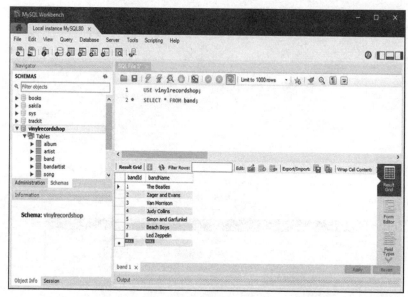

图 14-17　使用 SELECT 确认 band 数据已经导入

## 14.5　向脚本中添加数据

如果想要一个可以重新构建数据库的脚本，那么需要创建可以添加到该脚本中的 IMPORT 语句。可以使用 mysqldump 来实现这个目的。

打开命令行界面，并使用 cd 命令打开 MySQL 安装的 bin 子目录。在大多数 Windows 计算机上，其路径如下：

```
cd C:\Program Files\MySQL\MySQL Server 8.0\bin
```

在这个子目录的命令行中运行 mysqldump，语法如下所示：

```
mysqldump -p --user=root database table > destination_filepath
```

在本例中，.sql 文件被发送到用户的 Documents 文件夹中的一个新文件中。注意，你必须根据自己的计算机适当地更改路径。

```
mysqldump -p --user=root vinylrecordshop artist > C:/Users/user/ Documents/
artist.sql
```

运行该命令后，查找并打开导出的.sql 文件。图 14-18 展示了在 MySQL Workbench 中打开该文件，但你可以使用任意一个文本或代码编辑器来打开该文件。

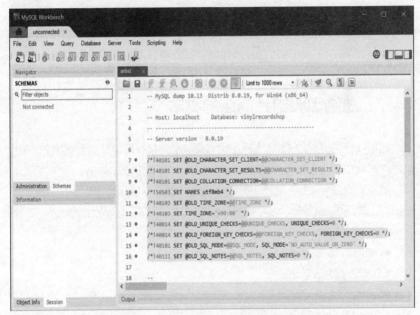

图 14-18　在 MySQL Workbench 中打开导出的文件

该文件包括的代码行数将超过脚本的实际需要，包括重新创建表的语句。你真正需要的只是数据本身。

扫描该文件，直到看到 INSERT INTO 语句。

```
INSERT INTO `artist` VALUES (1,'John','Lennon',1),(2,'Paul',
'McCartney',1),(3,'George','Harrison',1),(4,'Ringo','Starr',1),(5,'Den
ny','Zager',0),(6,'Rick','Evans',0),(10,'Van','Morrison',1),(11,'Judy'
,'Collins',0),(12,'Paul','Simon',1),(13,'Art','Garfunkel',0),(14,'Bria
n','Wilson',0),(15,'Dennis','Wilson',0),(16,'Carl','Wilson',0),(17,'Ri
cky','Fataar',0),(18,'Blondie','Chaplin',0),(19,'Jimmy','Page',0),(20,
'Robert','Plant',0),(21,'John Paul','Jones',0),(22,'John','Bonham',0),
```

```
(23,'Mike ','Love',0),(24,'Al ','Jardine',0),(25,'David','Marks',0),
(26,'Bruce ','Johnston',0);
```

从 SQL 文件中复制该语句，并将其粘贴到现有的 vinylrecordshop-data.sql
文件的末尾。

## 14.6   测试脚本

此时，你应该可以运行你的 vinylrecordshop 脚本，先删除数据库，然后重
新创建包括表结构的数据库，最后向 album 表和 artist 表中添加数据。如果脚
本没有按预期工作，则请进行故障排除，并在继续其他工作之前修复问题。

## 14.7   总结黑胶唱片商店的脚本

你可以使用提供的 CSV 文件中的数据，继续自行添加数据到其余的表中。
记住，在向相关表添加数据之前，必须先在主要表中添加数据。

检查新数据与 CSV 文件中的数据是否匹配，以确保每个表中的数据都是
正确的。作为快速检查，你可以验证每个表中的记录数量是否正确：

- band：7 条记录。
- album：8 条记录。
- artist：23 条记录。
- song：11 条记录。
- bandArtist：23 条记录。
- songAlbum：11 条记录。

在确定正确地为每个表导入数据之后，将该表的 IMPORT 语句保存到数
据脚本中。

> **注意**：如果遇到问题，请记住，可以通过运行本课提供的模式脚本，来重
> 置数据库结构，然后使用数据脚本添加已经设置好的数据。

## 14.8 本课小结

在本课中，通过手动输入 INSERT INTO 语句和使用两种不同的导入方法向现有表中添加了数据。在可能的情况下，最好将现有数据导入到数据库中，而不是指望手动输入数据，这样做既可以显著加快数据导入速度，也可以减少引入新错误的风险。

用于重建数据库的脚本目前分为两部分：第一部分通过删除数据库和重新创建所有表来创建数据库 schema，第二部分向这些表中添加数据。也可以创建一个同时包括数据库 schema 和数据的单一脚本。在创建用于重建数据库的脚本时，必须遵循以下规则：

- 在添加数据之前，必须创建用于存储数据的结构。例如，可以先创建一个表，然后向该表添加数据，接着再创建下一个表。
- 在创建相关表之前，必须先创建主要表。如果相关联的主键列尚不存在，则参照完整性将阻止你创建外键列。
- 在向相关表添加数据之前，必须先向主要表添加数据。如果该值在相关联的主键列中不存在，则参照完整性也将阻止你使用这个值作为外键。

# 第 15 课

# 深入探讨高级 SQL 主题

你已经学习了创建、读取、更新和删除表和列的内容。还学习了在数据库和表中选择和操作数据的各个方面。在使用 SQL 时，还有许多其他的操作和特性可以使用。

本课将涉及多个主题，这些主题将以前面介绍的内容为基础。虽然这些主题被视为更高级的内容，但它们在各自的领域中都非常重要。

**本课目标**

完成本课后，你将掌握如下内容：

- 使用简单的子查询。
- 解释视图的利弊。
- 解释数据库事务处理的需求。
- 使用优化技术来提高 MySQL 数据库的性能。
- 描述如何使用索引来提高数据库性能。

## 15.1 添加子查询

SQL 是一种专门在关系数据库环境中执行的语言。虽然你不能用它来创建视频游戏。但 SQL 依旧非常强大、灵活，并且具有极强的表达能力。为了了解其灵活性，考虑以下情况：任意一个值、表或值集都可以被第二个独立的查询替代。

　　子查询是嵌入到另一个查询中，以产生一个值或表结果集的查询。即使将其从父查询中分离，子查询仍然可以独立运行，尽管它可能使用父查询的值来建立上下文。子查询经常在三个主要的领域中使用，包括 IN 子句、用子查询代替一个表或代替一个值。

　　为了更好地理解子查询，在本课中将使用 TrackIt 数据库。如果你已经在 MySQL 服务器实例中设置了这个数据库，则可以使用它；如果你没有这个数据库，或者想要为本课重建它，则你可以运行 trackit-schema-and-data.sql 脚本，该脚本可以在本书的配套文件中找到。

## 15.1.1　IN 运算符与子查询

　　IN 运算符中的值可以来自于查询。如果想要找到被分配到某个项目的所有工人，则可以使用查询来获取所有的 ProjectWorker.WorkerId 值，并将该查询的结果用于 IN 子句，如代码清单 15-1 所示。

**代码清单 15-1　获取被分配到某个项目的所有工人**

```
USE TrackIt;
SELECT *
FROM Worker
WHERE WorkerId IN (
    SELECT WorkerId FROM ProjectWorker
);
```

　　在这个查询中，标识符 WorkerId 根据它被提及的位置表示两个不同的含义。在主查询中，它指的是 Worker.WorkerId；而在 IN 子句内部，它指的是 ProjectWorker.WorkerId。这容易引起混淆。

　　另一种方法是使用 Worker 和 ProjectWorker 进行 JOIN 操作。这是一个不错的想法，但它会返回重复的工人，因为一个工人可以被分配到多个项目。另一方面，使用 IN 的方法则不会产生重复的工人。如果一个值在 IN 中出现多次，则它会被忽略掉。

> **警告！** 当子查询返回大量结果时，IN(子查询)的性能表现不佳。在这种情况下，使用 JOIN 和 GROUP 将更快。如果子查询返回的值远远超过 100 个，则不要使用 IN(子查询)。

## 15.1.2 将子查询用作表

查询中的任意一个表都可以被子查询替代。可以在子查询的基础上构建一个次级 SELECT 语句，或者将子查询与一个表进行 JOIN 操作。甚至可以将一个子查询与另一个子查询进行 JOIN 操作。

如果没有子查询，则有些查询是无法实现的。考虑同时获取一个项目及添加到该项目的第一个任务的情况。可以使用 GROUP BY ProjectId 和 SELECT MIN(TaskId)，如代码清单 15-2 所示。

**代码清单 15-2　存在问题的查询语句**

```
--这不是我们想要的。
SELECT
    p.Name ProjectName,
    MIN(t.TaskId) MinTaskId
    --我们需要的是 t.Title，但是 SQL 引擎不知道我们指的是哪个任务(Task)。
--t.Title 不是分组的一部分，也没有聚合函数来确保获取 MinTaskId 对应的 Title。
FROM Project p
INNER JOIN Task t ON p.ProjectId = t.ProjectId
GROUP BY p.ProjectId, p.Name;
```

代码清单 15-2 中的解决方案可以找到第一个添加的任务，但之后我们陷入了困境。我们没有办法获取第一个任务的列。唯一可以选择的值是分组的 Project 列和 Task 的聚合结果。没有一个聚合函数可以从一个特定的记录中获取一个列。

使用子查询可以解决这个问题，如代码清单 15-3 所示。

**代码清单 15-3　使用子查询解决问题**

```
SELECT
    g.ProjectName,
    g.MinTaskId,
    t.Title MinTaskTitle
FROM Task t
INNER JOIN (
SELECT
    p.Name ProjectName,
    MIN(t.TaskId) MinTaskId
FROM Project p
INNER JOIN Task t ON p.ProjectId = t.ProjectId
GROUP BY p.ProjectId, p.Name) g ON t.TaskId = g.MinTaskId;
```

原始查询变成了子查询。它与任务(Task)表进行了连接，并被赋予别名 g。因为子查询没有名称，所以需要使用别名。子查询的列可以在 ON 条件、WHERE 条件和 SELECT 值列表中使用，并保留它们的别名。这看起来可能有点复杂，但是如果你放宽一些期望，则会看到隐藏在子查询中的表或表中的数据。

## 15.1.3　将子查询用作值

任意一个列或计算值都可以被子查询替代。实际上，子查询成为了计算的一部分。例如，代码清单 15-4 中的查询获取工人信息，并计算他们被分配到的项目数量。

**代码清单 15-4　查询工人信息，以及分配给他们的项目数量**

```
SELECT
    w.FirstName,
    w.LastName,
    (SELECT COUNT(*) FROM ProjectWorker
    WHERE WorkerId = w.WorkerId) ProjectCount
FROM Worker w;
```

该子查询将直接嵌入到 SELECT 值列表中。使用标识符时要小心。在这里，WorkerId 指的是 ProjectWorker.WorkerId，而 w.WorkerId 则是 Worker.WorkerId 的别名。如果忽略了别名(WHERE WorkerId = WorkerId)，则每个工人的 ProjectCount 都将是 165(所有的 ProjectWorker 记录)。代码清单 15-5 提供了另一种方式来解决这个问题。

**代码清单 15-5　通过子查询解决问题**

```
SELECT
    p.Name ProjectName,
    MIN(t.TaskId) MinTaskId,
    (SELECT Title FROM Task
    WHERE TaskId = MIN(t.TaskId)) MinTaskTitle
FROM Project p
INNER JOIN Task t ON p.ProjectId = t.ProjectId
GROUP BY p.ProjectId, p.Name;
```

尽管如此，这种解决方案可能不是一个好主意，因为将子查询当做值来使用时，性能通常表现不佳。如果查询在 SELECT 列表中被定义，那么它会为结果中的每条记录运行一次。如果有 1,000 条记录，则子查询将运行 1,000 次；

如果你有一百万条记录，则子查询将运行一百万次。通常情况下，这将带来严重的性能问题。

你总是可以通过其他技巧来得到相同的结果。作为一个负责任的数据库用户，应该避免为每条记录执行子查询。

> **注意：** 不要期望立即掌握子查询！这里的目的旨在展示可能性。整本书都致力于使用先进的查询技术。如果你喜欢数据库工作，那么这是你在完成本书的学习后，应该更详细探索的主题。

## 15.2 使用视图

视图是一个存储在数据库中的一个命名的查询。一旦将其创建完毕，就可以基于它完成其他查询。视图可以在 SELECT 语句的任意一处被像表一样进行处理。还可以将其视为一个已命名的子查询。

创建视图需要一些 DDL。它遵循如下的 DDL 模式：

```
CREATE objectType objectName
```

视图的查询内容放在 AS 关键字的后面，如代码清单 15-6 所示。

### 代码清单 15-6　创建视图

```
CREATE VIEW ProjectNameWithMinTaskId
AS
SELECT
    p.Name ProjectName,
    MIN(t.TaskId) MinTaskId
FROM Project p
INNER JOIN Task t ON p.ProjectId = t.ProjectId
GROUP BY p.ProjectId, p.Name;
```

在代码清单 15-6 中，创建了一个名为 "ProjectNameWithMinTaskId" 的视图。视图的内容出现在 AS 子句当中。SELECT 语句后的代码看起来应该很熟悉，因为它就是一个标准的 SELECT 语句。

在视图创建之后，现在，可以将其用作数据源：

```
SELECT * FROM ProjectNameWithMinTaskId;
```

你还可以在其之上构建更复杂的查询，如代码清单 15-7 所示。

**代码清单 15-7　使用视图的复杂查询**

```
SELECT
    pt.ProjectName,
    pt.MinTaskId TaskId,
    t.Title
FROM Task t
INNER JOIN ProjectNameWithMinTaskId pt --就像给表设定别名一样。
ON t.TaskId = pt.MinTaskId;
```

和任何技术一样，视图也有优点和缺点。使用视图的优点包括以下几点。

- 封装复杂的连接可以减少代码的复杂度，并提高代码重用性。
- 视图可以与表分开进行安全设置，例如，可以让用户访问视图，而不是底层的基础表。
- 视图可以限制某些用户显示的列和行。

然而，视图也有一些缺点：

- 在 MySQL 中，视图并不是一个永久的结构。虽然视图的定义始终可用，但视图中的内容却是临时的。换句话说，在访问视图时，里面的数据都是现场进行检索的，对视图使用相同的查询，每次得到的结果可能是不同的。
- 视图仅仅看起来很简单，并不意味着底层数据模型也很简单。一个简单的结果视图运行起来可能非常消耗资源。
- 由于视图易于理解，因此，开发人员可能会倾向于在视图上构建越来越多的内容。当视图连接到其他视图时，可能会出现严重的性能问题。
- 如果你使用的是除 MySQL 以外的其他数据库，则需要确认由视图生成的表是否每次都会保持不变，还是每次都会重新创建。

# 15.3　理解事务

由于数据库处理可能涉及多个相互依赖的独立步骤，因此，良好的数据库设计必须支持事务的概念：一个包括多个独立步骤的操作；所有这些步骤都必须成功完成，否则事务本身将无法成功。

### 15.3.1 事务的示例

一个事务是一组操作,这些操作共同构成一个不可分割的集合。这意味着,一个事务必须作为一个独立操作成功或失败。

考虑一个简单的事务示例,其中,资金在两个账户之间转移。这涉及执行两个不同的操作:从一个账户中取钱并将其添加到另一个账户中。这两个操作必须同时完成,并且要么一起成功、要么一起失败。

在开始转账之前,系统将检查源账户中的可用余额,以确保余额高于要转移的金额。接下来,系统将执行两个操作:从源账户中扣除转账金额,并将相同的金额添加到目标账户中。由于这两个操作必须同时发生,因此,它们合起来被认为是一个单一的事务。如果第二步因任意原因失败,则两个操作都必须被撤销。

为了理解这一点,请考虑以下示例。假设客户在账户 $A$ 中有 400 美元的余额,并想向账户 $B$ 转移 200 美元。首先,从账户 $A$ 中扣除该金额。现在,账户 $A$ 中的余额为 200 美元。下一步是将 200 美元添加到账户 $B$ 中。现在想象一下,在第二步期间出现了计算机故障,系统无法将 200 美元添加到账户 $B$ 中。在这种情况下,客户将失去没有转移到账户 $B$ 的 200 美元。

这是有问题的,但可以通过使用事务来避免。在这种情况下,事务包括两个操作:第一个操作是从账户 $A$ 中扣除金额,第二个操作是将金额添加到账户 $B$ 中。一个事务定义为一个不可分割的操作,这意味着,如果两个操作中的任意一个操作失败,则另一个步骤也会失败,并中止事务。中止事务会取消在事务过程中发生的任何处理。在本例中,第二个操作失败,所以事务将取消从账户 $A$ 中扣除金额的第一个操作。因此,我们确保只有当事务中的每个操作都成功时,事务才会成功。

下面考虑一个更复杂的示例,该示例使用具有两个以上操作的事务。当你从在线零售商购买物品时,购买事务必须包括以下步骤:

(1) 检查该商品的可用数量,以确保有足够的库存来满足购买需求。

(2) 从可用数量中扣除 1 个单位。

(3) 检查客户在数据库中是否拥有有效的信用卡信息。

(4) 从信用卡商户账户获得授权,将购买金额转移给零售商。

(5) 在数据库中生成一个订单号，以跟踪购买记录。

这些步骤将被视为一个事务，为了使事务成功完成，每个步骤都必须成功。如果商户账户在步骤 4 中拒绝了客户的信用卡，那么步骤 2 也将被拒绝，该商品的可用数量将被重置为原始值。同样地，如果数据库出现故障，并且系统无法生成订单号，则整个销售将被取消。不仅该商品的可用数量将被重置，而且通过商户账户进行的付款也将被取消。

在一个健壮的系统中，代码可能包括门控器，这将给用户在错误发生时进行修复的机会，而不是在发现错误后立即盲目取消所有内容。例如，如果客户的信用卡信息无效，系统可以提示用户使用另一种支付方式。

事务在数据库和软件开发过程中被广泛使用，它们代表了一个重要的概念，即在发生错误时保证数据的一致性和可恢复性。一个事务可以成功完成，这意味着，事务内的所有操作都已成功执行；一个事务也可以失败，这意味着，事务内的某个或多个操作失败了。

事务的执行通常如下：

(1) 初始化事务。

(2) 执行操作。

(3) 执行提交或中止操作。

- 提交(commit)：操作执行成功，并且数据提交成功。
- 中止(abort)：如果事务中的某个操作失败，那么所有操作都将回滚，并且数据将恢复到其原始状态。

## 15.3.2　ACID

ACID 这个缩写在第 1 课 "探索关系数据库和 SQL" 中有所涉及。你学到了 ACID 是原子性(atomicity)、一致性(consistency)、隔离性(isolation)和持久性(durability)的缩写。一个事务必须同时满足这 4 个属性。可以参考第 1 课了解更多细节，下面是 4 个属性的总结：

- 原子性(atomicity)：事务中的所有操作要么都成功，要么都失败。当该事务失败时，在该事务中已经完成的操作也都会被取消。
- 一致性(consistency)：事务不应该对数据产生任何不利影响。如果数据在事务开始之前是一致的，那么在事务结束之后也应该是一致的。

- 隔离性(isolation)：事务彼此独立地发生，也不会相互干扰。这意味着，两个事务不能同时操作同一数据。
- 持久性(durability)：如果事务成功，则各个操作所做的更改是永久性的。

如果操作系统需要同时执行多个事务，则必须适当地安排事务，以避免发生问题。一种选择是使用串行化，这是依次执行多个事务的过程，使事务按顺序发生。首先执行第一个事务，然后执行第二个事务，依此类推。换句话说，事务按顺序执行，不同事务的指令不交错。串行化允许每个事务安全地执行，而不受其他事务的干扰。但是，这种方法可能会导致效率低下，因为它可能会使资源处于等待状态，而系统在执行事务中的其他操作时什么也不做。

为了避免这种低效性，一个事务的指令通常与其他事务的指令交错执行。因此，多个事务的执行将同时进行。但是，当我们交错执行处理相同数据的不同事务时，我们可能会有两个处理相同数据的操作。如果也破坏了一致性规则，则可能会出现问题。这意味着，必须定义一些机制，允许在多个事务交错执行操作的同时，确保数据的一致性。

一个事务可以有多个状态，并且不同的状态形成一个有限状态机。有限状态机是一种具有有限数量状态的系统。图 15-1 显示了一个事务的不同状态。

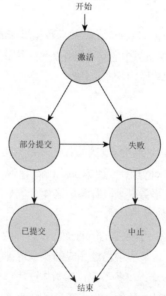

图 15-1 事务状态流程图示例

图 15-1 中显示的状态包括。

- 激活(Active)：事务在其执行期间处于活动状态。这是任意一个事务的初始状态。
- 部分提交(Partially committed)：在事务执行其最终操作后，被认为已部分提交。
- 已提交(Committed)：一旦事务成功执行其所有操作，且与其他活动事务没有冲突，则操作将永久提交。
- 失败(failed)：当事务的一个操作无法成功完成时，事务将失败。
- 中止(Aborted)：如果事务失败，那么事务管理器将数据回滚到其原始状态，操作将中止。

在 MySQL 中，可以使用 START TRANSACTION 语句构建事务。代码清单 15-8 显示了如何在一个事务中执行三个操作。这个事务模拟了支票账户和储蓄账户之间的典型转账操作。

**代码清单 15-8　事务示例**

```
START TRANSACTION;
SELECT balance FROM checking WHERE customer_id=10233276;
UPDATE checking SET balance = balance -200.00
WHERE customer_id=10233276;
UPDATE savings SET balance = balance + 200.00 WHERE
customer_id=10233276;
COMMIT;
```

在其他情况下，当新数据被添加到表中，或者现有数据被更改或删除时，MySQL 会自动保存新数据，并且不需要正式提交这些更改。但是，在事务中，必须使用 COMMIT 关键字来保存 SELECT 和 UPDATE 语句定义的更改。如果其中任意一条语句失败，则提交也会失败，并且所有更改都不会保存到数据库中。

## 15.4　schema 优化

在数据工程解决方案的设计和开发过程中，主要的约束条件是可扩展性。企业不断地获得新数据，必须对新数据进行组织、处理和使用，来提高商业智能水平。数据工程师在设计任意一个数据解决方案时都必须始终考虑可扩展性。对于 MySQL 数据库来说，有一些设计方法可以显著地优化数据库的性能，从而相应地优化任何使用数据库的数据程序。

有一些不同的策略可用于优化 MySQL 表的 schema，包括选择最佳的数据类型，以及使用适当的索引来提高读取和写入操作的性能。这些技术可用于设计可在提取-转换-加载(ETL)过程和数据密集型应用程序中使用的数据库。

> **注意：** 优化模式和索引既需要关注细节，又需要看到全局。数据工程师必须知道系统是如何工作的，才能优化 MySQL 数据库，来适应系统的需求。

## 15.4.1　选择最佳的数据类型

MySQL 有一个广泛的数据类型列表，可以用来表示数据。要查看 MySQL 中可用的数据类型的完整列表，请参阅 dev.mysql.com/doc/refman/5.7/en/data-types.html 上的 MySQL 数据类型页面。

为某一列选择合适的数据类型可以显著提高性能。一般来说，可以使用一些准则，来选择适当的数据类型。

- 使用最小的合理数据类型：如果要存储客户的年龄，则不需要使用一个 32 位整数。使用更大的数据类型需要更多的磁盘空间、内存和 CPU 缓存。此外，较小的数据类型需要较少的 CPU 周期来处理，这使得它们更快。在选择数据类型时，始终选择可以保存信息的最小数据类型。但是，请确保你选择的数据类型不会在未来出现空间不足的问题。低估数据范围可能会导致后续需要对列的数据类型进行更改，这将更加耗费资源。

- 保持简单：在选择数据类型时，始终选择最简单的类型。例如，将 IP 地址存储在整数列中比 VARCHAR 列更好，因为对数字进行比较所需的 CPU 资源要少于对字符进行比较所需的 CPU 资源。日期和时间也应该使用 MySQL 内置的日期类型进行存储，因为它优化了日期比较。

- 考虑空值：在设计表时，应该优先选择非空列而不是空列。带有可空列的查询对于 MySQL 来说更难优化。此外，可空列需要更多的存储空间和 MySQL 的额外处理。除了使用空值(null)之外，还可以使用其他数据类型来表达不存在的值。例如，可以使用不可能或无意义的值(如 0)来表示客户年龄未定义的情况，因为这比使用空值更容易处理和优化。用于索引的列应该始终为 NOT NULL，以避免 MySQL 对索引空值进行额外处理。

在选择数据类型时，首先需要确定适合表示数据的类型。MySQL 中的类型包括数字、字符串、日期等。这个选择通常是显而易见的。客户的姓名应该用字符串类型表示，年龄应该用数字类型表示。一旦确定了适当的类型，就可以选择用于表示数据的特定数据类型。MySQL 中有几种整数类型，每种类型都有特定的范围、精度和存储空间来存储数据。

对于整数，有 TINYINT、SMALLINT、MEDIUMINT、INT 和 BIGINT 这 5 种类型，分别需要 8、16、24、32 和 64 位存储空间。此外，整数类型还可以具有一个无符号属性，这将限制整数只能为正数。数据工程师需要设想要存储的数据，然后决定数据是正数还是负数，并使用适当的数据类型。

MySQL 还包括浮点数的数值类型：FLOAT、DOUBLE 和 DECIMAL。

- DECIMAL 存储精确的小数(它非常适合在金融应用程序或需要精确的数学计算的情况)。
- 在存储相同范围的值时，浮点类型使用的空间比 DECIMAL 要少。

对于字符串，MySQL 提供了 VARCHAR 和 CHAR 两种类型。

- VARCHAR 用于可变长度字符串：VARCHAR 仅使用特定值所需的存储空间，在许多情况下，这比 CHAR 类型所需的存储空间更少，特别是对于短字符串和空字符串来说。VARCHAR 类型通过减少磁盘空间浪费来提高性能。但是，由于 VARCHAR 类型的动态大小，增加存储在 VARCHAR 类型中的字符串的长度可能会导致数据被移动到磁盘上的另一个位置，以适应新的大小。这将会导致一些性能问题。
- CHAR 用于固定长度字符串：CHAR 是存储短字符串的理想类型。例如，CHAR 可以用于存储用户密码的 MD5 哈希值，因为它们具有相同的长度(128 位)。由于 CHAR 类型的字符串大小始终已知，因此，在更新时也更快，因为如果新值的长度与原来相同，不会出现溢出的情况，从而不需要对数据进行移动。

为一个列选择合适的数据类型需要了解 MySQL 提供的不同数据类型，以及 MySQL 是如何存储和处理这些数据类型的。数据工程师必须选择正确的数据类型，来提供最佳的信息处理性能。

## 15.4.2 索引

索引是影响 MySQL 性能的一个重要因素。索引，又称键，是 MySQL 内部用于加速数据查找和提高读取操作性能的数据结构。对于大量数据来说，对数据建立索引非常重要，以便能够快速检索数据。例如，Facebook 的用户数据库包括超过 20 亿的用户。查找他们的信息需要对表编制索引，以便在合理的时间内完成数据检索。

MySQL 使用不同类型的索引，适用于不同的情况。索引在 MySQL 的存储引擎中实现。在 MySQL 上有许多可用的存储引擎。如果未指定存储引擎，则 MySQL 将使用默认的 InnoDB 存储引擎，该引擎支持主键和外键。对于更复杂的数据库，最好指定一个不同的存储引擎，以不同的方式处理数据和关系。

在本课中，将介绍两种类型的索引。第一种是 B-树索引，第二种是哈希索引。

### 1. B-树索引

B-树索引使用 B-树数据结构来存储数据。这将创建一个数据的层次结构，其中，根节点指向下一个子节点。存储引擎会跟踪这些指针，直到它找到所需的数据为止。树中的每个节点都有一个键及指向子页面和树中下一个叶子节点的指针。

B-树索引加速了数据访问，因为不需要扫描整个表，来查找所需的数据。相反，搜索从 B-树的根开始，并使用正确的指针来访问所需的数据。节点页面跟踪每个索引的范围，用于定位所需的数据。

B-树索引可以很好地通过完整的键值、键范围或键前缀进行数据查找。例如，如果如代码清单 15-9 所示使用姓和名作为键，那么所有姓和名都相同的人都可以很容易地找到，所有姓或名相同的人也可以很快找到。

**代码清单 15-9　创建索引**

```
CREATE TABLE person(
    lastname VARCHAR(50) NOT NULL,
    firstname VARCHAR(50) NOT NULL,
    dob DATE NOT NULL,
    KEY(firstname,lastname,dob)
);
```

在代码清单 15-9 的示例中，最后的 KEY 子句根据名字、姓氏和出生日期创建了一个索引。键中属性的顺序很重要。使用这个键可以加快对名字的查找速度，但不能加快对出生日期的查找速度，因为这个键是先用名字构建的。

> 注意：www.geeksforgeeks.org/introduction-of-b-tree-2 是一篇介绍 B-树索引的好文章。

### 2. 哈希索引

哈希索引使用哈希表来执行快速数据查找。但是，与 B-树索引不同的是，哈希索引用于执行键的精确查找。这意味着，每个键列都将被使用。在哈希索引中，用于键的列值被哈希在一起以生成每行的唯一值，然后可以使用这个哈希值来查找数据。如果要搜索具有特定名字、姓氏和出生日期的人，则首先计算这三列的哈希值，然后查找哈希表来查找具有相同哈希值的行。

在代码清单 15-9 中，键可以用于查找具有特定名字的人，因为索引从名字列开始。在哈希索引中，查找可能需要三个列，参见代码清单 15-10。

### 代码清单 15-10  使用哈希索引

```
CREATE TABLE person(
    firstname VARCHAR(50) NOT NULL,
    lastname VARCHAR(50) NOT NULL,
    KEY USING HASH(firstname)
)Engine=MEMORY;
```

在本例中，名字被用作哈希索引。MEMORY 被用作存储引擎，因为哈希索引是 MEMORY 引擎的默认索引类型。此外，MEMORY 是 MySQL 中唯一支持显式哈希索引的存储引擎。但是，哈希索引可以使用一些技巧或解决方法在其他存储引擎上隐式使用。

因为名字被定义为哈希索引，所以 MEMORY 存储引擎将生成一个哈希表，其中，每个人的表中的每一行都基于名字计算出一个哈希值。这个哈希值用于快速查找数据。例如，如果想查找所有名字叫 John 的人，则 MySQL 将首先计算 John 的哈希值，然后将其与哈希表进行比较。哈希表由键值对组成，其中，键是哈希值，值是具有相同哈希值的行。这样可以快速找到具有已知哈希值的行。

哈希索引对于数据查找的速度非常快，但它们确实有一些限制。例如，哈希索引不能用于排序，因为哈希函数不能保留行的顺序。此外，哈希索引只能用于相等(=)，并且不能用于其他 SQL 运算符，如 IN 或 LIKE。在其他存储引擎上，可以使用 MySQL 内置函数来实现哈希索引，该函数允许计算任意一列的哈希值，如 CRC32 函数。

想要更深入地了解 MySQL 中的索引和选项的比较，请参阅 Krzysztof Ksiazek 的文章 *An Overview of MySQL Database Indexing*，可以在 severalnines.com/blog/overview-mysql-database-indexing 上找到。

# 15.5　本课小结

本课介绍了一些高级主题。首先介绍了子查询，即在一个查询中嵌入的其他完整查询。子查询可以独立存在，很少需要进行更改。子查询可以为 IN 运算符提供值，在连接中充当表，或者在 SELECT 列表中求得单个值。某些查询结果在没有子查询的情况下是不可能得到的。

视图是存储在数据库中的命名的查询。它们的操作类似于表。视图可以隐藏数据模型的复杂性，并提供一种易于使用的抽象方式。与任意一种抽象方式一样，它们还可以将导致性能问题的原因隐藏起来。

事务是一组操作，操作一起形成一个不可分割的整体。这组操作必须像一个单一操作一样，要么都成功，要么都失败。描述事务通常使用 ACID 这个首字母缩写词，ACID 代表原子性、一致性、隔离性和持久性。事务需要满足这 4 个属性才能有效。

本课介绍了两种优化 MySQL 数据库的方法。第一种优化方法是为列选择适当的数据类型。数据工程师必须选择能够提供最佳信息处理性能的正确数据类型。第二种优化方法是通过索引来优化数据查询。在本课中，你学到了两种索引类型。第一种类型是 B-树索引，它使用 B-树数据结构存储数据。第二种类型是哈希索引，它使用哈希表。

# 15.6　本课练习

以下练习旨在让你试验本课中介绍的概念。

**练习 15-1：最近的任务**

练习 15-2：在 Grumps 项目之前

练习 15-3：项目截止日期

练习 15-4：Ealasaid Blinco 的任务列表

练习 15-5：其他数据库

使用第 11 课"使用连接"中的 TrackIt 数据库，并使用子查询完成以下练习。

> **注意**：这些练习旨在帮助你将本课中所学的知识应用到实践中。注意，这些练习都需要你自己完成，因此我们没有提供答案。

### 练习 15-1：最近的任务

在 TrackIt 数据库中检索包括每个项目的最新任务的项目名称列表。结果应显示 TaskId 和任务标题。

在解决方案中，结果中不应该有重复的项目。查询结果应包括 26 行，其中，包括如表 15-1 所示的输出。

表 15-1　最新任务查询结果示例

| ProjectName | MaxTaskID | MaxTaskTitle |
|---|---|---|
| GameIt Accounts Payable | 132 | Construct user interface |
| GameIt Accounts Receivable | 107 | Construct front-end components |
| GameIt Enterprise | 182 | Profile UI |

> **提示**：TaskID 是一个自动递增的列，这意味着，较高的值对应的任务比较低的值对应的任务离现在更近。

### 练习 15-2：在 Grumps 项目之前

生成一个任务列表，使其截止日期在名为 Grumps 的项目的截止日期之前或等于这个截止日期。通过使用子查询，你不需要知道项目的截止日期，就能生成结果。编写查询，其中，不包括特定的日期。查询结果将包括 513 个结果，其中，包括如表 15-2 所示的输出。

表 15-2 截止日期在 Grumps 项目截止日期之前或等于该截止日期的查询结果示例

| Title | DueDate |
|---|---|
| Login | 2007-02-19 |
| Refactor data store | 2015-04-04 |
| Refactor service layer and classes | 2018-09-03 |

### 练习 15-3：项目截止日期

视图是一个保存在数据库中的查询。在查询时，视图可以当做表来使用。注意，视图的结果是动态的，就像查询的结果一样，因此，视图将总是检索到最新版本的数据。但是，如果你发现自己一遍又一遍地编写相同的查询，则可以将查询保存为视图，然后只运行该视图。视图对于包括跨表的多个连接的查询特别有用。

创建一个显示所有项目名称和截止日期、与每个项目相关联的每个任务的标题，以及每个分配了任务的工人的名字和姓氏的视图。为视图指定一个你认为有意义的名称。

结果将包括 543 条记录，其中，包括如表 15-3 所示的输出。

表 15-3 项目截止日期查询结果示例

| Name |
|---|
| GameIt Accounts Receivable |
| GameIt Accounts Receivable |
| GameIt Accounts Receivable |

> 提示：创建一个常规的 SELECT 查询，来验证创建视图所需的语法，然后使用 SELECT 查询来生成视图。

### 练习 15-4：Ealasaid Blinco 的任务列表

使用练习 15-3 中创建的视图来生成一个包括所有分配给工人 Ealasaid Blinco 的任务的列表。结果将包括 15 条记录，其中，包括如表 15-4 所示的输出。

表 15-4　Ealasaid Blinco 任务列表示例

| Name |
| --- |
| GameIt Accounts Payable |
| GameIt Accounts Payable |
| GameIt Accounts Payable |

### 练习 15-5：其他数据库

看看本书其他部分中使用的其他数据库，并确定视图作为创建相同复杂查询的捷径，可能发挥作用的地方。

# 附录 A
# 使用 Python 应用 SQL 的附加课程

在本附录中,你将使用 MySQL 和 Python。假设你已经知道如何使用 Python 进行编程,因此,重点将放在学习如何管理数据库、表和数据上。

完成本附录后,你将掌握如下内容:

- 使用 PyMySQL 将 Python 脚本连接到 MySQL 示例。
- 使用 Python 脚本在 MySQL 数据库上执行基本的创建、检索、更新和删除(CRUD)操作,包括:
  - ◆ 创建和删除数据库。
  - ◆ 创建和删除表。
  - ◆ 在表中添加、更新和删除列。
  - ◆ 在表中添加、更新、检索和删除数据。

因为假设你已经熟悉 Python,所以在开始本附录之前,你应该已准备好以下内容:

- 在 Python 中安装了 PyMySQL 包。
- 一个在后台运行的 MySQL 示例。
- 正在运行的 MySQL 示例的用户名和密码。

你可能还会发现打开一个活动的 MySQL 窗口(命令行或 GUI,如 MySQL Workbench)很有用,你可以在本附录中使用该窗口来确认 Python 管理的活动。

> 注意：本附录假设你已经对 SQL 中的基本 CRUD 操作有了一定的了解。如果你已经学习了在本书中介绍的课程，那么你应该已经熟悉了这些内容！

## A.1　数据库操作

虽然可以在 MySQL 接口中创建数据库，然后使用 Python 连接到这些数据库，但你可以使用 PyMySQL 包直接从 Python 管理所有数据库操作，从而为依赖存储在 MySQL 数据库中的数据的脚本提供一个单一的接口。

### A.1.1　使用 PyMySQL

在本附录中，将使用 PyMySQL Python 包来使用 Python 脚本访问和管理 MySQL 数据库。但是，在能够对 MySQL 执行任何操作之前，必须连接到运行 MySQL 实例的服务器。

确保你已经安装了 PyMySQL Python 包，并且 MySQL 正在后台运行。本附录中的代码示例假设 MySQL 使用以下设置：

- host(主机)：localhost。
- username(用户名)：root。
- password(密码)：admin。

根据你的 MySQL 设置，你可能需要更改示例中的代码，以成功连接到 MySQL 上。

### A.1.2　获取 MySQL 版本

作为示例，将使用 PyMySQL 包的 connect 方法，来获取当前安装的 MySQL 版本。代码清单 A-1 中的脚本将执行以下操作：

(1) 它导入了 PyMySQL Python 包。

(2) 它连接到 MySQL 实例。

(3) 它使用此连接创建一个游标，我们可以使用该游标来执行 MySQL 查询。

(4) 它运行两个查询(获取当前 MySQL 版本和从结果中检索第一行文本)。

(5) 它将显示检索到的数据。

### 代码清单 A-1  获取 MySQL 版本的脚本

```
import pymysql

con = pymysql.connect(host='localhost', user='root',
password='admin', db='mysql')
    with con.cursor() as cur:
    cur.execute("SELECT VERSION()")
    version = cur.fetchone()
    print("Database version: {}".format(version[0]))
con.close()
```

输入此脚本并运行它，以验证你是否可以连接到本地的 MySQL 示例，并检索当前的 MySQL 版本。

仔细查看代码清单 A-1。首先，我们导入了 pymysql 库，以便使用 connect 类来连接到 MySQL 服务器。然后，通过使用 connect( )方法来设置连接。你将需要根据你的数据库配置来调整传递的设置。

接下来的代码行创建了一个名为 cur 的游标对象，该对象将用于执行 MySQL 查询。可以看到，它被用于调用 execute( )方法，该方法执行 SQL 命令 SELECT VERSION( )，这是一个简单的查询，用于获取当前的 MySQL 的版本。然后，从 SELECT VERSION( ) 提供的结果的第一行中获取该版本信息。最后，显示格式化后的数据库版本，并在完成后关闭连接。输出应该类似于以下内容：

```
Database version: 8.0.17
```

> **注意**：为了让代码清单 A-1 正常运行，你需要确保提供的密码值与你为 MySQL 数据库服务器的 root 账户所创建的密码相匹配。你还可以将用户和密码更改为数据库上的任何其他有效账户。

## A.1.3  创建数据库

PyMySQL 可以用来在 MySQL 示例中创建新的数据库。本质上，PyMySQL 充当了 Python 和 MySQL 之间的解释器，使用 execute 方法向 MySQL 发送标准的 SQL 命令。

在连接到 MySQL 后，可以创建一个名为 recordshop 的新数据库，该数据库将用于管理与唱片商店相关的数据。根据以前的课程，你应该已经知道可以使用以下 SQL 命令来执行此操作。

```
CREATE DATABASE recordshop;
```

　　注意，该命令以分号结尾。所有的 MySQL 语句都必须以分号结尾才能执行，就像你之前学到的那样。在代码清单 A-2 中提供了用于执行此 SQL 命令来创建数据库的 Python 代码。你可以使用 PyMySQL 的 execute( )方法来执行此命令。

### 代码清单 A-2　创建数据库

```python
import pymysql

# 根据本地 MySQL 设置的要求更新连接数据。
con = pymysql.connect(host='localhost', user='root',
password='admin')
with con:
    cur = con.cursor()
    cur.execute("CREATE DATABASE recordshop;")

print ("Database created")
```

　　代码清单 A-2 再次创建了到数据库的连接，然后使用该连接创建了一个游标，用于执行 SQL 查询。这次的查询是创建一个名为 recordshop 的数据库。当运行代码清单 A-2 时，如果一切都成功，则应该会看到以下消息：

```
Database created
```

　　再次运行代码清单 A-2，观察会发生什么。你会发现，当第二次运行该脚本时，Python 会遇到一个问题。这是因为在 MySQL 服务器上的数据库名称必须是唯一的。当你第二次运行该脚本时，无法创建数据库，因为已经存在一个与你正在使用的名称相同的数据库。

## A.1.4　删除数据库

　　正如你之前学过的那样，DROP 命令用于删除 SQL 数据库中的对象，使用以下语法：

```
DROP DATABASE databasename;
```

　　这是一个强大的命令，它会立即删除数据库中的所有对象或数据，而不会提供警告或反馈。大多数 MySQL 数据库环境只允许数据库管理员执行 DROP 命令，因为一旦执行，数据库就会消失。这是一个不可逆的操作，因此，需要谨慎处理。

你可以使用 DROP 命令来删除在代码清单 A-2 中创建的数据库。执行此操作的 SQL 语句应该看起来很熟悉，如下所示：

```
DROP DATABASE recordshop;
```

Python 代码如代码清单 A-3 所示。与之前一样，你需要确保传递给打开连接的值与数据库的登录信息相匹配。

### 代码清单 A-3　删除名为 recordshop 的数据库

```
import pymysql

#根据本地的 MySQL 设置，更新连接数据。
con = pymysql.connect(host='localhost', user='root',
password='admin')
with con:
    cur = con.cursor()
    cur.execute("Drop DATABASE recordshop;")

print ("Database deleted")
```

代码清单 A-3 应该与代码清单 A-2 类似，唯一的不同是你通过函数 execute 传递了 SQL DROP 命令。当你在创建了 recordshop 数据库后运行代码清单 A-3 时，应该会收到一个通知，说明数据库已被删除：

```
Database deleted
```

## A.1.5　连接到数据库

在之前的代码清单中，你只是连接到了 MySQL 示例，这并不会自动连接到一个数据库。因为 MySQL 服务器可以托管多个数据库，所以在使用 MySQL 时，必须使用 USE 命令明确地告诉 MySQL 要使用哪个数据库：

```
USE databasename;
```

在 PyMySQL 中，想要连接到的特定数据库是在 connect 语句中指定的，与 MySQL 服务器的其他连接详细信息一起。在代码清单 A-4 中，连接信息与之前的代码清单类似。但是，这次在连接后立即标识了要使用的 mysql 数据库：

```
host='localhost', user='root', password='admin', db='mysql'
```

> **注意：** mysql 数据库是由 MySQL 维护的默认数据库，因此，它总是可用的。

### 代码清单 A-4　连接到指定数据库

```
import pymysql

#根据本地的MySQL设置，更新连接数据
con = pymysql.connect(host='localhost', user='root',
password='admin', db='mysql')
print(con)
```

正如你所看到的，代码清单 A-4 除了连接到数据库，并打印存储在 con 上的值之外，没有做任何其他操作。你看到的输出应该类似于以下内容，不过请注意，十六进制数是特定于示例的，因此，你看到的可能会有所不同：

```
<pymysql.connections.Connection object at 0x000001FF6BEA6E50>
```

现在已经连接到数据库，你可以开始执行更多操作，如代码清单 A-5 中所示。在代码清单 A-5 中，你将把到目前为止所执行的一切操作整合在一起。

### 代码清单 A-5　更完整的连接过程

```
import pymysql

# 根据本地的MySQL设置，更新连接数据。
con = pymysql.connect(host='localhost', user='root',
password='admin')
    with con:
        cur = con.cursor() # 创建游标对象。
        cur.execute("DROP DATABASE IF EXISTS recordshop;")
        cur.execute("CREATE DATABASE recordshop;")
        cur.close() #关闭与MySQL的连接。
    print ("Database created")

#根据本地的MySQL设置，更新连接数据。
con = pymysql.connect(host='localhost', user='root',
password='admin',
    db="recordshop")
    with con:
        cur = con.cursor()
        cur.execute("SELECT DATABASE();")
        for row in cur:
            dbname = row[0]

    print("Connected to " + dbname)
```

此脚本将执行以下操作：

(1) 它连接到 MySQL 服务器，但没有指定数据库。

(2) 它检查是否存在名为 recordshop 的数据库，如果存在，则删除它。

(3) 它创建名为 recordshop 的数据库。

(4) 它关闭与 MySQL 的连接。

(5) 它重新连接到 MySQL，并选择 recordshop 数据库。

此时需要执行所有这些步骤，是因为在前一步中删除了数据库。在大多数情况下，当数据库已经存在时，你只需要执行最后一步，来连接到 MySQL，并选择你打算使用的数据库。代码清单 A-5 的输出应该类似于以下内容：

```
Database created
Connected to recordshop
```

## A.1.6 　显示所有数据库

有时，你可能需要知道 MySQL 服务器上有哪些数据库当前可用，有时是为了验证数据库是否存在，但有时也只是为了简单地记住数据库的名称。显示可用数据库列表的 SQL 命令如下：

```
SHOW DATABASES;
```

你可以使用 PyMySQL 在 MySQL 服务器上生成一个数据库列表。通过 PyMySQL 运行该命令实际上是指在服务器上运行该命令，并返回一个显示可用数据库的表，但它不会将输出返回给 Python。这意味着，我们必须使用 Python 的 for 循环分别打印表中的行，如代码清单 A-6 所示。

### 代码清单 A-6 　显示所有数据库

```
import pymysql

# 根据本地的 MySQL 设置，更新连接数据。
con = pymysql.connect(host='localhost', user='root',
password='admin')
with con:
    cur = con.cursor() # 创建游标对象。
    cur.execute("SHOW DATABASES;")
    for row in cur:
        print(row[0])
```

可以看到，在此脚本中，大部分代码都是相同的。唯一的新元素是执行了

SHOW 命令，然后使用 for 循环来打印返回到 cur 的每一行数据中的值。以下是在我们在系统上运行代码清单 A-6 时收到的输出。

```
information_schema
mysql
performance_schema
recordshop
sakila
sys
vinylrecordshop
world
```

你的结果可能与这里显示的结果不同，这取决于你的 MySQL 示例中可用的数据库。但是，你应该确认 recordshop 数据库是否存在。

## A.2 表运算

在关系数据库中，所有数据都存储在表中，这些表将数据组织成列(或字段)和行(或记录)。你可以使用 PyMySQL 在 MySQL 中执行 CRUD 操作(创建、检索、更新和删除)，来操作表中的数据。

### A.2.1 创建表

SQL 的 CREATE TABLE 命令用于创建新的表。虽然可以在创建后更改表，但最好的做法是在创建表的同时定义表中存在的列。在代码清单 A-7 中，使用 CREATE TABLE 语句在 recordshop 数据库中创建了 artist 表格。通过代码清单 A-7，你应该连接到 MySQL 上的数据库，并运行查询以创建表。

> **注意：** 在本附录中，我们将遵循标准的 SQL 命名约定：
> - 表和列的命名采用驼峰命名法，其中，第一个单词为小写，后续单词首字母大写。
> - 表格名称为单数形式，表示其数据将存储在表中的实体。
> - 主键列的名称通常是表的名称，后面跟着"_id"，除非该表在主键中包括多个列。

### 代码清单 A-7　创建 artist 表

```python
import pymysql

create_table_query = """
                CREATE TABLE artist (
                  artist_id int(11) NOT NULL,
                  fname varchar(40) NOT NULL,
                  lname varchar(40) NOT NULL,
                  isHallOfFame tinyint(1) NOT NULL
                ) ENGINE=InnoDB DEFAULT CHARSET=latin1;
              """
print(create_table_query)

show_table_query = """SHOW TABLES;"""

describe_table_query = """DESCRIBE artist;"""

#根据本地的 MySQL 设置，更新连接数据。
con = pymysql.connect(host='localhost', user='root',
password='admin',
    db='recordshop')
with con:
    cur = con.cursor() #创建一个游标对象，用于执行 MySQL 查询。
    cur.execute(create_table_query)

    cur.execute(show_table_query)
    for row in cur:
        print(row[0])

        cur.execute(describe_table_query)
        for row in cur:
            print(row)
```

在代码清单 A-7 中，可以看到要执行的 SQL 查询被创建并分配给变量。一个 CREATE TABLE 查询被分配给变量 create_table_query，一个显示表的查询被分配给 show_table_query，以及一个在创建表格后列出 artist 表的列及其属性的查询被分配给 describe_table_query。可以看到，这些查询中的每一个都是你之前在本书中学到的标准 SQL 代码。通过将查询分配给变量，可以在使用 Python 时更容易执行。注意，每个查询变量最多只能存储一个 SQL 查询，尽管任何给定的查询都可以根据所需的结果而尽可能复杂。

在声明了这些变量之后，代码清单 A-7 将接着执行你在本附录中看到的操作。建立连接，创建一个游标对象用于执行 MySQL 查询，然后执行查询，并显示执行时返回的结果。代码清单 A-7 的完整输出应该如下所示：

```
CREATE TABLE artist (
  artist_id int(11) NOT NULL,
  fname varchar(40) NOT NULL,
  lname varchar(40) NOT NULL,
  isHallOfFame tinyint(1) NOT NULL
) ENGINE=InnoDB DEFAULT CHARSET=latin1;
```

```
artist
('artist_id', 'int', 'NO', '', None, '')
('fname', 'varchar(40)', 'NO', '', None, '')
('lname', 'varchar(40)', 'NO', '', None, '')
('isHallOfFame', 'tinyint(1)', 'NO', '', None, '')
```

## A.2.2  更改表

除了创建表之外，还可以通过添加或删除列，或者更改现有列的属性来更新现有表。

在代码清单 A-8 中，artist 表格被更改以将 artist_id 定义为主键，并将主键设置为在向表添加记录时自动递增值。与之前的代码清单类似，SQL 语句被定义为 Python 对象，然后使用 PyMySQL 来执行这些已保存的语句。

### 代码清单 A-8  对表进行更改

```python
import pymysql

alter_query_1 = """ALTER TABLE artist
            ADD PRIMARY KEY (artist_id);"""

alter_query_2 = """ALTER TABLE artist
            MODIFY artist_id int(11) NOT NULL AUTO_INCREMENT, AUTO_
INCREMENT=0;"""

describe_table_query = """DESCRIBE artist;"""
# 根据本地的 MySQL 设置，更新连接数据。
con = pymysql.connect(host='localhost', user='root',
password='admin',
    db='recordshop')
with con:
    cur = con.cursor() # 创建游标对象。
    cur.execute(alter_query_1)

    cur.execute(alter_query_2)

    cur.execute(describe_table_query)
    for row in cur:
        print(row)
```

再次创建查询，并使用函数 execute 来运行它们。Python 的 for 循环打印了 DESCRIBE 命令的结果，该命令应该显示已更改的表：

```
('artist_id', 'int', 'NO', 'PRI', None, 'auto_increment')
('fname', 'varchar(40)', 'NO', '', None, '')
('lname', 'varchar(40)', 'NO', '', None, '')
('isHallOfFame', 'tinyint(1)', 'NO', '', None, '')
```

## A.2.3　删除表

可以使用类似于删除数据库的 DROP 命令来删除整个表：

```
DROP TABLE tablename;
```

这是一个强大的命令，应该谨慎使用。它会删除整个表和表内的所有数据，而不会提供警告，大多数活跃的数据库要求具备数据库管理员权限才能执行此命令。

PyMySQL 可以用来删除你在前面的代码清单中创建的 artist 表，如代码清单 A-9 所示。

### 代码清单 A-9　删除表

```
import pymysql

drop_query = """DROP TABLE artist;"""

show_table_query = """SHOW TABLES;"""

# 根据本地的 MySQL 设置，更新连接数据。
con = pymysql.connect(host='localhost', user='root',
password='admin',
    db='recordshop')
with con:
    cur = con.cursor()
    cur.execute(drop_query)

    cur.execute(show_table_query)
    for row in cur:
        print(row[0])

print("Ready")
```

代码清单 A-9 将执行 DROP 命令来删除数据库，然后执行 SHOW 命令，以查看 recordshop 数据库中的所有表。当执行 SHOW TABLES；语句时，可以看到没有任何输出结果：

```
Ready
```

## A.2.4　重建表

你一直在使用 recordshop 数据库和 artist 表。让我们重新创建整个表，从而定义在 CREATE TABLE 语句中所需的所有列属性，如代码清单 A-10 所示。

### 代码清单 A-10　在 recordshop 数据库中重新构建 artist 表

```
import pymysql

drop_artist = "DROP TABLE IF EXISTS artist;"

create_artist = """
            CREATE TABLE artist (
              artist_id int(11) NOT NULL AUTO_INCREMENT,
              fname varchar(40) NOT NULL,
              lname varchar(40) NOT NULL,
              isHallOfFame tinyint(1) NOT NULL,
              PRIMARY KEY (artist_id)
            )
            ENGINE=InnoDB DEFAULT CHARSET=latin1;
          """

show_tables = """SHOW TABLES;"""

describe_artist = """DESCRIBE artist;"""

# 根据本地的 MySQL 设置，更新连接数据。
con = pymysql.connect(host='localhost', user='root',
password='admin',
    db='recordshop')
with con:
    cur = con.cursor() # 创建游标对象。
    cur.execute(drop_artist)

    cur.execute(create_artist)

    cur.execute(show_tables)
    for row in cur:
        print("Tables in database: \n" + str(row[0]))

    cur.execute(describe_artist)
    print("\nFields in table:")
    for row in cur:
        print(row)
```

因为你可能希望使用此脚本来重新构建数据库，所以包括了一个 DROP TABLE IF EXISTS 语句，该语句将在创建新表之前删除同名的现有表。总体而言，代码清单 A-10 模仿了你在之前的代码清单中所做的操作。运行此脚本的输出应该如下所示。

```
Tables in database:
artist

Fields in table:
('artist_id', 'int', 'NO', 'PRI', None, 'auto_increment')
('fname', 'varchar(40)', 'NO', '', None, '')
('lname', 'varchar(40)', 'NO', '', None, '')
('isHallOfFame', 'tinyint(1)', 'NO', '', None, '')
```

# A.3　数据操作: CRUD

与管理数据库和表相关的活动通常由组织内的少数数据库管理员(DBA)负责，主要是为了避免意外和潜在的灾难性数据删除。但是，通常会创建一个应用程序，授权用户可以使用这些应用程序来管理数据本身。例如，大学注册办公室的员工应该能够在数据库中添加新学生，更新数据(如地址或电话号码)，并在需要时检索与学生相关的数据，而无须为日常任务而麻烦 DBA。

你学到的基本创建、检索、更新和删除(CRUD)SQL 函数可以在 Python 中使用。以下部分将展示每个函数的操作示例。所提供的代码清单假定 MySQL 正在运行，并且它有一个名为 recordshop 的数据库，其中，包括一个名为 artist 的表。artist 表应包括如表 A-1 所示的列和属性。

表 A-1　artist 表的列和属性

| 列名称 | 数据类型 | 是否可以为空值 | 其他 |
|---|---|---|---|
| artist_id | int(11) | Y | 主键，自动递增 |
| fname | varchar(40) | Y | |
| lname | varchar(40) | Y | |
| isHallOfFame | tinyint(1) | Y | |

## A.3.1　创建数据

在使用数据之前，必须先创建数据。MySQL 使用 NSERT INTO table 命令将数据添加到现有表中。此命令要求你逐条列出每条记录。

在代码清单 A-11 中，使用 PyMySql 和 Python 为 recordshop 数据库中的 artist 表创建数据。

### 代码清单 A-11　在 artist 表中创建数据

```
import pymysql
insert_query = """INSERT INTO artist (artist_id, fname, lname,
isHallOfFame)
            VALUES
                (1, 'John', 'Lennon', 0),
                (2, 'Paul', 'McCartney', 0),
                (3, 'George', 'Harrison', 0),
                (4, 'Ringo', 'Starr', 0),
                (5, 'Denny', 'Zager', 0),
                (6, 'Rick', 'Evans', 0),
                (10, 'Van', 'Morrison', 0),
                (11, 'Judy', 'Collins', 0),
                (12, 'Paul', 'Simon', 0),
                (13, 'Art', 'Garfunkel', 0),
                (14, 'Brian', 'Wilson', 0),
                (15, 'Dennis', 'Wilson', 0),
                (16, 'Carl', 'Wilson', 0),
                (17, 'Ricky', 'Fataar', 0),
                (18, 'Blondie', 'Chaplin', 0),
                (19, 'Jimmy', 'Page', 0),
                (20, 'Robert', 'Plant', 0),
                (21, 'John Paul', 'Jones', 0),
                (22, 'John', 'Bonham', 0),
                (23, 'Mike ', 'Love', 0),
                (24, 'Al ', 'Jardine', 0),
                (25, 'David', 'Marks', 0),
                (26, 'Bruce ', 'Johnston', 0);"""

view_records = """SELECT *
                FROM artist
                LIMIT 5;
                """
# 根据本地的 MySQL 设置，更新连接数据
con = pymysql.connect(host='localhost', user='root', password='admin',
db='recordshop')
with con:
    cur = con.cursor() # 创建游标对象。
    cur.execute(insert_query) # 执行插入语句。
```

```
cur.execute(view_records)
con.commit()
for row in cur:
        print(row)
```

在此查询中，将一系列艺术家添加到 artist 表中，然后选择并打印前五条记录。这可以通过创建两个查询来实现。第一个查询包括一个 SQL 的 INSERT INTO 语句，该语句指定列的顺序和每条记录的值，这些值按相同顺序显示。第二个查询包括一个 SQL 的 SELECT 语句，该语句从 artist 表中获取前五条记录。代码清单 A-11 的其余部分类似于本附录中之前的代码清单。你可以连接到数据库，创建一个游标，然后执行这些查询。当代码清单 A-11 结束时，显示了从 SELECT 语句获取的记录，应该与以下内容相似：

```
(1, 'John', 'Lennon', 0)
(2, 'Paul', 'McCartney', 0)
(3, 'George', 'Harrison', 0)
(4, 'Ringo', 'Starr', 0)
(5, 'Denny', 'Zager', 0)
```

## A.3.2  检索数据

CRUD 中的 R 代表检索或读取。从本质上说，这意味着，可以查看现有数据而不进行更改。在 MySQL 中，基本的检索语句使用以下语法：

```
SELECT field1, field2, field3, ..., fieldN
FROM table;
```

此语句从指定表中检索指定列的数据，并按照主键列中的值按升序排序。还可以使用可选的子句来执行更复杂的检索操作：

```
SELECT field1, field2, field3, ..., fieldN
FROM table
WHERE criterion
ORDER BY field1, field2, ..., fieldN ASC/DESC;
```

WHERE 子句允许定义一个布尔条件，用于限制检索到的记录数量。例如，一个带有以下子句的查询：

```
WHERE fname = "john"
```

仅检索 fname 列中值为 John 的记录，而以下子句：

```
WHERE price > 1000
```

将只检索 price 列中值大于 1,000 的记录。

ORDER BY 字段允许为查询结果定义排序顺序。默认情况下，SQL 将显示根据主键值排序的记录，但可以使用以下方法：

```
ORDER BY lname ASC
```

按照 lname 列的值按字母顺序对结果排序，或者按照 price 列从最大到最小对结果排序，可以使用以下方法：

```
ORDER BY price DESC
```

如果想检索表中所有列的数据，则可以使用*运算符。*运算符对应于"所有字段"。在代码清单 A-12 中，将使用 SQL 语句和 Python 检索并显示 artist 表中所有记录的所有列数据。

### 代码清单 A-12 从 artist 表中检索数据

```
import pymysql
retrieve_query = """SELECT *
                    FROM artist;"""
# 根据本地的 MySQL 设置，更新连接数据。
con = pymysql.connect(host='localhost', user='root', password='admin',
db='recordshop')
with con:
    cur = con.cursor()           # 创建游标对象。
    cur.execute(retrieve_query)  # 执行查询。
    for row in cur:
        print(row)
```

代码清单 A-12 与之前的代码清单类似，但将 retrieve_query 设置为使用 SELECT 命令，输出应如下所示：

```
(1, 'John', 'Lennon', 0)
(2, 'Paul', 'McCartney', 0)
(3, 'George', 'Harrison', 0)
(4, 'Ringo', 'Starr', 0)
(5, 'Denny', 'Zager', 0)
(6, 'Rick', 'Evans', 0)
(10, 'Van', 'Morrison', 0)
(11, 'Judy', 'Collins', 0)
(12, 'Paul', 'Simon', 0)
(13, 'Art', 'Garfunkel', 0)
(14, 'Brian', 'Wilson', 0)
(15, 'Dennis', 'Wilson', 0)
(16, 'Carl', 'Wilson', 0)
(17, 'Ricky', 'Fataar', 0)
(18, 'Blondie', 'Chaplin', 0)
```

```
(19, 'Jimmy', 'Page', 0)
(20, 'Robert', 'Plant', 0)
(21, 'John Paul', 'Jones', 0)
(22, 'John', 'Bonham', 0)
(23, 'Mike ', 'Love', 0)
(24, 'Al ', 'Jardine', 0)
(25, 'David', 'Marks', 0)
(26, 'Bruce ', 'Johnston', 0)
```

## A.3.3 更新数据

更新数据意味着更改已经存在的数据，包括更改某人的地址或电话号码、添加在创建记录时原本缺失的数据，或者在不删除整条记录的情况下删除记录中的特定值。MySQL 使用以下语法来更改现有记录中的值：

```
UPDATE table
SET fieldname = value
WHERE fieldname = value;
```

这个语句的每个部分都是关键的。

- UPDATE table 指定包括现有数据的表。

- SET fieldname = value 指定在表中应该更改的列，以及新值应该是什么。

- WHERE fieldname = value 限制更改应用的记录。

UPDATE 语句应谨慎使用，因为它们在运行查询时将立即更改现有数据，而不提供任何警告或通知。WHERE 语句在技术上是可选的，但在功能上至关重要。如果不使用它，则查询将运行，并且所有在指定表中的记录都将更改。

一般来说，如果想要更改一条记录，则 WHERE 子句应该使用该记录的主键值，以确保只有该记录会更改。但是，由于主键值通常没有实际意义，因此，通常在较小的数据集中使用其他列。

在运行 UPDATE 查询之前，使用相同的 WHERE 语句运行相应的 SELECT 查询，来验证哪些记录将被更改是一个好主意。这样可以在实际更改数据之前确认要更改的记录。

> **警告：** 如果你不小心更改了数据，则是没有"撤销"命令的！

在代码清单 A-13 中，UPDATE 子句在 Python 脚本中用于更改 artist 表中 John Lennon 的 isHallOfFame 列的值。注意，以下子句用于确定应更改表中的哪条记录。

```
WHERE lname='Lennon'
```

在这种情况下，你知道只有一条姓 Lennon 的记录，所以查询可以按预期运行。在更大的数据库中，请注意，这将更改所有姓 Lennon 的艺术家(如他的儿子 Julian Lennon)的 isHallOfFame 列。

### 代码清单 A-13　在 artist 表中更改数据

```python
import pymysql

select_query = """SELECT *
                  FROM artist
                  WHERE lname = 'Lennon';"""

update_query = """UPDATE artist
                  SET isHallOfFame = 1
                  WHERE lname='Lennon';"""
# 根据本地的 MySQL 设置，更新连接数据。
con = pymysql.connect(host='localhost', user='root', password='admin',
db='recordshop')
with con:
    cur = con.cursor() # 创建游标对象。
    cur.execute(select_query) # 在更改数据之前查看记录。
    for row in cur:
        print(row)

cur.execute(update_query) # 执行更新语句。

con.commit()

cur.execute(select_query) # 在更改数据之后查看记录。
for row in cur:
    print(row)
```

代码清单 A-13 与之前的代码清单类似，它创建将要使用的查询，然后运行它们。在这种情况下，将创建两个查询，一个查询用于选择数据(select_query)，另一个查询用于更新艺术家(update_query)。注意，在更改之前和之后都运行 select_query，以便你可以看到更改前后的值。代码清单 A-13 的结果应该如下所示：

```
(1, 'John', 'Lennon', 0)
(1, 'John', 'Lennon', 1)
```

## A.3.4　删除数据

CRUD 的最后一个部分是删除操作。要非常小心地使用 DELETE 命令，因为它会删除所选行的整条记录，而不仅是用于选择行的列中的值。MySQL 中 DELETE 语句的语法如下：

```
DELETE FROM table
WHERE fieldname = value;
```

与 UPDATE 查询一样，如果语法上可选，则 WHERE 子句在功能上是必需的。如果你只是使用以下内容：

```
DELETE FROM table;
```

那么当你运行查询时，将立即删除表中的所有记录，而不会有任何警告。

此外，与使用 UPDATE 查询一样，你应该在运行 DELETE 查询之前使用相同的 WHERE 子句运行 SELECT 查询，以确保你确切地知道该查询将删除哪些记录。

> **警告**：如果你不小心删除了数据，则是没有"撤销"命令的！

在代码清单 A-14 中的查询将会删除所有 artist 表中姓 Fataar 的记录。

### 代码清单 A-14　在 artist 表中删除记录

```python
import pymysql
select_query = """SELECT *
                  FROM artist
                  WHERE lname = 'Fataar';"""

update_query = """DELETE FROM artist
                  WHERE lname='Fataar';"""

# 使用适当的值连接到本地的 MySQL 服务器。
con = pymysql.connect(host='localhost', user='root', password='admin',
db='recordshop')
with con:
    cur = con.cursor() # 创建一个游标对象。
    cur.execute(select_query) # 在更改数据之前查看记录。
    for row in cur:
        print(row)

        cur.execute(update_query) # 执行更新查询。
```

```
        con.commit()

        cur.execute(select_query) # 在更改数据之后查看记录
        for row in cur:
            print(row)
```

当执行代码清单 A-14 时，应该会看到以下输出：

```
(17, 'Ricky', 'Fataar', 0)
```

注意，虽然 SELECT 语句执行了两次，但结果只显示一次。因为该记录已经被 DELETE 查询删除，所以第二个 SELECT 查询的结果中没有任何记录。

## A.4　本附录小结

在本附录中，你了解了如何使用 PyMySQL 在 Python 应用程序中执行 SQL 查询。本附录涵盖了所有基本操作，包括创建数据库、创建表及进行 CRUD 操作。

## A.5　本附录练习

以下练习旨在让你试验本附录中介绍的概念。

练习 A-1：创建一个员工数据库

练习 A-2：删除一个数据库

练习 A-3：创建一个员工表格

练习 A-4：添加员工

练习 A-5：检索员工

练习 A-6：更新员工信息

练习 A-7：删除员工

练习 A-8：诺贝尔奖获得者

练习 A-9：餐厅

### 练习 A-1：创建一个员工数据库

就像你在本附录的代码清单 A-2 中所做的那样，创建一个数据库。将这个数据库命名为 employeedb。如果你多次运行这个命令，会发生什么？

### 练习 A-2：删除一个数据库

编写必要的 Python 代码来删除练习 A-1 中创建的 employeedb 数据库。如果尝试删除已经删除的数据库，会发生什么？

### 练习 A-3：创建一个员工表

编写一个脚本，该脚本将删除并构建(或重建)一个名为 employeedb 的数据库中的 employee 表。该表应该包括以下显示的所有属性：

表名称：employee。

表列：如表 A-2 所示。

表 A-2　employee 表的列

| 列名称 | 数据类型 | 是否可以为空值 | 其他 |
|---|---|---|---|
| employee_id | int(10) | Y | 主键，自动递增 |
| empLastName | varchar(50) | Y | |
| empFirstName | varchar(35) | Y | |
| empMidInit | char(1) | N | |

你应该验证该表是否存在，以及所有列属性是否正确。你应该能够连续多次运行这个脚本而不出错。

### 练习 A-4：添加员工

创建一个脚本，将至少添加 10 条有效的记录到练习 A-3 中创建的 employeedb 数据库的 employee 表中。在你有一个可以按预期工作的脚本后，测试以下问题。

- 如果多次运行相同的脚本，会发生什么？
- 是否必须包括 employee_id 列的值？如果不包括会发生什么？

为了回答这些问题，你可能需要多次删除并重建该表。

### 练习 A-5：检索员工

编写脚本执行以下任务，针对练习 A-3 中 employeedb.employee 表中的数据。

- 检索所有列的所有记录，并显示结果。
- 检索并显示名和姓列的值，按照姓和名排序，并显示结果。
- 检索并显示具有在数据中存在中间首字母的记录的所有名字列。

你能想到其他可以查询关于这些数据的问题吗？

### 练习 A-6：更新员工信息

使用 PyMySQL 在 employeedb 数据库中更新多条记录。执行以下各项任务：

- 更改一个员工的姓氏。
- 使用相同的 UPDATE 语句更改一个员工的名字和姓氏。
- 尝试运行一个没有 WHERE 子句的 UPDATE 语句，查看会发生什么。
- 你能改变任意一个员工的 employeeid 值吗？

与练习 A-4 一样，你可能需要多次删除和重建数据库，以便在实验过程中进行测试。

### 练习 A-7：删除员工

使用 DELETE 语句从 employee 表中删除一条记录。

- 如果尝试删除一个不存在的记录，会发生什么？
- 你能同时使用相同的条件删除多条记录吗？
- 查询 DELETE FROM tablename 要做什么？

你可能需要多次删除和重建数据库，以回答所有这些问题。

### 练习 A-8：诺贝尔奖获得者

使用 Python 和 PyMySQL 来回答关于诺贝尔奖获得者数据集的问题，该数据集包括截至 2018 年的所有诺贝尔奖获得者。你可以在从 www.wiley.com/go/jobreadysql 上下载的文件中找到名为 laureate.json 的数据集。

(1) 将 JSON 数据转换为适合保存在 MySQL 中的格式。

(2) 实现必要的代码，将数据保存到 MySQL 中。

(3) 使用该数据集，回答以下问题：

    a. 识别获得诺贝尔奖最多的诺贝尔奖获得者。

    b. 哪个国家拥有最多的诺贝尔奖获得者？

    c. 哪个城市拥有最多的诺贝尔奖获得者？

### 练习 A-9：餐厅

在练习中，请使用名为 restaurants.json 的数据集，该数据集可以在从 www.wiley.com/go/jobreadysql 上下载的文件中找到。该数据集包括纽约市的餐厅记录，包括它们的位置、每家餐厅提供的美食类型及顾客评分。以下是一个样本记录：

```
{"address": {"building": "1007", "coord": [-73.856077,
40.848447], "street":
"Morris Park Ave", "zipcode": "10462"}, "borough": "Bronx", "cuisine":
"Bakery", "grades": [{"date": {"$date": 1393804800000}, "grade": "A",
"score": 2}, {"date": {"$date": 1378857600000}, "grade": "A", "score": 6},
{"date": {"$date": 1358985600000}, "grade": "A", "score": 10}, {"date":
{"$date": 1322006400000}, "grade": "A", "score": 9}, {"date": {"$date":
1299715200000}, "grade": "B", "score": 14}], "name": "Morris Park Bake
Shop", "restaurant_id": "30075445"}
```

编写 Python 代码以将餐厅数据导入到 MySQL 中。

- 在 MySQL 中创建必要的表，从而以最高效的方式存储数据。
- 创建必要的 Python 代码，以从 JSON 文件中读取数据，并将其导入到 MySQL 表中。

将数据移动到 MySQL 后，使用 Python 和 MySQL 查找以下信息：

- 计算每家餐厅的平均评分。
- 计算每家餐厅的最低评分。
- 计算每家餐厅的最高评分。
- 计算每个行政区中的每种美食类型的平均评分。
- 计算每个行政区中的每种美食类型的最低评分。
- 计算每个行政区中的每种美食类型的最高评分。

# 附录 B
# SQL 快速参考

本附录是一个快速参考，包括使用 SQL 完成标准任务的基本语法。其中，主要包括以下内容：

- 使用数据库。
- 定义表、列和行。
- 在表上执行查询。
  - 对结果进行过滤和分组。
  - 多表查询。
- 基本的 SQL 数据类型。

## B.1 使用数据库

**创建新数据库：**

```
CREATE DATABASE databaseName;
```

**使用现有数据库：**

```
USE databaseName;
```

**删除数据库：**

```
DROP DATABASE databaseName;
```

# B.2  定义表、列和行

### 创建新表：

```
CREATE TABLE tableName
(
    columnName1 dataType,
    columnName2 dataType,
...
);
```

### 删除表：

方法 1：

```
DROP TABLE tableName;
```

方法 2：

```
DELETE FROM tableName
WHERE columnName = value;
```

方法 3：

```
DELETE * FROM tableName;
```

方法 4：

```
DELETE FROM tableName;
```

### 重命名表：

方法 1：

```
ALTER TABLE originalTableName RENAME TO newTableName;
```

方法 2：

```
RENAME TABLE originalTableName TO newTableName;
```

### 向表中添加一个新列：

```
ALTER TABLE tableName
ADD [COLUMN] columnName datatype;
```

### 从表中删除一个列：

```
ALTER TABLE tableName
DROP [COLUMN] columnName;
```

## 向表中添加一个列：

```
ALTER TABLE tableName
ADD newColumnName datatype [columnConstraint(s)] [AFTER
existingColumn];
```

## 更改表中的列：

```
ALTER TABLE tableName
MODIFY columnName [columnDefinition] [columnConstraint(s)];
```

## 将数据行添加到表中：

```
INSERT INTO tableName [(columnName1, columnName2, ...)]
VALUES (value1, value2, ...);
```

## 将多个数据行插入到表中：

```
INSERT INTO tableName [(columnName1, columnName2, ... ;)]
VALUES (row1Value1, row1Value2, ...),
       (row2Value1, row2Value2, ...),
       ... ;
```

## 在表中更新一个值：

```
UPDATE tableName
SET columnName = value [, columnName2 = value2]
WHERE condition;
```

## 创建视图：

```
CREATE VIEW viewName AS
SELECT columnName(s)
FROM tableName
WHERE condition;
```

## 创建索引：

```
CREATE [UNIQUE] INDEX indexName
ON tableName (columnName);
```

## 删除索引(MySQL)：

```
DROP INDEX indexName;
```

# B.3　在表上执行查询

从表中选择所有列:

```
SELECT *
FROM tableName;
```

从表中选择特定列:

```
SELECT columnName1, columnName2, columnNameX
FROM tableName;
```

按升序(ASC)或降序(DESC)顺序排序:

```
SELECT *
FROM tableName
ORDER BY column1 [ASC | DESC];
```

## B.3.1　对结果进行过滤和分组

使用比较运算符进行过滤:

```
SELECT *
FROM tableName
WHERE BooleanCondition [AND BooleanCondition2][OR
BooleanCondition3];
```

使用 LIKE 运算符进行过滤:

```
SELECT *
FROM tableName
WHERE columnName LIKE pattern;
```

基于 ID 进行过滤:

方法1:

```
SELECT *
FROM tableName
WHERE keyField_Id IS value;
```

方法2:

```
SELECT *
FROM tableName
WHERE keyField_Id IN (value1, value2, ...);
```

### 基于是否为空进行过滤：

```
SELECT *
FROM tableName
WHERE columnName IS NOT NULL;
```

### 基于范围进行过滤：

```
SELECT *
FROM tableName
WHERE columnName BETWEEN value1 AND value2;
```

### 使用聚合函数进行过滤：

```
SELECT *
FROM tableName
[WHERE columnName operator value]
[GROUP BY columnName]
HAVING aggregateFunction (columnName) operator value;
```

### 基本分组：

```
SELECT *
FROM tableName
[WHERE columnName operator value]
GROUP BY columnName [, columnName2];
```

## B.3.2 多表查询

### 使用 INNER JOIN (基本的 JOIN)

INNER JOIN 如图 B-1 所示，代码如下：

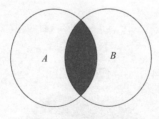

图 B-1　INNER JOIN

```
SELECT *
FROM tableName1
[INNER] JOIN tableName2
   ON tableName1.columnName = tableName2.columnName;
```

### 使用 LEFT JOIN

LEFT JOIN 如图 B-2 所示，代码如下：

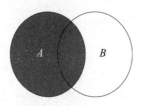

图 B-2    LEFT JOIN

```
SELECT *
FROM tableName1
LEFT JOIN tableName2
   ON tableName1.columnName = tableName2.columnName;
```

### 使用 RIGHT JOIN

RIGHT JOIN 如图 B-3 所示，代码如下：

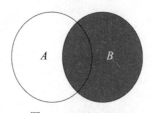

图 B-3    RIGHT JOIN

```
SELECT *
FROM tableName1
RIGHT JOIN tableName2
ON tableName1.columnName = tableName2.columnName;
```

### 使用 FULL JOIN

FULL JOIN 如图 B-4 所示，代码如下：

图 B-4    FULL JOIN

```
SELECT *
FROM tableName1
FULL JOIN tableName2
ON tableName1.columnName = tableName2.columnName;
```

### 使用 CROSS JOIN

代码如下。

```
SELECT *
FROM tableName1
CROSS JOIN tableName2;
```

# B.4 基本的 SQL 数据类型

以下是可以在标准 SQL 中使用的核心数据类型:

- CHARACTER 或 CHAR: 保存单个字符。
- CHARACTER(n)或 CHAR(n): 最多可保存 $n$ 个字符。
- VARCHAR(n)或 CHARACTER VARYING(n): 最多可保存 $n$ 个字符。
- BIT(n)或 BIT VARYING(n): 最多可保存 $n$ 位。一位可以是 0 或 1。
- DECIMAL(p, s): 保存一个数值,其中,p 是精度(位数),s 是标度(小数点后的位数)。
- INT 或 INTEGER: 保存一个整数值。
- SMALLINT: 保存一个较小的整数值。
- BIGINT: 保存一个较大的整数值。
- FLOAT(p, s): 保存一个浮点值,其中,p 是精度(位数),s 是标度(小数点后的位数)。FLOAT 存储一个近似值。
- REAL(s): 保存一个近似浮点数。REAL 与 FLOAT(24)相同。
- DATE: 保存一个表示日期的值,通常为年、月、日值,范围一般为 0001-01-01~9999-12-31。
- TIME: 保存一个表示一天中时间的值,格式为小时、分钟和秒,并可以存储可选的纳秒值。使用"HH:MM:SS.nnnn"的格式。
- TIMESTAMP: 保存一个组合的日期和时间值,格式为"YYY-MM-DD HH:MM:SS"。